高等院校计算机课程设计指导丛书

软件工程

课程设计

李龙澍 郑诚 主编

杨为民 李学俊 程凡 姚晟 编著

第2版

机械工业出版社

China Machine Press

图书在版编目（CIP）数据

软件工程课程设计/李龙澍等编著 . —2 版 . —北京：机械工业出版社，2016.9（2024.12 重印）

（高等院校计算机课程设计指导丛书）

ISBN 978-7-111-54876-8

I. 软… II. 李… III. 软件工程－课程设计－高等学校－教学参考资料 IV. TP311.5

中国版本图书馆 CIP 数据核字（2016）第 219740 号

　　本书遵循软件工程课程设计的基本要求，独立于具体的软件工程教材，从实际应用案例出发，严格按照软件工程的设计规范，逐章给出软件工程课程设计的方法和思路，重点讲解软件的分析、设计、编码、测试和维护技术，目的是让读者掌握软件开发的基本过程和核心技能，加强工程设计能力，提高自学能力、创造能力和团队协作能力。

　　本书可以作为高等院校计算机及相关专业软件工程课程设计的教材或教学参考书，也可以供软件开发人员和有关技术人员阅读使用。

出版发行：机械工业出版社（北京市西城区百万庄大街 22 号　邮政编码：100037）

责任编辑：迟振春　　　　　　　　　　　　　责任校对：董纪丽

印　　刷：北京建宏印刷有限公司　　　　　　版　　次：2024 年 12 月第 2 版第 8 次印刷

开　　本：185mm×260mm　1/16　　　　　　印　　张：16.75

书　　号：ISBN 978-7-111-54876-8　　　　　定　　价：39.00 元

客服电话：（010）88361066　68326294

高等院校
计算机课程设计指导丛书

专家指导委员会

（以姓氏拼音为序）

陈向群　　（北京大学）

陈鸣　　　（解放军理工大学）

戴葵　　　（国防科技大学）

何钦铭　　（浙江大学）

廖明宏　　（哈尔滨工业大学）

林闯　　　（清华大学）

刘振安　　（中国科技大学）

马殿富　　（北京航空航天大学）

齐勇　　　（西安交通大学）

宋方敏　　（南京大学）

汤庸　　　（中山大学）

王立福　　（北京大学）

吴功宜　　（南开大学）

赵一鸣　　（复旦大学）

联络人　　温莉芳

第2版前言

现代信息技术的发展日新月异，"互联网+"在改变着人们的思维方式，大数据、云计算、物联网深入人们的工作和生活空间，日益普遍使用计算机来生产、处理、交换和传播各种形式的信息。信息技术体系已经成为一个为实现现代化战略目标而采用的综合技术结构，从最初主要偏向科学工程应用，发展成为当今科学工程与大数据信息混合应用的阶段。为了适应大数据信息的应用，需要一个严密的管理控制机制，这就是计算机软件。软件工程是一门研究用工程化方法构建和维护有效的、实用的和高质量的软件的学科。

软件工程课程设计，可以让学生根据课堂讲授内容，做相应的自主练习，消化课堂所讲解的内容，通过调试典型案例初步感受软件开发过程，通过完成课程设计教材中的案例，逐渐培养软件设计能力和解决实际问题的能力。

随着计算机软件的规模和复杂度的不断增大，开发人员增加，开发时间增长，这些都增加了软件工程的难度，也促进了软件工程技术的日臻完善。本书第1版经过全国各地师生5年教与学的实践，收到了众多的好评与鼓励，同时也得到了一些有益的修改建议。为了使本书更好地满足实践教学的需要，更好地做到思路清晰，通俗易懂，由浅入深，重在实用，更加强调增强学生的工程设计能力，让学生学得会、用得上，我们深感需要对部分内容进行适当的修订。

在教材的修订过程中，作者对软件工程课程设计的知识体系和核心内容再次进行了深入的探讨，综合考虑软件工程课程设计的整体结构和软件工程初学者的接受能力，为了更加适应读者的学习需求，认真调整了案例内容和表述方式，使得软件结构更加满足大数据、云计算、物联网等现代技术的需求，为培养卓越软件工程师打下良好的软件工程实践基础。

安徽大学对本书的修订工作从人力和物力上给予了大力支持。全国各地的读者对本书第1版给予了高度评价，同时也提出了许多宝贵的意见和建议，对读者的厚爱和无私帮助表示衷心的感谢。我们的许多同行和学生，对第2版书稿提出了大量宝贵意见，在此表示衷心的感谢。

一切为了读者，为了一切读者，为了读者一切，是我们的心愿和目标，但是由于作者水平有限，难免出现这样或那样的错误与不足，敬请广大读者不吝赐教。

作　者
2016年6月于安徽大学

第1版前言

随着计算机科学技术的迅速发展，计算机应用范围越来越广，计算机软件的需求量也越来越大，软件产业蓬勃兴起。软件产业化的一个重要方面是软件开发工程化，采用先进的工程化方法进行软件开发是实现软件产业化的关键技术手段。软件工程是将系统性的、规范化的、可定量的方法应用于软件的开发、运行和维护，其重点在于软件的分析与评价、规格说明、设计和演化，同时还涉及创新、管理、标准、个人技能、团队协作和专业实践等。它应用工程的概念、原理、技术和方法，以及科学的开发技术和管理方法来开发软件。软件工程的目标是提高软件产品的质量和软件开发效率，降低软件维护的难度。

加强实践环节、培养创新人才已经成为全国高校本科生培养的大方向。从计算机学科各相关专业的特点来看，更强调课程体系整体优化，立足系统，软硬结合，加强实践，注重创新和发展学生个性。本书是作者结合多年软件工程课程设计的教学经验编写的，针对学生学习中遇到的问题，反复修正教学内容，总结启发式教学方法，强调软件工程课程设计的系统整体性和实践性，面向学生、贴近实际、力争让学生学得会、记得牢、用得上。

本书的主要特点是：

- 思路清晰。以案例为线索，每个案例都贯穿软件开发的各个阶段，重点放在训练读者分析问题和解决问题的能力上。
- 通俗易懂。将复杂的概念用读者容易理解的简洁语言描述出来，不依赖于某一本软件工程教材，具有通用性。
- 重在实用，强调亲自动手实践。从需求分析到编码测试，由浅入深，让读者做完课程设计案例后，能够分析、设计和具体实现软件系统。

本书采取案例驱动，每章都以期刊管理系统、图书管理系统、网上商城管理系统、饭卡管理系统、研究生培养管理系统5个案例为线索，演示软件开发的全部过程。程序代码采用不同的流行语言，以满足各种读者的需要。

全书共分6章。第0章概述软件工程的目标和原则，以及软件工程课程设计的目标、结构和评价标准；第1章是软件系统分析，包括可行性研究的任务和步骤，系统分析的任务，各案例系统的任务描述、数据流图、数据字典、E-R图、性能要求和运行环境，面向对象分析，评价标准；第2章是软件系统设计，包括软件的设计原则和方法、总体设计和详细设计、面向对象设计、评价标准；第3章是软件系统编码，主要包括编码和评价标准；第4章是软件测试，讲述软件测试的目的和步骤、单元测试、集成测试、面向对象测试、评价标准；第5章是软件维护，阐述各个案例系统的维护过程和评价标准。

本书由李龙澍主持编写，参与编写工作的还有郑诚、姚晟、程凡、杨为民、李学俊、徐怡，具体分工如下：李龙澍（第0章）、郑诚（期刊管理系统）、程凡（图书管理系统）、杨为民（网上商城管理系统）、姚晟（饭卡管理系统）、李学俊（研究生培养管理系统），徐怡参加了第2章的编写和修改工作。中国科学技术大学刘振安教授以及安徽大学计算机科学与技术学院的教师、领导和学生对本书的编写工作给予了大力支持，并提出了许多宝贵意见，在此表示衷心感谢。

由于作者水平有限，难免出现一些疏漏和错误，殷切希望读者提出宝贵的建议和修改意见。

作　者

2009年12月于安徽大学

目　录

第0章
概　　述

随着计算机应用的日益普及和"互联网+"社会发展新形态的推进，人们对软件的需求量急剧增加。但是，计算机软件开发技术却远远没有跟上硬件技术的发展，使得软件开发的成本逐年剧增，更为严重的是，软件的质量没有可靠的保证。软件开发的速度与计算机普及的速度不相适应，软件的质量与应用的要求不相适应，软件开发技术已经成为影响计算机系统发展的"瓶颈"。软件开发人员执行工程规范不严格，团队意识不强，导致软件工程处于相对落后的位置，软件开发过程无法适应工业化、工程化的需求。软件工程的教学普遍存在着以课堂教学为主，理论和实践明显脱节的情况，让学生学习软件工程课程设计是非常必要的，本章将介绍软件工程课程设计的目标、结构和任务，以及本教材的特色和使用方法。

0.1　软件工程的目标和原则

软件工程是一门研究用工程化方法构建和维护有效的、实用的和高质量的软件的学科。软件工程是应用计算机科学、数学及管理科学等原理开发软件的工程。因此，软件工程是一门用科学知识和技术原理来定义、开发、维护软件的学科。它应用工程的概念、原理、技术和方法，以及科学的开发技术和管理方法来开发软件。

软件工程学研究如何应用科学理论和工程技术来指导计算机软件的开发与维护。它的基本目标是制定一套科学的工程方法，设计一套方便、实用的工具系统，提高软件开发的效率和质量。

软件工程学的三个基本要素是：软件定义、开发、维护的方法；软件定义、开发、维护的工具；软件定义、开发、维护中的管理措施。这三个要素简称方法、工具、管理。

软件工程具有以下特性：

1）研究开发"大"程序的方法。"大"程序和"小"程序是相对概念，所谓"大"程序就是几个人在较长时间内研制完成的程序。软件工程学研究高效率、高质量地建造大程序的方法。

2）降低软件的复杂性。近年来，软件规模越来越大，软件的逻辑结构越来越复杂，软件工程学把难解决的大问题化解成若干个容易解决的小问题，并且让各个小问题之间保持简单的接口协议。

3）适应软件的易变性。软件往往模拟现实世界解决问题的方法，如果现实世界解决问题的方法变了，软件也应该做相应的变化。例如，对于学生成绩管理系统，学年制以年级为基本教学管理单位，改为学分制后就要以课程的学分作为基本管理单位，这样管理软件就要做相应的变动。另一方面，随着计算机硬件和操作系统的改变，软件也要做相应的变化。

4）提高软件的开发效率。自软件诞生以来，每种语言的诞生、每种软件开发方法的提出、每种管理技术的改进，都以提高软件的开发效率作为主要目标之一。目前提高软件的开发效率仍然是软件工程的重要问题。

5）加强软件开发人员的协作。由于软件规模的庞大，软件开发必须多人协作。应严格规定每个人应该承担的任务，制定一套严格的功能界定规范、接口标准规范和评价管理办法。

6）有效地支持用户。开发的软件最终是由用户使用的，软件提供的功能应该能完成用户交给的任务。另一方面，应该写用户手册和培训材料，让用户很容易学会软件的使用。

7）两种文化背景的统一。计算机软件开发人员和使用软件的用户往往具有两种不同的文化背景。例如，构建一个财务管理系统，计算机软件开发人员是掌握软件工程、程序设计语言等知识的专家，使用财务管理系统的人员是掌握会计学知识的专家，这两种知识背景的人员在对系统的理解上要达到高度的统一，才能开发出满足用户需求的软件。

0.1.1 软件工程的目标

软件工程的目标是提高软件产品的质量和软件开发效率，降低软件维护的难度，最终实现软件生产的自动化。要达到这个目标，必须注重考虑下面几个方面的问题：

1）正确性：运行的软件能够准确无误地执行用户要求的各种功能，满足用户要求的各种性能指标。

2）可靠性：有时也称为健壮性，就是在运行环境（包括硬件、操作系统等）出现小故障，或者人为操作不当的情况下，不会导致软件系统失效。对于一些重要领域的计算机管控系统以及自动控制系统，可靠性要求会更高。

3）有效性：软件系统能在一定的时间资源和空间资源环境下，完成规定的任务。要求开发人员在固定的计算机硬件和操作系统环境下，开发出满足用户需求的软件系统。

4）可修改性：软件产品投入使用后，允许对软件系统进行修改，而不增加系统的复杂性。在软件开发过程中，可以随时对软件进行调试、修改；对投入使用的软件，修正错误、改进性能、增加功能以及适应硬件环境的变化，都需要修改软件。可修改性是对软件维护的支持。

5）可理解性：包括两个方面的内容，一是软件系统结构清晰、容易理解；二是程序算法功能清晰、容易读懂。可理解性有助于控制软件系统的复杂性，提高软件的可维护性。

6）可重用性：软件中的某些部分可以在系统的多处重复使用，或者在多个系统中使用。可重用的部分有的可以直接使用，有的需要稍微修改后使用。可重用性不仅有助于降低软件的开发和维护费用，也有助于提高软件的质量和开发效率。

7）可适应性：体现软件在不同的硬件和操作系统环境下的适应程度，适应性强的软件要求在最流行的硬件和操作系统环境下开发运行，这种软件容易推广应用。

8）可移植性：体现了软件从一种计算机环境移动到另一种计算机环境的难易程度。软件开发过程中要尽量使用不依赖于或者很少依赖于计算机硬件和操作系统的计算机语言编写程序。

9）可跟踪性：包括两个方面的内容，一是可以根据软件开发的文档对设计过程进行正向跟踪或逆向跟踪；二是软件测试和维护过程中对程序的执行进行跟踪，根据跟踪情况，分析程序执行的因果关系。

10）互操作性：多个软件相互通信，协作完成任务的能力。软件开发要遵循某种国际标准，互操作性支持网络环境下分布式软件的开发。

0.1.2 软件工程的原则

为了解决软件危机，达到软件工程的既定目标，软件的工程设计、工程支持以及工程管理必须遵循以下四条基本原则：

1）选取适宜的开发模型。该原则与软件系统设计有关。在系统设计过程中，软件需求、硬件需求以及其他因素间是相互制约、相互影响的，经常需要权衡。因此，必须认识到需求定义的易变性，采用适当的开发模型，保证软件产品满足用户的要求。

2）采用合适的设计方法。在软件系统设计中，通常需要考虑软件的模块化、抽象与信息隐蔽、局部化、一致性以及适应性等特征。合适的设计方法有助于这些特征的实现，以达到软件工程的目标。

3）提供高质量的工具支撑。工欲善其事，必先利其器。在软件工程中，软件工具与开发环境对软件过程的支持非常重要。软件工程项目的质量与开销直接取决于对软件工程所提供的支撑质量和效用。

4）高度重视软件开发过程的管理。软件工程的管理直接影响可用资源的有效利用，只有有效管理了软件过程，才能生产满足目标的软件产品以及提高软件组织的生产能力，实现有效的软件工程。

在软件开发过程中，必须遵循下列软件工程原则：

1）抽象：抽取反映事物本质的特性、行为和与其他事物之间的关系，忽略其他非本质性的细节问题。抽象可以把庞大的问题分解成具有层次结构的简单小问题。

2）信息隐蔽：将一个相对独立的功能在软件中设计成一个独立的模块，模块内部的算法和数据是封闭的，其他模块不能直接访问。模块有一个简洁的接口，模块之间只有通过接口相互访问，一个模块不能直接调用另一个模块中的程序，也不能直接使用另一个模块中的数据。

3）模块化：模块是具有独立命名并且可以独立访问的程序段，如程序中的函数。模块化是把软件划分成独立的模块，每个模块完成一个子功能。模块化有助于实现抽象和信息隐蔽。模块的大小要适中，模块过大会使模块内部结构复杂，软件开发和维护都比较困难，也不利于软件重用；模块过小会使模块之间的联系变得复杂，也增大了开发和维护软件的难度。

4）局部化：将一个模块内使用的数据和操作集成在这个模块内部，使其他模块不能直接访问，避免产生不必要的错误，这样便于开发、维护和使用。

5）一致性：包括软件系统的各个模块的概念、符号、术语保持一致；程序内部接口风格一致；软件与硬件接口风格一致；用户界面风格一致；文档与功能、性能保持一致等。

6）完备性：软件系统完全实现用户需求的功能、性能，在非正常环境下系统一般不失效。例如，突然停电，系统不会造成数据混乱；用户输入错误，系统能给出出错提示信息，并且正常运行。

7）可验证性：包括在软件开发或维护的过程中，对每个阶段的进展情况进行测评；在软件系统运行过程中，对每个功能进行验证。

要达到软件工程目标，需要解决正确性、可靠性、有效性、可修改性等软件工程目标的10个问题，而遵循以上软件工程的7条基本原则，有助于达到软件工程目标，提高软件产品的质量和软件开发、维护的效率。

0.2　软件工程课程设计目标

软件工程课程设计可以培养学生完整、严格的软件工程观念、意识和能力。一般来讲，课程设计比教学实验更复杂一些，涉及的深度更广一些，并更加注重实际应用，重点培养学生的软件开发能力、软件工程素质和软件项目管理能力，目的是通过课程设计的综合训练，培养学生实际分析问题和解决问题的能力，最终目标是通过软件工程课程设计的形式，帮助学生系统掌握该门课程的主要内容，使学生了解软件开发和软件管理的思维模式和行为方式，更好地完成软件工程课程的教学任务。另外，软件工程课程设计中一般完成较大的综合设计，可以分成几个小项目供学生分工合作，以培养学生的团队协作精神。

软件工程学科已经形成了一套富有成效的软件开发方法、软件开发工具和组织管理措施，要真正掌握并熟练运用软件工程的方法进行软件开发，必须有针对性地进行训练。软件工程课程设计从完整的软件系统开发、维护和管理的角度出发，按照软件生命周期的阶段进行划分，将软件工程涉及的理论方法通过一系列的课程设计课题进行综合训练，锻炼学生分析问题、设计模型、编写程序、测试、维护和管理等实际动手能力，培养学生的团队协作精神，使学生不仅具有扎实的基本理论，还具有较强的基本技能和良好的基本素质，从而培养知识、能力、素质三者协调发展的具有创新意识的高科技人才。

软件工程课程设计是综合性的实践活动，其主要目的是使学生通过实践训练进一步掌握软件工程的方法和技术，提高软件开发的实际能力，培养创造性的工程设计能力和分析问题、解决问题的能力。

通过软件工程课程设计，可以促进学生有针对性地主动学习和查阅有关软件工程的基本教学内容及相关资料，从而实现如下目标：

1）完成从理论到实践的知识升华过程。学生通过软件开发的实践进一步加深对软件工程方法和技术的了解，将软件工程的理论知识运用于开发的实践，并在实践过程中逐步掌握软件工具的使用。

2）提高分析实际问题和解决实际问题的能力。软件工程课程设计是软件工程的一次模拟训练，学生通过软件开发的实践积累经验，提高分析问题和解决问题的能力。

3）培养创新能力。软件工程课程设计提倡和鼓励开发过程中使用新方法和新技术，激发学生实践的积极性与创造性，开拓思路设计新算法，培养创造性的工程设计能力。

4）培养学生的团队协作精神，建立群体共识。软件工程是一项系统工程，只有靠集体的有效协作才能完成，在软件开发的过程中可以让学生充分体会到团队协作的重要性。

总之，软件工程课程设计的目标就是让学生在实践中学会开发软件。

0.3 软件工程课程设计结构

软件工程课程设计的任务是要求学生针对具体的软件工程项目，完成从软件工程管理、需求分析、总体设计、详细设计、编码、测试、维护等各阶段的工作，使学生进一步理解和掌握软件开发模型、软件生命周期、软件过程等理论在软件项目开发过程中的意义和作用，培养学生按照软件工程的原理、方法、技术、标准和规范进行软件开发的能力，培养学生的合作意识和团队精神，培养学生对技术文档的编写能力，从而使学生提高软件工程的综合能力，提高软件项目的管理能力。

本书选择了5个不同的软件开发项目，其中4个采用传统的软件开发方法，1个采用面向对象的软件开发方法。每个项目都涵盖软件开发过程中的所有核心知识点，项目的可操作性强，力图给学生展现一个清晰的软件开发过程，让学生在训练过程中全面掌握软件的开发技术。

本书采取案例驱动的方法，每章都以5个案例为线索，循序渐进、深入浅出、手把手地教会学生开发软件。其中，采用传统的软件开发技术的4个案例是：案例1"期刊管理系统"，案例2"图书管理系统"，案例3"网上商城管理系统"，案例4"饭卡管理系统"；采用面向对象的软件开发技术的案例5是"研究生培养管理系统"。具体说明如下：

1. 软件系统分析（第1章）

软件生命周期方法学把软件定义时期分为软件定义、可行性研究和需求分析三个阶段。软件系统分析训练软件定义时期的基本技术和基本方法，重点是软件需求分析，关键技术是数据流图和数据字典。软件需求分析是软件定义时期的最后一个阶段，它的基本任务是准确地回答"系统必须做什么"这个问题。需求分析并不是确定系统怎样完成它的工作，而仅仅是确定系统必须完成哪些工作，也就是对目标系统提出完整、准确、清晰、具体的要求。需求分析的结果是系统开发的依据，关系到整个软件工程的成败和软件产品的质量，因此需求分析对于整个软件的开发具有重要意义。软件定义是开发大型软件前用户给出的大概要求，一般不需要形式描述。部分软件工程教材中把软件的可行性研究和系统开发计划与软件的需求分析分开介绍，本书中为了清晰起见，把可行性研究和系统开发计划作为需求分析的准备工作放在一起介绍。在面向对象方法学中，软件开发人员清楚用户的需求同样是十分重要的，其关键技术是对象模型、动态模型、功能模型和服务。

2. 系统设计（第2章）

软件需求分析回答了"系统必须做什么"这个问题，确定了系统必须完成哪些工作，但并没有回答"系统应该怎么做"这个问题，即系统怎样完成它的工作。系统设计是把用户需求转化为软件系统的最重要的技术开发环节，它把用户的需求转换成明确的系统任务描述，得到一个软件设计的总体思路，解决"系统应该怎么做"这个问题。系统设计的优劣从根本上决定了软件系统的质量。

软件需求（包括功能性需求与非功能性需求）是系统设计的基础。系统设计的目标就是使所设计的系统能够被开发顺利地实现，并且恰如其分地满足用户的需求，使开发方和用户都能获得最大的利益。开发人员不能为了追求技术的先进性，偏离需求开展系统设计工作。

系统设计包括总体设计、详细设计、用户界面设计、数据库设计。总体设计将软件系统设计成相对独立的模块。对于面向对象技术，模块设计将软件功能结构设计的模块（结构元素）对应到软件的对象和类。详细设计要对目标系统的功能进行精确描述，其中数据结构和算法设计一般来说是设计数据的表示及其详细的算法流程。用户界面设计是开发中的一个重要方面，其设计目标是开发者根据自己对用户需求的理解而制定的。数据库设计是设计数据库的表和对这些表中的数据进行操作。一般将用户界面设计、数据库设计并入详细设计中统筹考虑，并且仍然称为详细设计。

3. 系统编码（第3章）

软件开发的最终目标是产生能在计算机上运行的程序。系统编码也称系统实现，编码的目的就是把软件设计的结果翻译成某种程序设计语言的程序。本书将分别应用VC++、C#、Java、Access等通用语言，编写期刊管理系统、图书管理系统、网上商城管理系统、饭卡管理系统、研究生培养管理系统这5个案例的核心程序，使其能够在计算机上运行。在程序设计中要注意程序的整体层次结构，选用合适的标识符，并加入适当的注释，以增加程序的可读性和可维护性。

4. 软件测试（第4章）

在开发软件系统的整个过程中，面对可能遇到的各种错综复杂的情况，总会出现一些不可避免的错误和故障。软件系统测试的基本目的就是在软件产品投入使用之前，尽可能多地发现软件产品中存在的各种错误，即消除故障，保证软件的可靠性。

单元测试又称模块测试。在一个软件系统中，每个模块最好都能够完成一个子功能，并且每个模块和同级的其他模块之间没有相互依赖的关系，即每个模块都能够独立地完成自己的功能，这样就可以对每个模块进行单独测试而不需要考虑模块之间的相互关系。模块测试的目的主要是为了保证每个模块作为一个独立的单元能够正确地运行并完成其功能，在模块测试中发现的往往是编码中出现的错误，所以一般是自己编写程序自己进行模块测试。

集成测试包括子系统测试和系统测试，它是将软件组装起来进行测试的技术。集成测试主要是在把模块按照软件设计的要求组装起来的同时进行测试，其主要目的是发现模块之间的相互影响以及各个模块接口之间可能存在的有关问题。

5. 软件维护（第5章）

软件维护是指在软件系统交付使用之后，软件使用人员为了适应新的要求、满足新的需要或改正软件中存在的错误而对软件系统进行修改的过程。软件系统维护是整个软件生命周期中持续时间最长、代价最大的最后阶段。

软件系统维护通常包括：为了改进原来的软件系统而进行的完善性维护；为了适应新的外部环境而进行的适应性维护；为了改正在实际使用过程中暴露出来的错误而进行的纠错性维护；为了改进软件系统将来的可维护性和可靠性而进行的预见性维护。其中，完善性维护占整个维护工作量的一半以上。

0.4　软件工程课程设计的主要任务和评价标准

软件工程课程设计是软件工程及相关专业的实践教学必修课程，其任务是要求学生针对具体的软件工程项目，完成软件的整个开发过程，从而提高学生软件工程的综合实践能力。

要有效完成软件工程课程设计的任务，必须做到如下几条：

1）软件工程课程设计准备。

软件工程课程设计指导书要规范、完整，符合教学大纲要求；课程设计的场所、设备等条件能够充分满足软件工程课程设计教学需要。

2）软件工程课程设计选题。

软件工程课程设计题目符合专业培养目标和软件工程课程教学要求，设计题目深度、广度、难度适当，符合教学大纲要求；紧密结合生产、科研、管理、社会工作等实际；能够提供多个设计题目供学生选择，充分调动学生的学习主动性和积极性。

3）软件工程课程设计过程。

首先制定完整科学的工作计划，认真填写任务书，因材施教，鼓励创新，注重学生综合能力培养，保证绝大多数学生按进度要求独立完成全部工作量，并且学习态度积极主动；严格按照每个阶段的评价标准对软件工程课程设计过程进行全程监控评价，认真履行课程设计答辩（口试）程序，严格掌握成绩评定标准，客观、真实地反映学生的课程设计质量，成绩呈正态分布。

4）软件工程课程设计效果。

大多数学生的设计说明书思路清晰、文字表达能力强、书写工整，图（表）整洁、规范，软件产品符合软件工程行业技术标准；大多数学生能够掌握和运用基本理论知识，设计、实践能力达到教学大纲的基本要求，部分学生在课程设计过程中表现出较好的创新意识和创新能力。

软件工程课程设计的总成绩可以为等级（一般分为优秀、良好、中等、及格、不及格5个等级），也可以为分数。评定成绩时，应依据各个阶段工作量的大小和难度、文档质量、动手实践能力、团结协作能力等因素进行综合考虑，给出合理的课程设计成绩。

各个阶段设计质量高，过程规范，有较好的独特见解，文档正确规范，逻辑结构清晰、语句流畅，可以评为优秀。

各个阶段设计符合质量要求，过程规范，有一定的独特见解，文档正确规范，逻辑结构清晰，可以评为良好。

各个阶段设计基本符合质量要求，过程规范，文档基本正确规范，逻辑结构清晰，可以评为中等。

各个阶段过程规范，设计符合要求，文档基本正确，可以评为及格。

开发阶段过程不规范，设计不符合要求，达不到及格标准，则评为不及格。

0.5　本教材的主要特色和使用方法

软件工程课程设计是一门实践软件开发与维护的普通原理和技术的工程设计和实验课程。与其他计算机专业基础课程相比，它的研究范围不仅涉及技术方法，还强调软件工具的灵活使用和团队人员的协同合作、项目的高效管理等多个方面。随着软件产业成为我国核心的、最具广阔就业前景的信息产业，软件工程课程设计课程的建设在计算机类相关专业的本科教学中占据了重要地位，特色鲜明的教材是学好这门课程的基础。

0.5.1　本教材的主要特色

本教材遵循软件企业的项目管理和软件开发模式，运用项目驱动、案例教学方法，总结了"期刊管理系统"、"图书管理系统"、"网上商城管理系统"、"饭卡管理系统"、"研究生培养管理系统"5个不同项目的开发过程和设计技巧。其主要特色如下：

1）采用任务驱动的方式组织内容，将软件工程课程设计的内容融入任务教学之中，使学生带着真实的任务在探索中学习。在这个过程中，学生可以不断地获得成就感，更大地激发求知欲望，逐步形成一个感知心智活动的良性循环，从而培养出独立探索、勇于开拓进取的自学能力。

2）以软件工程的现代教学理论为指导，案例选择注重学生的熟悉程度，以激发学生的学习兴趣，调动学生学习的积极性，充分体现学生的主体作用。本书以5个实际应用项目为案例，强调"做中学"，具有很强的可操作性，易学易用。

3）充分体现培养学生学习能力的宗旨。软件工程课程设计不是软件工程理论课程的教材，所以不是在每个案例中面面俱到，而是在每个案例中只使用一种描述方法，使学生集中精力学好并掌握该方法。又因为每个案例分别使用不同的方法，所以本书涵盖了最基本的内容，这就可以使学生在掌握基本方法的基础上，自主探索，举一反三，触类旁通，从而训练学生的科学思维方式和创新性软件开发的能力。

4）注重让学生掌握完整的软件工程知识体系。每个案例自成体系，并且具有突出的分析、设计、开发、维护特色，通过一个案例的实践，学生对软件开发过程就会有一个较全面的理解，避免学生产生对软件工程各种技术的片面认识。本教材介绍的案例，目的是为了给学生提供软件开发技术的完整知识结构体系，培养学生的科学精神和工程设计能力。

5）适用性强。本教材既努力反映现代软件工程技术的新成就，将典型的软件分析、设计、编码、测试等技术引入到教材中，又考虑到每个案例的独立特色，并通过多年的教学实践不断更新和完善它们，注重理论联系实际，便于读者理解、掌握与应用所学知识。本教材不仅适合大学生学习，也适合软件开发人员学习参考。

6）案例自成体系，开发方法各具特色。垂直（自上而下）方向的每个案例自成体系，水平（横向）方向的描述方法在不失流行的前提下，略有差异，方便学生根据给定案例进行各种组合练习，这不仅大大提高了案例的利用率，而且扩大了训练范围，使学生有更多的选择余地，受到更好的锻炼。

0.5.2　本教材的使用方法

本教材与软件工程课程的理论教学同步，吸收了大多数软件工程教材的精华，采用了当前最流行的分析、设计、编码、测试和维护技术。本教材的5个案例分别使用不同的风格，所以能使学生熟悉目前的主要流派，开拓知识的深度和广度。

软件工程课程设计采取项目驱动的方法，按照软件企业项目管理和开发模式，学生分成3~5人一个小组，进行软件系统的合作开发。在整个课程设计的实践过程中，指导教师既充当客户，又充当项目经理，不仅协调团队内部之间的关系，掌握项目开发进度，还担当技术指导，了解学生灵活运用知识的能力。这个过程对学生的创新精神、实践能力和团队协作精神的培养具有显著的效果。

本教材由5个案例组成，共分6章，第0章是每个读者都应该阅读的，对于后面的5章，每个课程设计小组只需要选择1个自己感兴趣的案例进行学习，仿照所选案例的要求进行分析、设计、编码、测试和维护。从第1章到第5章，每章对应软件开发的一个阶段，每章的开始概述该开发阶段的主要任务，最后给出该开发阶段的评价标准。

为了增加学生的软件开发经验，体会不同的开发风格，在课程设计过程中，学生也可以参考其他案例的设计技巧来设计所选案例，从而锻炼自己分析问题和解决问题的能力。

第1章
软件系统分析

1.1 概述

软件系统分析（简称软件分析）是软件开发的第一个阶段，是对所要完成问题的定义，其目的是弄清用户需要计算机解决什么问题，写出规范的需求分析文档。软件分析包含两个过程：可行性研究和需求分析。

1.1.1 可行性研究的任务和步骤

一个工程和一个项目是不能盲目开工的，在确定是否开工以前，首先要开展可行性研究。可行性研究是为了弄清所定义的项目是否是可能实现的、是否具有开发价值。下面介绍如何开展可行性研究。

1. 可行性研究的内容

可行性研究的内容如下：

1）经济可行性：研究有无经济效益，多长时间可以收回成本。

2）技术可行性：研究现有的技术是否可行，有哪些技术难点，采用的技术的先进程度。

3）运行可行性：研究为新系统规定的运行模式是否可行。

4）法律可行性：研究新的系统开发会不会引起侵权。

2. 成本效益分析

成本效益分析是估计新系统所需成本和可能产生的效益。系统成本包括开发和运行维护成本、物质消耗、占用操作员和维护人员的数量、培训费用。成本效益分析还要估计系统效益，包括经济效益和社会效益。

3. 可行性论证报告

在可行性研究的后期要形成可行性论证报告，它是可行性研究的标志性成果。可行性论证报告的组成如下：

（1）系统概述

当前系统及其存在问题描述，新的目标系统及其各个子系统的功能与性能。

（2）可行性分析

它是报告的主体，新系统在经济上、技术上、法律上的可行性以及对建立新系统的主客观条件分析，如果有多种方案，应该对几种方案进行比较，并指明推荐的方案。

（3）结论意见

综合上述分析，说明新系统是否可行：1）可立即执行；2）推迟执行；3）不可行或不值得。

4. 项目实施计划

（1）系统概述

包括项目目标、主要功能、系统特点以及关于开发工作的安排。

（2）系统资源

包括开发和运行该软件系统所需要的各种资源，如硬件、软件、人员和组织机构。

（3）费用预算

分阶段的人员费用、机时费用及其他费用。

（4）进度安排

各阶段的起止时间、需要完成的文档、验证方式及产品清单。

1.1.2 软件系统分析的任务

要完全弄清用户对软件系统的确切要求，需要用需求规格说明书描述。软件系统分析的具体任务是：

1）确定对系统的综合要求。

• 系统功能要求。

• 系统性能要求：可靠性、安全性、响应时间（查询、更新）。

• 系统运行要求：环境（硬件、软件、数据库、网络、通信）。

• 将来可能的要求：与其他系统的连接。

2）画出系统的逻辑模型。

用数据流图、数据字典和加工（或处理）描述。

3）修正系统的开发计划。

适当修正计划时期的开发计划中的成本和进度。

对需求规格说明书的要求如下：

1）准确性和一致性。不能含混不清，前后矛盾。

2）无二义性。

3）直观、易读，容易修改。采用简单符号、表格和标准图形表示。

常用的软件分析方法主要包括传统的分析方法和面向对象的分析方法。传统的分析方法的典型代表是结构化分析方法。结构化分析方法是20世纪70年代中期由Yourdon等人倡导的一种面向数据流分析方法。结构化分析就是使用数据流图（Data Flow Diagram，DFD）、数据字典（Data Dictionary，DD）、结构化语言、判定表和判定树等工具，建立一种称为结构化说明书的文档。

1. 数据流图

数据流图是软件系统逻辑模型的一种图形表示。结构化分析方法认为：从根本上来说，任何软件系统都是对数据进行加工或变换。在数据流图中，加工有两种常用的图形表示形式：圆框和圆角方框，如图1-1所示。数据流图中箭头代表数据流动方向，数据流的名称标在箭头边上，图1-1的含义是输入数据流经过加工后转变成输出数据流。

图1-1 数据流与加工的示例

（1）组成符号

数据流图使用以下四种基本图形符号：

• 圆框或圆角方框代表加工。

• 箭头代表数据的流向，数据名称总是标在箭头边上。

• 直角方框表示数据的源点或终点，如图1-2a所示。

• 单线、双线或带缺口矩形框表示数据存储（数据文件、数据库），如图1-2b所示。

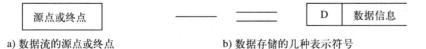

a) 数据流的源点或终点   b) 数据存储的几种表示符号

图1-2 数据流图的其他图形符号表示

在数据流图中，除了标示加工的名字，还要在加工框中加上编号，以便数据流图识别和分层。

文件与加工间用双向箭头连接时，表示文件中的数据有读有写。

（2）分层数据流图

结构化分析方法是逐步细化的分析方法，即先画出粗粒度的数据流，对尚未明确的加工进一步分解，画出这些加工的分解后的更细致的数据流图。这称为数据流图由粗到精的分层表示。

从系统的基本模型开始，逐层地对系统进行分解，每分解一次，系统加工数量就增多一些，每个加工功能也更具体一些，继续重复这种分解，直到所有加工都足够简单，不必再分解为止，通常把这种不再分解的加工称为基本加工，这种方法叫作自顶向下、逐步细化。采用这种方法，可以获得一组分层数据流图。

图1-3给出了数据流图的逐层分解示例，顶层的系统S是一个初始的数据流图，S很复杂，可以把它分解为第2层的1、2、3三个子系统。

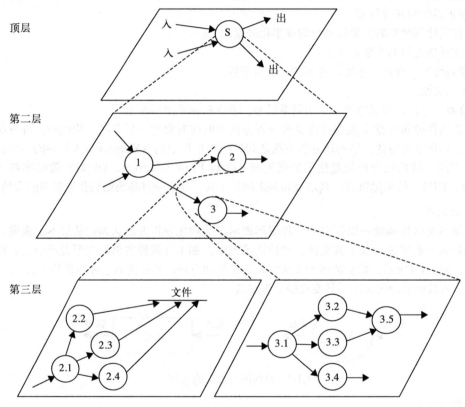

图1-3　分层数据流图

在这三个子系统中，子系统1的功能已经很单一了，无须再分解，而子系统2和子系统3仍很复杂，可以再把它们分别分解为下一层的子系统2.1、2.2、2.3、2.4和3.1、3.2、3.3、3.4、3.5……直到分解所得到的每个子系统都能得到清楚的理解和实现。

对于任何复杂的系统，分析工作都可以按照这样的方式有计划、有步骤、有条不紊地进行。对大小规模不同的系统只是分解层次不同而已。

分层DFD的优点是：

• 便于实现，采用逐步细化的扩展方法，可避免一次引入过多细节，有利于控制问题的复杂度。

• 便于使用，用一组图代替了一张图。

分层DFD的指导原则是：

• 注意父图和子图的平衡：父图和子图的输入和输出数据流应保持一致。

• 区分局部文件和局部外部项：注意数据项的内外相对变化，一般地，除底层DFD需画出全部文件名外，各中间层的DFD仅画出处于加工之间的接口文件，其余文件则不必画出，以保持图面的简洁。

- 掌握分解的速度：逐步细化，通常上层可分解快一些，下一层应分解慢一些。
- 遵守加工编号规则：顶层加工不编号，第二层编号为1、2、3、4、…、n，第三层编号为1.1、1.2、…、2.1、2.2、…。
- 确定数据定义和加工策略：在DFD中从数据终点开始，沿着DFD图一步一步向数据源点回溯。

画DFD时要注意：

- 数据流图箭头仅能表示系统中流动的数据。例如：机内流动数据——文件和数据库，这是数据的软拷贝；机外流动数据——票据、单据、报表，这是数据的硬拷贝。数据流图不表示诸如书、货物等实物的流动。
- 与程序流程图不同，DFD不能表示程序的控制结构（如选择或循环），只考虑软件干什么，而程序流程图考虑怎么干。

2. 数据字典（DD）

数据字典的作用就是对DFD中的每个数据规定一个定义条目，以便查用。数据字典可以保证数据在系统中的一致性，避免理解不同造成混乱。

（1）条目内容——出现在DFD中的数据

数据字典的条目内容包括：

- 只含一个数据的数据项（或数据元素）。
- 由多个相关数据项组成的数据流。
- 数据文件或数据库。

（2）数据字典使用的符号

数据字典使用的符号如下：

- =：表示"定义为"。
- +：表示"与"或"加"。
- [|]：表示"或"，对[ ]中的列举值任选其一。
- { }：重复符，对{ }中的内容可重复使用。
- （ ）：可选符，对（ ）中的内容可由设计员决定取舍。
- m..n：表示界域，如果要限制重复次数，可在花括号前后或上下角标出次数下限或上限，如$s\{\}t$，$3\{\}5$，$_3^5\{\}$。

1.2 期刊管理系统需求分析

1.2.1 系统任务概述

期刊信息是图书馆、企事业单位资料室等进行期刊管理所必需而频繁使用的信息资料。

期刊管理系统的目的是实现期刊登记、借阅、查询等业务的自动化管理，以提高工作效率。要求系统简单实用，既可以单独使用，也可以作为其他大型应用系统的一个组成部分来使用。该系统的主要功能如下：

1）读者信息管理：添加读者信息，更改读者信息，删除读者信息。

2）期刊管理：管理所有种类期刊的基本信息，管理员登记新到的期刊信息，包括刊号、年、期、数量和相应的文章信息。

3）期刊借阅：处理读者的期刊借阅、归还业务。

4）期刊查询：查询期刊的库存、某期刊的去向信息。

可扩展功能如下：

5）期刊的征订：完成下一年度预订的期刊目录的生成。

6）期刊内容登记：将新到的每本期刊的所有文章的信息（文章题目、作者姓名、作者单位、关键词等）登记到数据库中。

7）期刊内容查询：输入关键词，查询出包括这些关键词的有关文章的题目、登载的期刊信息（名称、年、期）等。

1.2.2 数据流图

首先分析期刊管理系统的功能需求，该系统主要有两种角色：读者和管理员。读者向系统提出如下处理要求：1）读者信息变动要求，2）读者的期刊借阅处理要求，3）读者的期刊归还处理要求，4）读者对信息查询处理要求。这些要求是由读者提出或激发的，在系统中并不一定是用户操作完成，换句话说，其中的数据是从用户处流出进入系统的，由于顶层的数据流图不需画得太细致，所以可以把这些输入数据流抽象成"读者要求"，系统处理完这些数据流后，可能有多个结果，这里把输出流抽象成"处理结果"。同理，管理员也可以向系统提出处理要求，如期刊登记、期刊征订等，把从管理员处流到系统的输入数据流抽象成"管理员要求"，输出数据流抽象成"期刊订单"。由此可以得出顶层数据流图，如图1-4所示，顶层的这个加工不编号。

图1-4　顶层数据流图

对顶层数据流图进行分解，分离出两个加工：读者要求处理和管理员要求处理，分别编号为1和2。由于加工分离出来，原先属于内部数据流（文件）的部分（如期刊目录文件、期刊登记文件和期刊内容文件）这里就变成了外部数据流，它们被标在第二层数据流图上，"读者要求处理"加工分别从期刊内容文件、期刊登记文件和期刊目录文件读数据，"管理员要求处理"加工不仅从期刊目录文件读数据，当数据处理完成后，还要向期刊目录文件和期刊内容文件写入数据。分解后的第二层数据流图如图1-5所示。

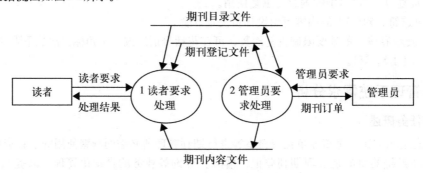

图1-5　第二层数据流图

接下来对加工1和加工2继续分解。同理，加工1进一步分解成五个子加工：加工1.1读者要求分类，加工1.2变动处理，加工1.3借阅处理，加工1.4归还处理，加工1.5查询要求处理。加工2进一步分解成三个子加工：加工2.1管理要求分类，加工2.2期刊登记，加工2.3期刊征订。原先的内部数据流：读者文件和借阅文件变成了外部数据流。第三层数据流图如图1-6所示。

加工1.5包含多种查询，可以进一步分解，变成三个加工：加工1.5.1查询要求分类，加工1.5.2查询期刊去向，加工1.5.3查询期刊内容。第四层数据流图如图1-7所示。

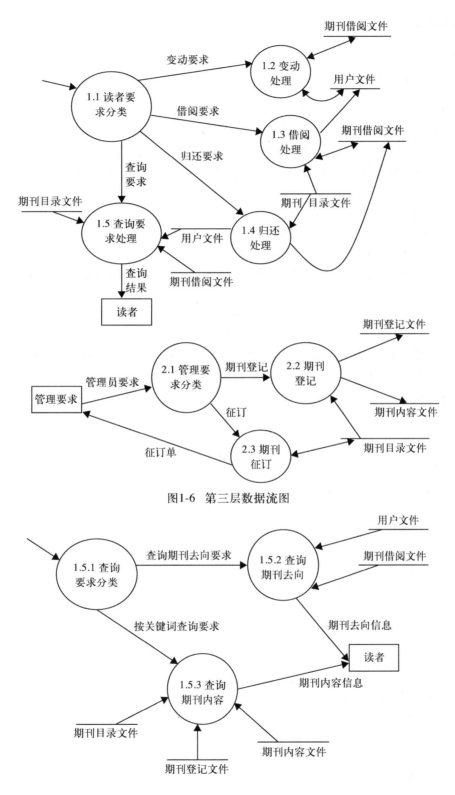

图1-6　第三层数据流图

图1-7　第四层数据流图

1.2.3　数据字典

1. 文件条目

用户=[读者 | 管理员]

用户文件={用户名+姓名}

期刊目录文件={刊号+刊名+邮发代号+主办单位+出版周期}

期刊登记文件={刊号+年+（卷）+期}

期刊借阅文件={用户名+刊号+年+（卷）+期+借阅日期+归还日期}

期刊内容文件={刊号+年+（卷）+期+文章题目+作者单位+作者姓名+关键词1+关键词2+关键词3+关键词4+关键词5}

2. 数据条目

征订单={刊号+邮发代号+单价+数量+金额}

期刊去向信息={刊名+年+（卷）+期+读者姓名}

期刊内容信息={关键词1+关键词2+关键词3+关键词4+关键词5+刊名+年+（卷）+期}

变动要求=[添加|更改|删除]

借阅要求={用户名+刊号+刊名+年+（卷）+期}

归还要求={用户名+刊号+刊名+年+（卷）+期}

按关键词查询要求={（关键词1）+（关键词2）+（关键词3）+（关键词4）+（关键词5）}

查询期刊去向要求={刊号+刊名+年+（卷）+期}

1.2.4　加工说明

1. 数据加工名称：变动处理

编号：1.2

简述：用户注册

激发条件：有用户进行注册时

优先级：普通

输入：变动要求

输出：注册成功

加工逻辑：IF 有用户进行注册
　　　　　　　　THEN 注册成功
　　　　　　　　END IF

2. 数据加工名称：借阅处理

编号：1.3

简述：读者借阅期刊

激发条件：有读者借阅期刊

优先级：普通

输入：借阅要求

输出：[借阅成功|借阅失败]

加工逻辑：IF 有读者借阅期刊时
　　　　　　　THEN {IF 期刊在馆
　　　　　　　　　　　　THEN 借阅成功
　　　　　　　　　　　　ELSE 借阅失败

                    }
             END IF

3. 数据加工名称：归还处理

编号：1.4

简述：读者归还期刊

激发条件：有读者归还期刊时

优先级：普通

输入：归还要求

输出：归还成功

加工逻辑：IF 有读者归还期刊
                THEN 归还成功
                END IF

4. 数据加工名称：查询期刊去向

编号：1.5.2

简述：读者查询期刊去向

激发条件：有读者查询期刊去向时

优先级：普通

输入：查询期刊去向要求

输出：期刊去向信息

加工逻辑：IF 有读者查询期刊去向
                THEN 期刊去向信息
                END IF

5. 数据加工名称：查询期刊内容

编号：1.5.3

简述：读者查询期刊内容

激发条件：有读者查询期刊内容时

优先级：普通

输入：按关键词查询要求

输出：期刊内容信息

加工逻辑：IF 有读者查询期刊内容
                THEN 期刊内容信息
                END IF

6. 数据加工名称：期刊登记

编号：2.2

简述：管理员进行期刊入库登记

激发条件：有管理员进行期刊入库登记时

优先级：普通

输入：期刊登记

输出：登记成功

加工逻辑：IF 有管理员进行期刊入库登记时

　　　　　　THEN　登记成功
　　　　　　END IF
　7. 数据加工名称：期刊征订
　编号：2.3
　简述：管理员进行期刊征订
　激发条件：有管理员进行期刊征订时
　优先级：普通
　输入：征订
　输出：征订单
　加工逻辑：IF　有管理员进行期刊征订时
　　　　　　THEN　征订单
　　　　　　END IF

1.2.5　E-R图

　　系统中有三种数据对象：读者、管理员和期刊。其中，读者的属性有：用户名，姓名，性别，单位；管理员的属性有：用户名，姓名，性别；期刊的属性有：刊号，刊名，年，期。系统的E-R图如图1-8所示。

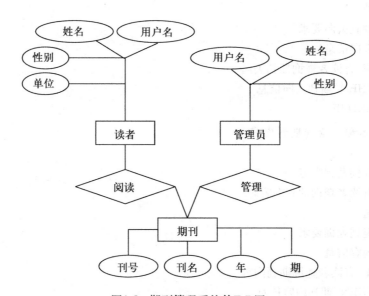

图1-8　期刊管理系统的E-R图

1.2.6　性能要求

　　在性能方面，要求系统的查询和更新时间不超过1秒。其他一些要求如下：
- 系统最小寿命：系统应该能在无重大改动的条件下正常运行5年以上。
- 设备要求：计算机稳定性良好，整套系统经济实惠。
- 在使用上：要求系统易理解，易学习，易操作。
- 在安全性上：要求系统安全可靠，容错，易恢复。
- 在数据集中上：要求用统一的数据库实现数据的完整性和实时性。
- 在可维护性上：要求系统可修改，可测试，可扩充，可移植。

1.2.7 运行环境

对本系统以及后面的4个系统的运行环境没有特殊要求，以下硬件配置就可以满足要求：服务器CPU为Pentium II 300或更高配置，内存128MB以上，硬盘至少500MB，网络适配器 10Mbps或更快的网卡，一个CD-ROM驱动器，打印机一台，UPS（选配），客户机CPU 为Pentium 200或更高配置，内存64MB以上，硬盘至少100MB。

1.3 图书管理系统需求分析

随着计算机技术的不断发展，计算机已经深入到社会生活的各个角落。为了方便管理人员对图书馆书籍、读者资料、借还书等进行高效的管理，在工作人员具备一定的计算机操作能力的前提下，采用图书管理系统软件可以提高其管理效率。

1.3.1 系统任务概述

这里我们将图书管理系统的应用对象定位在中小型图书馆，因此在进行需求分析时主要考虑中小型图书馆的具体需求。我们知道：图书馆的主要功能就是为注册的用户提供图书的借阅，在此过程中主要涉及对图书的管理和借阅者（即注册用户）的管理以及图书借阅信息的管理。其中，对图书的管理主要是指：对馆藏图书的添加、修改、删除、查询等；对借阅者的管理主要是指：对图书的借阅者添加、修改、删除、挂失、查询等操作；对图书借阅信息的管理主要是指：对借阅者的借阅信息的管理（比如，某个借阅者何时借阅和借阅哪本图书等）。除此之外，因为本系统为计算机应用系统，所以为了安全，对于每一个使用该系统的人，都要实行用户密码登录，只有合法的用户才能使用该系统。

1.3.2 功能需求

图书管理系统的完整功能需求如下。

1. 借阅者管理

对于每一个通过资格审查的人员，可以办理一张借阅卡。需要说明的是，本系统是面向中小系统，这里的"资格审查"主要是由申请人亲自到图书馆的指定部门去进行面对面的资格审查，如果审查通过，则可以办理借阅卡，并拥有自己的用户名和密码，成为注册用户，用户以后可以凭此登录本系统；如果审查没有通过，则不予办理。

每个通过审查的人员（即注册用户）都可以拥有且只能拥有一张借阅卡，此借阅卡里包含该用户的所有个人信息，以后该用户的所有图书借阅活动都凭借此卡进行，直到该卡被注销或删除为止。

因此，对借阅者的管理包含对借阅者相关信息的添加、修改、删除及检索功能。

2. 图书信息管理

图书馆的管理中很大一部分就是对于馆藏图书的管理。这里主要涉及以下功能：

- 新书的入库：为了方便以后的用户借阅、查询，对每本新到的图书都需要把它的详细信息加以记录，也就是登记入库后，方可对外借阅。
- 图书的检索：作为一个图书馆，其馆藏的图书是非常丰富的，要想在数万甚至数十万的图书中迅速找到读者需要的图书，必须提供相关图书的快速检索查询功能。
- 图书信息的修改：一般来说一本图书在入库时，其基本信息（比如，书名、作者、单价、出版社等）就已经是确定的了，而且在以后的使用过程中永远都不会变。因此，对于这些信息不需要提供相应的修改功能。但是对于图书的其他一些辅助信息（比如，存放位置、是否借出等），可能会发生变化，因此需要提供对于这部分的图书修改功能。
- 图书信息的删除：有些书籍由于太过破旧将被淘汰，或者将被丢失，对于这些不再馆藏的书籍，能够从系统信息中删除它们。

3. 图书借阅信息管理

本功能是系统的核心功能之一。作为一个图书管理系统，其最主要的功能就是对于图书的借出和归还。这主要涉及被借阅的图书和借阅者（借阅卡的持有者），即既要有被借图书的基本信息，还要有借阅者的部分信息以及借出和归还的日期等。

具体来说，对于借书，要首先获得借阅者的信息，看其是否有权利借书，其次还要检查相关书籍的信息，看该书是否可以被外借，在两者都满足的情况下，才能借阅；而还书时，同样也需要借阅者信息和图书信息才能还书，同时还要计算本次借阅是否超期，如果超期，还要计算出罚款金额，借阅者只有在交了足额的罚款后才能还书成功。此外，对于这些历史借还的记录，还要提供一定的查询功能；同时由于存储空间的限制，不可能永远保存所有的历史记录，因此还需要提供相应的删除记录的功能。

需要说明的是，所有的借还操作都是通过系统管理员来实现的。

4. 用户的登录

该系统的用户主要有系统管理员和普通注册用户（即借阅卡的持有者——借阅者）两种。系统管理员拥有系统的所有功能权限，而普通注册用户只能够管理自己的个人信息以及检索需要的图书（不然每本书都要依靠管理员检索，借阅的效率太低），对于系统的其他功能不具有权限。因此，系统需要对于各种用户进行管理，不同的用户给予不同的权限，为此给每一个合法用户一个用户名和密码，用户凭此登录系统。这样，在满足不同类型系统用户操作要求的基础上，提高了系统的安全性。

5. 系统基本信息的管理

系统基本信息的管理主要是对图书管理中涉及的一些基本信息的处理，包括：
- 对借阅者类别的设置：作为注册用户的借阅者，可以根据其不同的类别，设置最大借阅图书数量的不同上限。
- 对于图书类别的设置：对不同类型的图书，给予不同的借阅期限。一旦用户借阅超期，根据图书类型的不同也有不同的罚款金额。
- 对系统用户的管理：正如前面所述，每一个使用系统的人员必须凭借自己的用户名和密码来登录使用系统，在本系统中，暂定有两类用户：系统管理员和普通注册用户，不同的用户对于系统有不同的使用权限。

1.3.3 数据流图

我们注意到借还书的过程都是要和时间挂钩的，所以还要有一个数据源点为"系统时钟"，因此可以得到图书管理系统的基本数据流图，如图1-9所示。

通过对上述任务需求深入分析，可以对"图书管理系统"加工进一步细化，得到的功能级数据流图如图1-10所示。

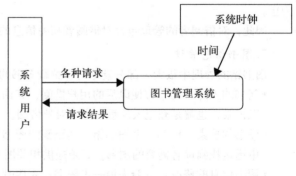

图1-9 图书管理系统的基本数据流图

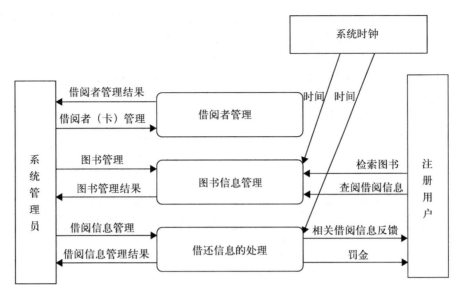

图1-10 图书管理系统的功能级数据流图

通过对图1-10的进一步分析，可以发现上述的三个加工在工作过程中要涉及一些数据存储。比如，"借阅者管理"这个加工，无论是对借阅者的添加还是修改等，其数据都要暂存在某个数据存储里，类似的情况也出现在其他两个加工中，因此可以得到改进后的功能级数据流图，如图1-11所示。

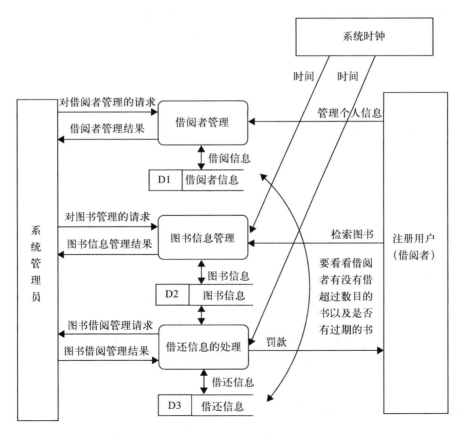

图1-11 改进后的图书管理系统功能级数据流图

上述数据流图是不是最终的数据流图呢？再次仔细分析图1-11的每个加工是否还能细化，或者还有没有可以补充的加工。这时我们发现系统中还需要一个加工来专门负责"基本信息的维护"，这样可以得到新的改进后的数据流图，如图1-12所示。

对于图1-12是否还需要细化呢？比如，"借阅者管理"还要先"添加"再"查询"等，这些都是一些比较细节的东西，不需要在需求分析中作过多关注。

这样就得到最终的数据流图，如图1-12所示。

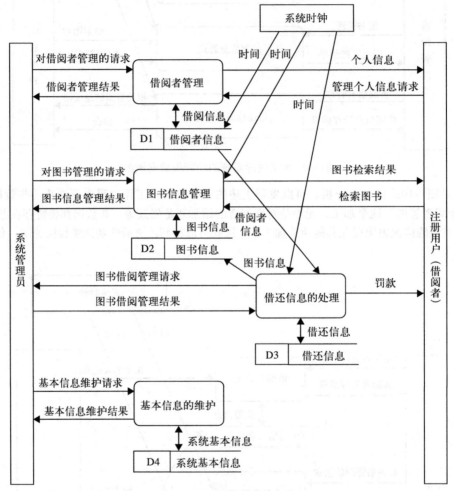

图1-12 图书管理系统最终的数据流图

1.3.4 数据字典

对于数据流图中的每个元素，都可以通过数据字典加以描述，以保证数据定义的严格性，针对上述系统，数据字典如下：

对借阅者管理的请求=[添加借阅者| 修改借阅者| 删除借阅者| 检索借阅者]

对图书管理的请求=[添加图书| 修改图书信息| 删除图书信息| 检索图书]

图书借还管理请求=图书借阅管理请求

图书借阅管理请求=[添加借阅信息| 修改借阅信息| 删除借阅信息| 检索借阅信息]

管理个人信息请求=[检索个人信息| 修改个人信息]

基本信息维护请求=[对借阅者类别信息的维护| 对图书类别信息的维护| 对登录用户的维护]

对借阅者类别信息的维护=[对借阅者类别信息的添加| 对借阅者类别信息的修改| 对借阅者类别信息的删除| 对借阅者类别信息的检索]

对图书类别信息的维护=[对图书类别信息的添加| 对图书类别信息的修改| 对图书类别信息的删除| 对图书类别信息的检索]

对登录用户的维护=[对用户信息的添加| 对用户信息的修改| 对用户信息的删除| 对用户信息的检索]

时间= 年+月+日

借阅卡信息=借阅卡号+姓名+性别+身份证号+单位+家庭住址+联系电话+借阅者类别+办证日期+已借书数目+是否挂失

借阅者=借阅卡信息

读者=借阅者

借阅卡号=8{数字}8

性别=[男| 女]

身份证号=18{数字}18

联系电话=（区号）+7{数字}7

区号=4{数字}4

借阅者类别=[一级读者| 二级读者| 三级读者]

读者类别=借阅者类别

描述：在本系统中，一级读者可借10本；二级读者可借5本；三级读者可借3本

办证日期=年+月+日

已借书数目=[0|1| 2|3| 4| 5|6 |7 |8 |9| 10]

是否挂失=[挂失| 没挂失]

挂失=1

没挂失=0

图书信息=图书号+书名+作者+出版社+出版日期+单价+图书类别+存放位置+入库日期+是否借出

图书=图书信息

图书号=7{数字}7+同一本书副本编号

同一本书副本编号=[0|1| 2|3| 4| 5|6 |7 |8 |9]

出版日期=年+月+日

图书类别=[一类图书| 二类图书| 三类图书| 四类图书| 五类图书| 六类图书]

入库日期=年+月+日

是否借出=[借出| 未借出]

借出=1

未借出=0

借阅信息=借阅卡号+姓名+图书号+书名+借出日期+实际归还日期+罚款金额

借还=借阅信息

借出日期=年+月+日

实际归还日期=年+月+日

系统基本信息=[借阅者类别信息| 图书类别信息| 系统用户]

借阅者类别信息=借阅者类别+能借书的数量

借阅者类别=[一级读者| 二级读者| 三级读者]

能借书的数量=[1| 2|3| 4| 5|6 |7 |8 |9] 单位：本

图书类别信息=图书类别+可借天数+图书超期每天罚款的金额

图书类别=[一类图书| 二类图书| 三类图书| 四类图书| 五类图书| 六类图书]

可借天数=[10| 20| 30|40| 50| 60|70] 单位：天

图书超期每天罚款的金额=[0.1| 0.2] 单位：元

系统用户=用户名+密码+是否是管理员

用户名=1{字母| 数字}16

密码= 1{字母| 数字}8

是否是管理员=[是管理员| 不是管理员]

是管理员=1

不是管理员=0

1.3.5　E-R图

根据上一小节的数据字典，得到系统的E-R图，如图1-13所示。

对应图书管理系统的E-R图有6张表，分别为：表1-1 "借阅者表"，表1-2 "图书表"，表1-3 "借阅表"，表1-4 "借阅者类别表"，表1-5 "图书类别表"，表1-6 "系统用户表"。

表1-1　借阅者表（又名借阅卡表、读者表）

字段名称	数据类型	是否关键字	是否可以为空
借阅卡号	decimal	是	否
姓名	Varchar(20)	否	否
性别	boolean	否	否
身份证号	Varchar(30)	否	否
单位	Varchar(30)	否	是
家庭住址	Varchar(30)	否	是
联系电话	Varchar(30)	否	是
借阅者类别	Varchar(30)	否	否
办证日期	datetime	否	否
已借书数目	int	否	是
是否挂失	boolean	否	是

表1-2　图书表

字段名称	数据类型	是否关键字	是否可以为空
图书号	decimal	是	否
书名	Varchar(20)	否	否
作者	Varchar(20)	否	否
出版社	Varchar(20)	否	否
出版日期	datetime	否	否
单价	money	否	否
图书类别	Varchar(30)	否	否
存放位置	Varchar(30)	否	是
入库日期	datetime	否	是
是否借出	boolean	否	否

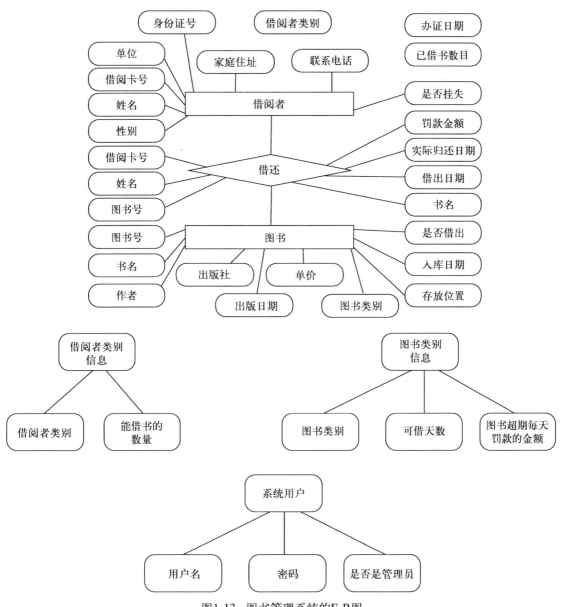

图1-13　图书管理系统的E-R图

表1-3　借阅表（又名借还表）

字段名称	数据类型	是否关键字	是否可以为空
借阅卡号	decimal	是	否
图书号	decimal	是	否
姓名	Varchar(20)	否	是
书名	Varchar(20)	否	是
借出日期	datetime	否	否
实际归还日期	datetime	否	否
罚款金额	Money	否	是

表1-4　借阅者类别表

字段名称	数据类型	是否关键字	是否可以为空
借阅者类别	Varchar(30)	是	否
能借书的数量	int	否	否

表1-5　图书类别表

字段名称	数据类型	是否关键字	是否可以为空
图书类别	Varchar(30)	是	否
可借天数	int	否	否
图书超期每天罚款的金额	money	否	是

表1-6　系统用户表

字段名称	数据类型	是否关键字	是否可以为空
用户名	Varchar(20)	是	否
密码	Varchar(20)	是	否
是否是管理员	boolean	否	是

1.3.6　性能要求

总的来说，系统在性能上没有太多的特殊要求，只要进行图书查询时没有明显的延时就行了，希望查询的响应时间不能超过3秒。其他一些要求如下：

- 系统最小寿命：系统应该能在无重大改动的条件下正常运行5年以上。
- 设备要求：计算机稳定性良好，整套系统经济实惠。
- 在使用上：要求系统易理解，易学习，易操作。
- 在安全性上：要求系统安全可靠，容错，易恢复。
- 在数据集中上：要求用统一的数据库实现数据的完整性和实时性。
- 在可维护性上：要求系统可修改，可测试，可扩充，可移植。

1.4　网上商城管理系统需求分析

随着网络技术的迅猛发展、物流的高效便利以及网络支付手段的逐步完善，人们开始热衷于网上购物。网上购物解决了传统购物中时间和地域的约束，随时随地浏览商品、确定订单，便可享受网上商城送货上门的快捷便利服务。

抽取现有在线商城的基本功能，经过分析后产生网上商城管理系统的基本描述。

1.4.1　系统任务概述

网上商城管理系统是基于Web的在线系统，主要功能是为会员用户提供商品的浏览和购买功能，主要涉及对会员信息的管理、商品信息的管理和订单信息的管理。会员信息的管理主要是指：会员注册，信息修改、删除和检索等操作；商品信息的管理主要是指：商品录入，信息修改、删除和检索等；订单信息的管理主要是指对会员及其所购买的商品的管理（比如，某个注册会员何时购买何商品等），包括：确认订单、查看订单、修改订单和完成订单等。

1.4.2　功能需求

网上商城管理系统的功能需求如下。

1. 会员信息的管理

会员信息的管理主要是指：会员注册，信息修改、删除和检索等操作。

- 会员注册：对于每一个用户，需要注册成为系统的会员才能进行商品的购买。会员通过用户名和密码登录系统，如登录不成功，则不能进行商品的购买。
- 会员信息修改：会员登录后可以对个人信息进行修改，包括会员姓名、密码、性别、QQ号码、真实姓名、家庭住址、联系电话等。
- 删除会员：管理员可以删除会员信息，对于个别行为恶劣的会员（订购了商品却不进行交割活动），可以拒绝向他提供商品订购服务。管理员也可以修改会员的全部信息。
- 检索会员：随着会员数量的不断增加，管理员可以通过查询方式检索相关会员并查看其信息。

2. 商品信息的管理

商品信息的管理主要是指：商品录入，信息修改、删除和检索等。

- 商品录入：为了方便用户进行商品查询，对于新到的商品需要将其详细信息录入系统。在商品存有现货的状态下，方可对外销售。
- 信息修改：通常商品在入库时，其基本信息（如商品名、商品数量、价格、生产厂址、品牌、生产时间、相关图片等）就录入系统中。在系统的正常运行中，商品的数量不断减少直至销售一空，但会因为不断地进货而时有调整，商品价格也可能会由于市场的变化进行一些调整，因此需要提供对于商品信息的修改功能。
- 检索商品：作为一个商城，商品的种类和数量十分庞大，要想在众多的商品中迅速找到会员所需要的商品，必须提供相关商品的快速检索功能。
- 删除商品：有些商品可能会因为一些原因（数量、质量、保质期等）被淘汰，故需要能够在系统中删除这些不再进行销售的商品。

3. 订单信息的管理

作为一个网上商城，最主要的功能就是商品的销售，这主要涉及注册会员和其所选购的商品。因此订单信息管理既涉及订购商品的基本信息（数量、单价等），还要有会员的部分信息、订单的日期、商品是否发送等。具体来说，要首先获得会员的信息，再检查相关商品的信息，判断商品的数量是否满足用户的要求。另外，订单中商品的品种及数量在商品发送前应允许会员进行修改等。

订单信息的管理主要是指对会员及其所购买的商品的管理，包括确认订单、查看订单、修改订单和完成订单等。

- 确认订单：会员在浏览商品的过程中可预订商品，确定商品的数量后，产生一张订单，会员核对订单无误后进行确认。订单中包括会员的联系信息、商品名及相关数量。
- 查看订单：会员在确认订单后可以查看订单，检查订单的商品及其数量。
- 修改订单：在订单未完成之前，会员可以对订单中的商品及其数量进行修改并重新确认。
- 完成订单：会员确认订单后，商城进行相关配货并发送，一旦货物发送则完成了网上商城的订购业务，即完成订单。

4. 用户登录

网上商城的用户主要有管理员和注册会员两类。管理员拥有系统的所有功能权限。注册会员只能管理自己的个人信息、浏览所需要的商品、订购商品（下订单）并可进行修改。因此，系统需要管理用户，给不同的用户赋予不同的权限。通过用户名和密码，用户可以登录系统，系统在有效识别后，不同的系统用户可以进行不同的操作，从而提高系统的安全性。

1.4.3 数据流图

网上商城是基于Web的系统，系统通过网络在浏览器和服务器上进行工作，用户通过浏览器登录系统进行相关操作。网上商城管理系统的基本数据流图如图1-14所示。

图1-14 网上商城基本数据流图

分析网上商城的功能需求，可以得到分层数据流图。

1. 顶层数据流图

系统主要用户为注册会员和管理员，主要处理会员信息、管理员信息、商品信息和订单信息。因此，系统的顶层数据流图如图1-15所示。

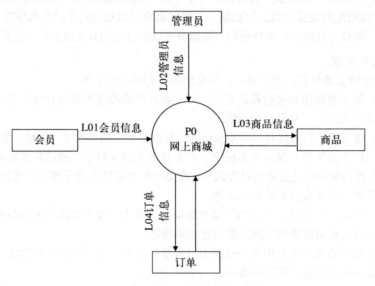

图1-15　网上商城顶层数据流图

2. 第二层数据流图

图1-16是网上商城管理系统的第二层数据流图。

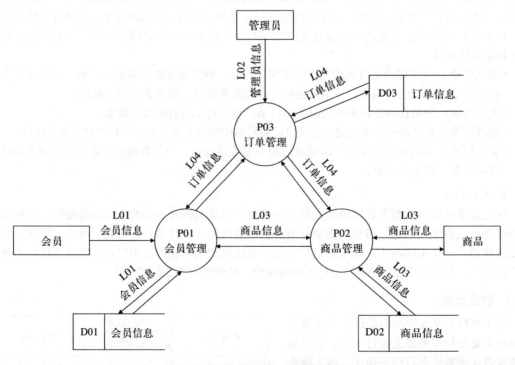

图1-16　网上商城第二层数据流图

3. 第三层数据流图

（1）会员注册

非会员用户需进行注册，否则不能进行商品订购。非会员用户输入个人信息，系统验证通过后可成为注册会员，会员信息需要存储相关的数据，如图1-17所示。

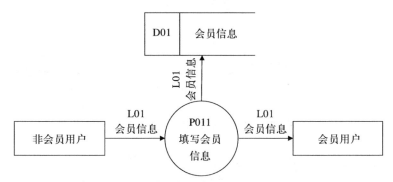

图1-17 网上商城填写会员信息数据流图

（2）会员信息修改

会员信息在发生变化的情况下可以进行修改，如图1-18所示。

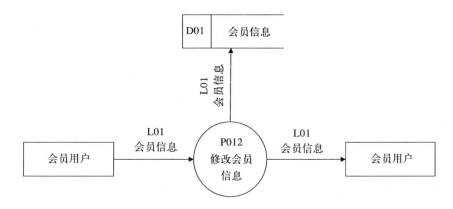

图1-18 网上商城修改会员信息数据流图

（3）删除会员

管理员可以根据实际情况删除会员信息，如图1-19所示。

图1-19 网上商城删除会员信息数据流图

（4）检索会员

管理员可以根据会员的部分信息检索会员的全部信息，如图1-20所示。

（5）录入商品

管理员可以将新进商品的全部信息录入到系统中，如图1-21所示。

（6）修改商品信息

管理员可以对商品的部分信息进行修改，如图1-22所示。

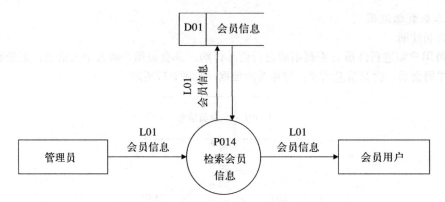

图1-20　网上商城检索会员信息数据流图

图1-21　网上商城录入商品信息数据流图

图1-22　网上商城修改商品信息数据流图

（7）删除商品信息

管理员可以删除系统中的商品，使其不再进行销售，如图1-23所示。

图1-23　网上商城删除商品信息数据流图

（8）检索商品信息

会员可以检索系统中的所有商品，查看其全部信息，如图1-24所示。

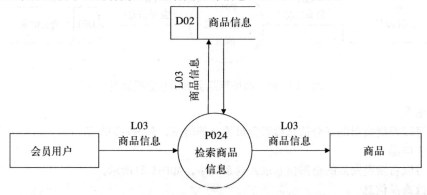

图1-24　网上商城检索商品信息数据流图

（9）确认订单

会员预订所需的商品，在对每一种商品设定数量后需确认订单，如图1-25所示。

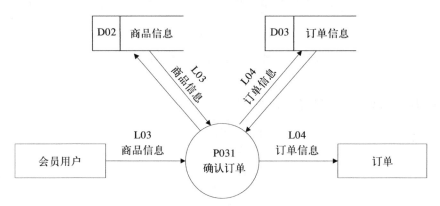

图1-25　网上商城确认订单数据流图

（10）查看订单

会员和管理员可对已确认的订单进行查看，如图1-26所示。

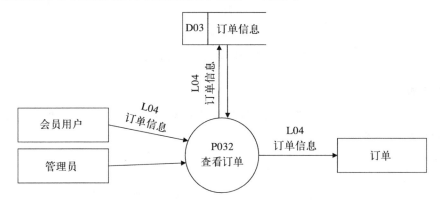

图1-26　网上商城查看订单数据流图

（11）修改订单

在订单未完成之前，会员可以对订单进行修改，如图1-27所示。

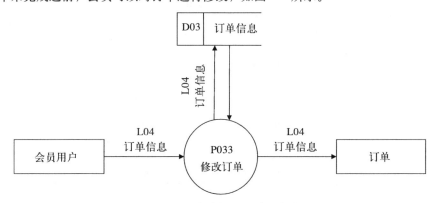

图1-27　网上商城修改订单数据流图

（12）完成订单

在订单中的物品发送后，网上商城即完成了订单，如图1-28所示。

图1-28   网上商城完成订单数据流图

（13）会员登录

用户输入信息登录系统后可具有相应的权限，如图1-29所示。

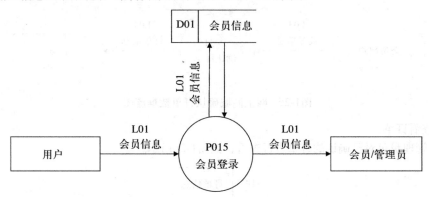

图1-29   网上商城会员登录数据流图

1.4.4   数据字典

对于数据流图中的每个元素，都可以通过数据字典进行定义，以保证数据的严格性。网上商城管理系统的数据字典如下：

1. 数据元素定义

（1）会员信息

对注册会员管理请求=[添加注册会员| 修改注册会员| 删除注册会员| 检索注册会员]

会员信息由会员编码、会员姓名、会员密码、会员性别、会员QQ、真实姓名、家庭住址、联系电话和注册时间构成，如表1-7所示。

表1-7   会员信息表

编号	数据元素名	内部名	类型及长度	备注
E01	会员编码	UserID	bigint	主键,非空
E02	会员姓名	UserName	varchar(16)	非空
E03	会员密码	UserPWD	varchar(16)	非空
E04	会员性别	Gender	char(2)	
E05	会员QQ	UserQQ	varchar(15)	
E06	真实姓名	RealName	varchar(50)	
E07	家庭住址	Address	varchar(200)	
E08	联系电话	Telephone	varchar(13)	
E09	注册时间	RegisterTime	char(20)	

会员编码=1{数字}

会员姓名=6{字母| 数字}16

会员密码=6{字母| 数字}16

会员性别=[男| 女]

会员QQ=1{数字}15

真实姓名=2{字母| 数字}50

家庭住址=2{字母| 数字}200

联系电话=7{数字}13

注册时间=年+月+日+时+分+秒

（2）商品信息

对商品管理请求=[添加商品信息| 修改商品信息| 删除商品信息| 检索商品信息]

商品信息由商品编码、商品名称、商品数量、商品价格、生产厂址、品牌、生产时间和图片链接构成，如表1-8所示。

表1-8 商品信息表

编号	数据元素名	内部名	类型及长度	备注
E21	商品编码	GoodsID	bigint	主键,非空
E22	商品名称	GoodsName	varchar(50)	非空
E23	商品数量	GoodsNum	int	非空
E24	商品价格	Price	real	非空
E25	生产厂址	Location	varchar(250)	非空
E26	品牌	Brand	varchar(50)	非空
E27	生产时间	PTime	datetime	非空
E28	图片链接	PicUrl	varchar(150)	非空

商品编码=1{数字}

商品名称=6{字母| 数字}50

商品数量=1{数字}

商品价格=1{数字}

生产厂址=2{字母| 数字}250

品牌=2{字母| 数字}50

生产时间=年+月+日

图片链接=2{字母| 数字}150

（3）订单信息

对商品订单管理请求=[添加订单信息| 修改订单信息| 删除订单信息| 检索订单信息]

订单由订单编码、会员编码、总数量、总金额、订单时间和是否发送构成，如表1-9所示。

表1-9 订单信息表

编号	数据元素名	内部名	类型及长度	备注
E31	订单编码	OrderID	nvarchar(20)	主键,非空
E32	会员编码	UserID	bigint	非空
E33	总数量	OrderNum	int	非空
E34	总金额	Total	real	非空
E35	订单时间	OrderTime	datetime	
E36	是否发送	SendOut	char(6)	非空

订单编码=1{数字}20

会员编码=1{数字}

商品编码=1{数字}

总数量=1{数字}

总金额=4{数字}

订单时间=年+月+日+时+分+秒

是否发送=[未发送| 已发送]

(4) 订单详情

对订单详情管理请求=[添加商品信息| 修改商品信息| 删除商品信息| 检索商品信息]

订单详情由物品编码、商品编码、订购数量和订单编码构成，如表1-10所示。

表1-10　订单详情表

编号	数据元素名	内部名	类型及长度	备注
E41	物品编码	ID	bigint	主键,非空
E42	商品编码	GoodsID	bigint	非空
E43	订购数量	OrderNum	int	非空
E44	订单编码	OrderID	nvarchar(20)	非空

2. 数据流定义表

网上商城管理系统的主要数据流由会员信息、管理员、商品信息和订单信息构成，如表1-11所示。

表1-11　数据流表

编号	数据流名	组成	流量
L01	会员信息	E01+E02+ E03+ E04+E05+ E06+ E07+E08+ E09	200
L02	管理员	E02+ E03	1
L03	商品信息	E21+ E22+ E23+E24+ E25+ E26+E27+ E28	10 000
L04	订单信息	E31+E32+E33+ E34+E35+E36+E41+E42+E43+E44	20

3. 文件定义表

文件主要由会员信息、商品信息、订单信息和订单详情构成，如表1-12所示。

表1-12　文件表

编号	文件名	组成	组织方式
D01	会员信息	E01+E02+ E03+ E04+E05+ E06+ E07+E08+ E09	E01
D02	商品信息	E21+ E22+ E23+E24+ E25+ E26+E27+ E28	E01，升序
D03	订单信息	E31+E32+ E33+ E34+E35+ E36	
D03	订单详情	E41+ E42+E43+ E44	E44，降序

1.4.5　E-R图

根据上述说明，可以得到系统的E-R图，如图1-30所示。

网上商城管理系统对应的表有4张，分别为：会员信息表（见表1-7）、商品信息表（见表1-8）、订单信息表（见表1-9）和订单详情表（见表1-10）。

1.4.6　其他相关要求

基于Web的网上商城在性能上受多种因素影响，但无论如何系统响应时间不能超过3秒。其他一些要求如下：

- 系统最小寿命：系统应该能在无重大改动的条件下正常运行3年以上。
- 设备要求：计算机稳定性良好，整套系统经济实惠。
- 在使用上：要求系统易理解，易学习，易操作。
- 在安全性上：要求系统安全可靠，容错，易恢复。

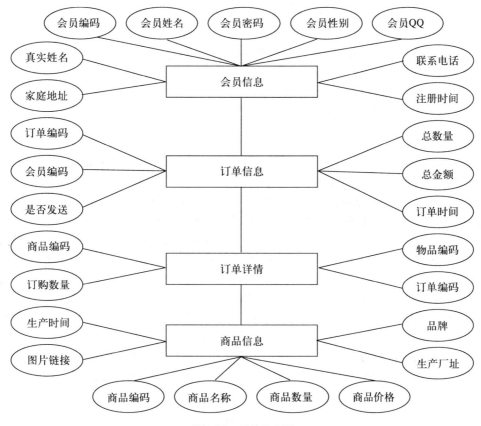

图1-30 系统E-R图

- 在数据集中上：要求用统一的数据库实现数据的完整性和实时性。
- 在可维护性上：要求系统可修改，可测试，可扩充，可移植。
- 系统的硬件环境：服务器CPU为Pentium Ⅳ或更高配置，内存128MB以上，硬盘至少500MB，具有10Mbps的网络适配器或更快的网卡；客户机CPU为Pentium Ⅱ或更高配置，内存64MB以上，硬盘至少100MB。

1.5 饭卡管理系统需求分析

1.5.1 系统任务概述

饭卡管理系统是一套针对大学校园食堂餐饮消费和其他消费等方面的信息管理系统，采用现代信息技术和自动控制技术进行管理。系统中，每个消费者都有一张卡，在管理中心注册交费，卡内记忆了消费者的身份和余额。它包括了学生或教职工（后面把这两者统称为持卡者，把这两者的基本信息文档统一放在学校持卡者信息表中）在校内消费的各方面内容（刷卡消费、查询、存款和持卡者信息管理等），方便对饭卡信息进行各项操作，定时进行数据的备份和更新，保持数据的一致性和准确性。另外，各方面的内容应该相互联系，最终产生各种查询统计报表，以供持卡者进行检查。

此系统的主要任务就是把人们从烦琐的交费和找零工作中解放出来，用计算机实现对存款、消费、查询、修改、删除以及存储等功能。同时，用计算机能够快速准确地完成资料的统计和汇总工作，迅速地打印出各种资料以供使用。

1.5.2 工作原理

饭卡管理系统的工作原理如下：

1）先建立数据库和数据库的驱动程序。

2）在使用时，由管理员输入需要了解的关键字的信息，然后通过饭卡管理系统选择相应的管理事务。

3）管理事务将根据所提供的信息在数据库中查找相应的记录。

4）返回相应的记录给管理员。

5）允许管理员在相应权限下对数据进行修改。

6）通过终端把得到的内容显示到相应的界面上。

1.5.3 流程图

我们用图形符号以黑盒子形式描绘该系统的每个部件（程序、文档、数据库、人工过程），表达数据在系统各部件之间流动的情况。

根据系统的功能要求，要建立三个库文件，分别是学校持卡者信息、饭卡存款额及历史情况和饭卡信息备份。学校持卡者信息库用来存放全校持卡者的各类信息，比如姓名、学号（或工号）、系别；饭卡存款额及历史情况库用来记录此张饭卡当前的余额、刷卡时消费金额的历史记录以及存款的历史记录；为了防止意外导致这些重要文件丢失，需要备份，备份信息放入饭卡信息备份库中。

具体流程是：首先，由持卡者递交书面申请提出申请新卡的要求，管理员录入持卡者的信息，并调出学校持卡者信息库进行核对，确认该用户是否为合法持卡者，如果是，就为其建立相应的饭卡信息并存档，这些信息也要记入饭卡存款额及历史情况库文件，随后生成文档"提交饭卡"。持卡者领到饭卡后，可以消费；还可以随时对饭卡进行充值；遗失饭卡后可以挂失；持卡者离开学校后要注销饭卡。这些处理行为的每次记录都要存入"饭卡存款额及历史情况"库文件中，并由这个库文件生成相应的报表并打印出来。本系统的流程图如图1-31所示。

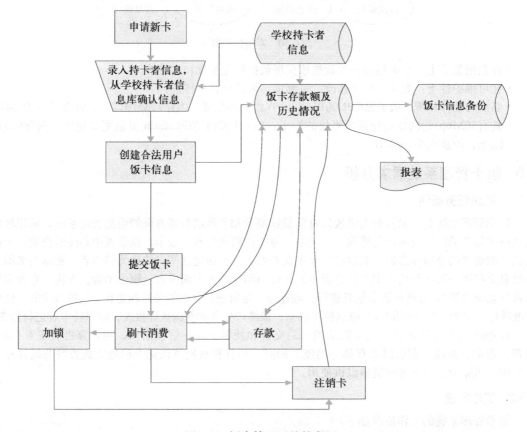

图1-31　饭卡管理系统流程图

1.5.4 数据流图

首先，建立顶级数据流图，其中只含有一个代表目标软件系统整体处理功能的转换。

根据饭卡管理系统与外部环境的关系确定顶级数据流图中的外部实体有四个，分别是：持卡者、管理员、刷卡服务员、刷卡器与显示器。数据在饭卡系统中的处理过程可以看成一个加工，它要与这四个外部实体有联系，其输入数据和输出数据反映了本系统与这些外界环境的接口。系统的顶层数据流图如图1-32所示。

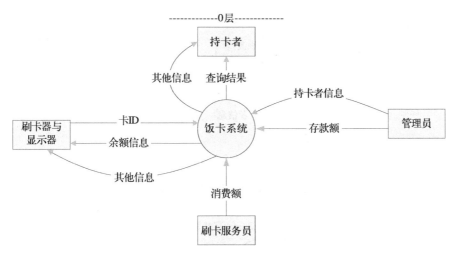

图1-32　饭卡管理系统的顶层数据流图

按照对问题域和用户需求的理解，本系统有"持卡者信息管理"、"饭卡信息管理"和"饭卡消费记录管理"三种子功能，再按照这三种子功能细化"饭卡系统"这个加工，得到1层数据流图，如图1-33所示。

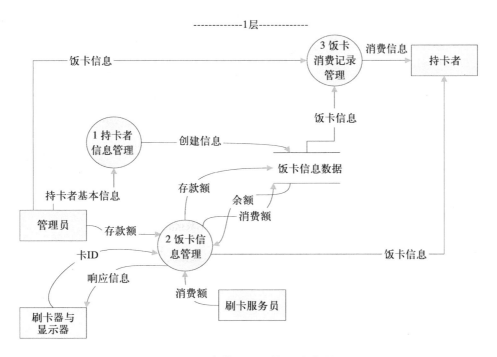

图1-33　饭卡管理系统的1层数据流图

分析1层数据流图中的三个加工，采用常用的功能分解方法，可以继续对这三个加工进行细化。图1-34为饭卡管理系统的2层数据流图，三张图分别对这三个加工完成细化操作。

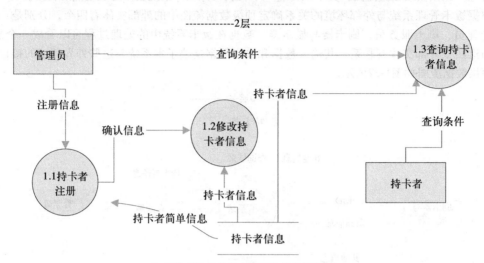

a）细化"持卡者信息管理"的数据流图

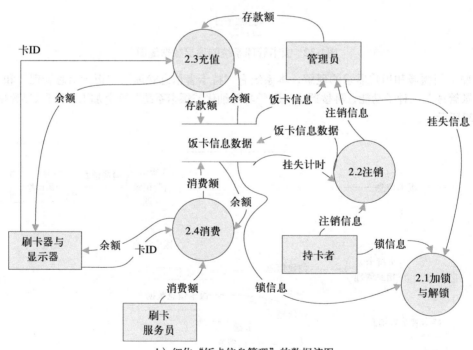

b）细化"饭卡信息管理"的数据流图

图1-34　饭卡管理系统的2层数据流图

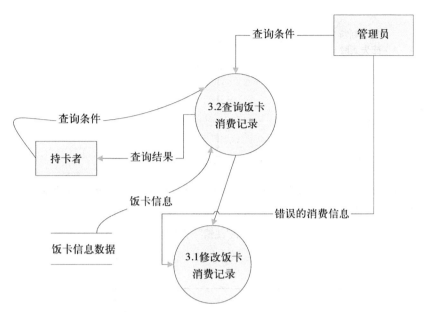

c）细化"饭卡消费记录管理"的数据流图

图1-34　（续）

图1-34完成了系统功能的初步细化，根据系统需要，对图1-34中"饭卡信息管理"的子功能模块"加锁与解锁"、"注销"、"充值"和"消费"四个加工还可以进一步细化，得到图1-35所示的3层数据流图。

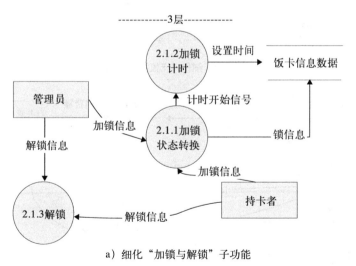

a）细化"加锁与解锁"子功能

图1-35　饭卡管理系统的3层数据流图

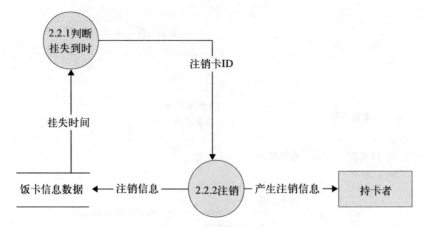

b）细化"注销"子功能

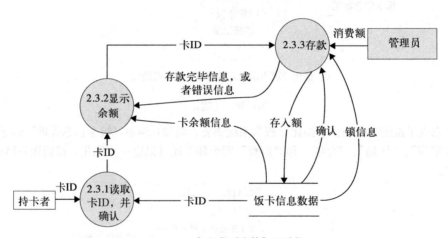

c）细化"充值"子功能

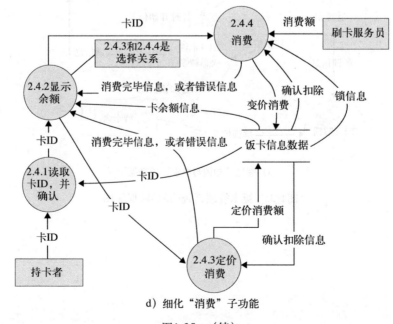

d）细化"消费"子功能

图1-35　（续）

1.5.5 数据字典

数据字典是关于数据的信息的集合，也就是对数据中包含的所有元素的定义的集合，它为软件开发人员提供数据库设计的参考，是用户了解系统的一个必备工具。

下面是本系统数据字典的内容。

1. 用户方面

****

名字：卡信息表

别名：D1

描述：用来记录卡信息的表结构

****

名字：卡号密码表

别名：D2

描述：用来存储用户登录信息的表结构

****

名字：金融信息表

别名：D3

描述：用来存储每个用户的金融信息的表结构。每张饭卡对应一张消费记录表，且对应的消费记录表由卡号来命名

****

名字：用户登录信息

别名：密码信息

描述：用户登录时输入的信息

定义：用户登录信息=卡号+密码

位置：存储在卡号密码表（D2）中

****

名字：卡号

别名：学号

描述：用来唯一识别一张饭卡的标识符

定义：卡号=1{字母}1+7{数字}7

位置：用户登录信息

      卡信息

****

名字：密码

描述：登录系统时所需要的验证

定义：密码=1{字母|数字}8

位置：用户登录信息

      管理员登录信息

****

名字：卡信息

描述：描述一张卡的一组字符

定义：卡信息=卡号+余额+卡状态+注册日期+期限+邮箱

位置：存储在卡信息表（D1）中

      用户登录信息

****

名字：注册日期

描述：记录了某张饭卡的办卡日期

定义：注册日期=时间

位置：卡信息

****

名字：期限

描述：描述某张卡的使用期限。在此期间，卡可以使用；超过期限，饭卡会被系统自动注销

定义：期限=1{非零数字}1

位置：卡信息

****

名字：当前余额

描述：卡上还有的金钱数目

定义：余额=1{数字}3+{.}+0{数字}2

位置：卡信息

　　　　消费记录

****

名字：卡状态

描述：用来描述一张卡的状态

定义：卡状态="冻结"|"挂失"|"正常"

位置：卡信息

****

名字：金融信息

别名：消费记录

描述：用来记录卡的消费情况

定义：金融信息=转账额+消费额+时间+当前余额

位置：存储在消费记录表（D3）中

****

名字：转账额

描述：记录从银行卡转入饭卡的金额

定义：转账=1{数字}3+{.}+0{数字}2

位置：金融记录

****

名字：消费额

描述：卡的消费情况

定义：消费=1{数字}3+{.}+0{数字}2

位置：金融记录

****

名字：时间

描述：转账或者消费的时间

定义：时间=日期+时+分+秒

位置：金融记录

****

2. 管理员方面

****

名字：管理员登录信息表

别名：D4

描述：用来存储管理员登录信息的表结构

****

名字：管理员登录信息

描述：管理员登录系统是所输入的信息

定义：管理员登录信息=管理员ID+密码

位置：存储在管理员登录信息表（D4）中

****

名字：管理员ID

描述：唯一识别每个管理员的编号

定义：管理员ID=1{字母}1+7{数字}7

位置：管理员登录信息

****

数字={0|1|2|3|4|5|6|7|8|9}

非零数字={1|2|3|4|5|6|7|8|9}

字母={A|B|C|D|E|F|G|H|I|J|K|L|M|N|O|P|Q|R|S|T|U|V|W|X|Y|Z|

       a|b|c|d|e|f|g|h|i|j|k|l|m|n|o|p|q|r|s|t|u|v|w|x|y|z}

****

饭卡管理系统的数据库表如表1-13～表1-16所示。

表1-13　用户表

字段名称	列名	数据类型
用户名	usename	Varchar(20)
密码	useid	Varchar(20)
用户类别	usetype	boolean

表1-14　持卡者信息表

字段名称	列名	数据类型
学生学号|教职工工号	use_num	int
卡ID	id	int
持卡者姓名	name	Char(20)
性别	male	boolean
电话号码	tel	Char(20)
地址	address	Char(50)

表1-15　饭卡信息表

字段名称	列名	数据类型
卡ID	id	int
余额	sum	float
锁	lock	boolean

表1-16 饭卡历史信息表

字段名称	列名	数据类型
卡ID	id	int
时间	daytime	daytype
款额	sum	float
操作	op	Char(20)

1.5.6 性能要求

1. 精度要求

• 输入数据：查询范围1年内；卡ID合法性；客户信息合法性。

• 输出数据：余额以 213.12的形式，最多小数点后两位（即到分为止）显示（小于的部分不可能出现）。

2. 时间特性要求

• 刷卡响应时间不超过1秒。

• 查询响应时间不超过5秒。

3. 故障处理要求

• 刷卡响应时间超过1秒后，自动提出警告，要求重新刷卡。

• 查询超过5秒，要显示查询时间长的提示信息，以免误认为死机。

• 当计算机突然死机、重启、断电时自动存储备份数据。即便没有存上，也有备份数据库供恢复。

4. 其他要求

• 普通学生只能刷卡消费，系统管理员还可以进入管理员界面。

• 刷卡服务员可以操作刷卡器。

• 界面清晰、美观，操作简单、方便。

• 所有数据存储在学校服务器端，数据存储安全可靠。

1.5.7 运行环境

饭卡管理系统对运行环境的要求如下：

• 中央电脑，要求容量大，CPU能够满足查询的要求。

• 刷卡器，要求读取ID敏捷、准确。

• 要求刷卡器与中央电脑连接，通信量要满足查询精度和速度的要求。

• 刷卡器上的功能键要求显示明确，意思表达精确。

1.6 面向对象分析

1.6.1 概述

与传统的面向过程的软件工程方法学不同的是，面向对象方法是按照人类习惯的思维方式，采用尽可能一致的结构描述问题域和求解域，建立软件模型，开发出易于理解、稳定性好、可重用性好、可维护性好的软件系统。喷泉模型是典型的面向对象的软件过程。在该模型中，开发软件需要经过需求获取、面向对象分析、面向对象设计、编码与单元测试、集成与验收测试等阶段。这些阶段之间不存在明显的界限，都使用统一的概念和表示方法，容易实现各个开发阶段之间的反复迭代，逐步实现目标系统。

利用面向对象方法开发软件需要建立3种形式的模型：功能模型、对象模型和动态模型。功能模型描述系统的功能需求，对象模型描述系统的数据结构，动态模型描述系统的控制结构。这3种模型从不同侧面描述了目标系统，各有侧重点，综合起来就全面反映了目标系统的需求。其中，对象模型始终是最重要、最基本、最核心的，为建立动态模型和功能模型提供了实质性的框架。在整个软件开发过程中，3种模型逐步迭代细化，精确、无二义性地描述目标系统。

为了建立模型，需要采用适当的建模语言来表达模型。建模语言由符号和符号规则组成。规范化、系统化和统一的建模语言可以提高模型的精确性、可理解性。本书中采用面向对象的统一建模语言UML 2.0表示模型，其中采用用例图表示功能模型，采用类图表示对象模型，采用顺序图、协作图和状态图表示动态模型。

面向对象分析就是获取和分析用户需求并建立问题域精确模型的过程。该过程主要进行理解、表达和验证工作，生成主要由功能模型、动态模型和对象模型组成的软件需求规格说明书。面向对象分析过程不是一次就能达到理想效果，需要反复理解、表达和验证，最终建立简洁、精确、可理解的正确模型。

面向对象分析过程先捕获用户需求，然后分析用户需求来建立模型，最后生成软件需求规格说明书。在分析过程中，系统分析员必须与领域专家及用户反复交流，以便澄清不准确的、二义性的需求，逐步建立正确模型。采用面向对象方法分析用户需求通常按照下列顺序进行：建立功能模型、寻找类与对象、识别结构、识别主题、定义属性、建立动态模型、定义服务。然而，分析不可能严格按照预定顺序进行，大型复杂系统的模型需要反复分析才能建成。通常，先构造出模型的子集，然后逐步扩充，直到完全、充分地理解了整个目标系统的需求，才能最终把目标系统的模型建立起来。面向对象分析过程如图1-36所示。

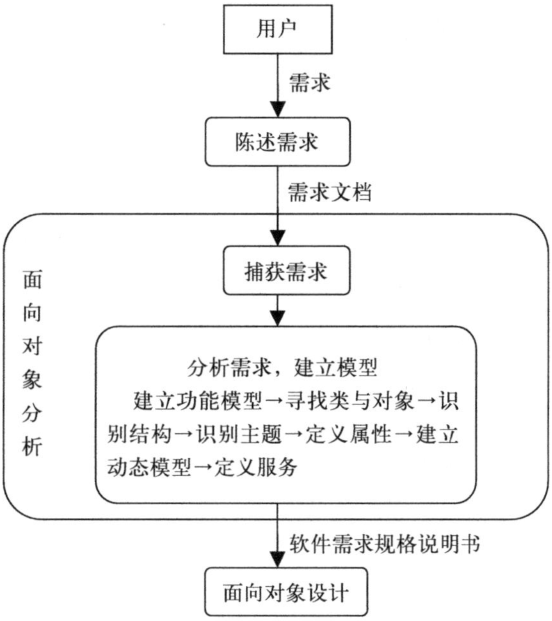

图1-36 面向对象分析过程

1.6.2 研究生培养管理系统需求

系统需求通常由用户给出，书写的内容包括：问题范围、功能需求、性能需求、接口需求、应用环境等。需求描述应该说明"做什么"，而不是"怎么做"。书写需求时，要尽力做到语法正确，慎重选用名词、动词、形容词和同义词。绝大多数需求都是二义性的、不完整的甚至是矛盾的。面向对象分析就是深入理解问题域和用户的真实需求，建立问题域的精确模型。下面以研究生培养管理系统为例，讨论面向对象的需求分析。

研究生培养管理系统开发的目的是实现学位申请人基本数据远程提交及院系、研究生部答辩资格审查网络化，以提高工作效率。功能需求如下：

1）学位申请人：提交学位申请人基本信息、课程成绩、学位论文信息；填写论文评阅专家及答辩委员个人资料；查询论文评阅专家及答辩委员资格审核结果；提交论文评阅结果和论文答辩结果；查询学位论文评阅结果和论文答辩结果；打印学位论文答辩相关的所有表格。学位申请人必须在学位论文完成后，通过该系统提交网上答辩申请，办理答辩手续，填写并提交相关信息，打印答辩相关表格，在所有申请工作完成后，最后向校学术委员会申请学位。

2）研究生导师：在学生提交个人信息、评阅专家信息、答辩专家信息以及论文信息后，导师在网上依次审核学位论文信息，审核评阅专家和答辩委员资格，填写论文学术评语；管理与维护指导教师本人的电子档案等相关功能。

3）院管理员：审核学位申请人课程成绩，审核评阅专家和答辩委员资格；本院研究生指导教师的电子档案管理与维护；本院信息数据的备份与导出。

4）校管理员（系统管理员）：校级学位论文抽查送审，提交论文送审结果，最终审核学位申请，决定是否授予学位；全校研究生指导教师的电子档案管理与维护等相关功能；系统运行参数的设置；系统基本信息的配置；数据代码表维护；数据备份与维护等相关功能。

5）学科点负责人：审核论文评阅专家和答辩委员资格，审核学位申请人答辩情况，给出是否授予学位的意见。学生填写评阅专家信息和答辩委员信息完成后，学科点负责人审核专家资格，包括评阅专家资格审查和答辩委员资格审查。

学位申请人申请学位的流程图采用活动图表示，如图1-37所示。

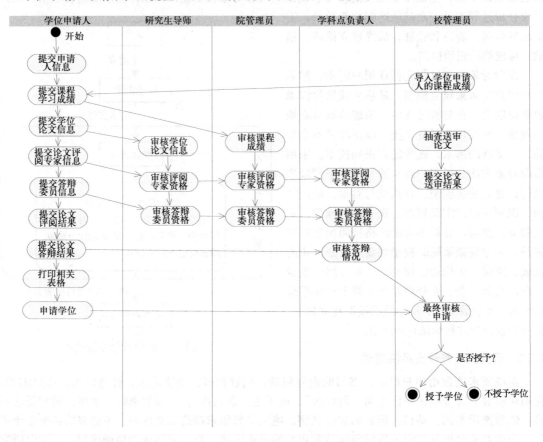

图1-37　申请学位的流程图

1.6.3　功能模型

1. 用例及用例图

用例是对一个活动者使用系统的一项功能时所进行的交互过程的一个文字描述序列。用例从使用系统的角度描述系统中的信息，而不考虑系统内部对该功能的具体实现方式。用例可以促进与用户的沟通，理解正确的需求，同时也可以用来划分系统与外部实体的界限，是系统设计的起点，是类、对象、操作的来源。参与者是指系统以外的需要使用系统或与系统交互的东西，包括人、设备、外部系统等。用例图用于显示一组用例、参与者以及它们之间的关系。

寻找用例可以采用以下启发式规则：从参与者的角度看，1）主要任务是什么；2）需要从系统获取的信息，或需要修改系统的信息；3）需要把系统外部的变化通知系统；4）希望系统把异常情况的变化通知自己。

绘制用例图的步骤如下：

1）找出系统外部的参与者和外部系统，确定系统的边界和范围。

2）确定每一个参与者所期望的系统行为。

3）把这些系统行为命名为用例。

4）使用泛化、包含、扩展等关系处理系统行为的公共或变更部分。

5）编制每一个用例的脚本。

6）绘制用例图。

7）区分主事件流和异常情况的事件流，如果需要，可以把表示异常情况的事件流作为单独的用例处理。

8）细化用例图，解决用例间的重复与冲突问题。

上述顺序并不是固定的，主要依赖于分析人员的个人经验和领域知识。

2. 脚本

脚本是用例的实例，相当于对象与类的关系。每个用例都有一系列的脚本，其中包括一个主要脚本以及多个次要脚本。主要脚本描述正常情况，次要脚本描述异常或可选择的情况。脚本通常采用自然语言编写。

3. 案例过程

根据研究生管理系统需求，首先确定参与者：学位申请人、研究生导师、院管理员、校管理员和学科点负责人。这些参与者之间存在一定的泛化关系，如图1-38所示。

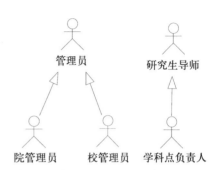

图1-38 参与者之间的泛化关系

然后，根据参与者希望完成的任务、需要查看的信息等启发式方法，发现用例，构成用例图。学位申请人的用例图如图1-39所示，研究生导师的用例图如图1-40所示，院管理员的用例图如图1-41所示，校管理员的用例图如图1-42所示，学科点负责人的用例图如图1-43所示。

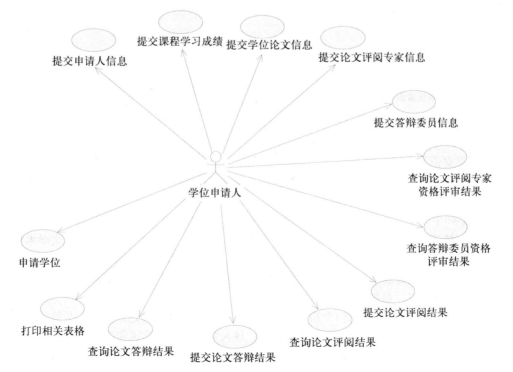

图1-39 学位申请人的用例图

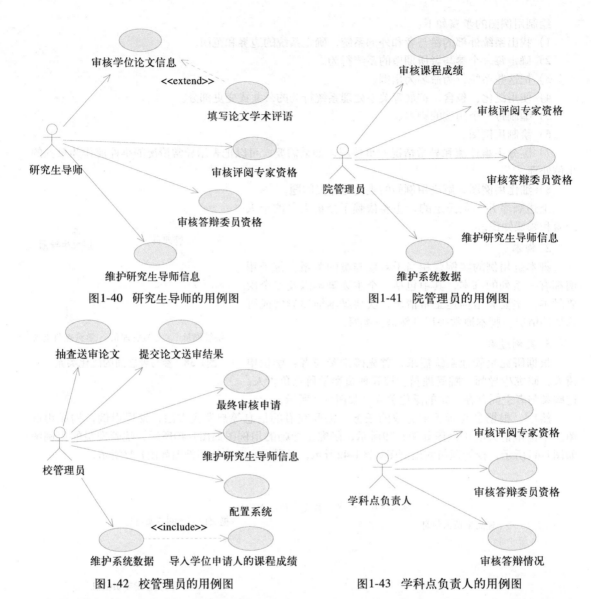

图1-40 研究生导师的用例图   图1-41 院管理员的用例图

图1-42 校管理员的用例图   图1-43 学科点负责人的用例图

在图1-39中，学位申请人具有13个用例：提交申请人信息、提交课程学习成绩、提交学位论文信息、提交论文评阅专家信息、提交答辩委员信息、查询论文评阅专家资格评审结果、查询答辩委员资格评审结果、提交论文评阅结果、提交论文答辩结果、查询论文评阅结果、查询论文答辩结果、申请学位、打印相关表格。

在图1-40中，研究生导师具有5个用例：审核学位论文信息、填写论文学术评语、审核评阅专家资格、审核答辩委员资格、维护研究生导师信息。审核学位论文信息与填写论文学术评语之间是扩展关系，研究生导师在审核学位论文信息通过后，才填写论文学术评语。

在图1-41中，院管理员具有5个用例：审核课程成绩、审核评阅专家资格、审核答辩委员资格、维护研究生导师信息、维护系统数据。

在图1-42中，校管理员具有7个用例：抽查送审论文、提交论文送审结果、最终审核申请、维护研究生导师信息、配置系统、维护系统数据、导入学位申请人的课程成绩。维护系统数据与导入学位申请人的课程成绩之间是包含关系，用例"维护系统数据"包含用例"导入学位申请人的课程成绩"的功能。

在图1-43中，学科负责人具有3个用例：审核评阅专家资格、审核答辩委员资格、审核答辩情况。

用例及用例图只能描述用户需要系统完成的功能，关于功能的流程并未给出，所以需要对用例进行描述。下面采用表格形式描述系统中的主要用例，如表1-17～表1-30所示。

表1-17　用例"提交申请人信息"的描述

用例名称	提交申请人信息
用例描述	学位申请人用于提交个人申请学位所需的个人信息
参与者	学位申请人
前置条件	登录系统
后置条件	学位申请人可以申请论文评阅、论文答辩与学位
基本操作流程	学位申请人填写个人基本信息，例如姓名、性别、所在院系、专业、研究方向等，提交后返回成功
可选操作流程	1）学位申请人填写个人信息，提交时返回信息不完整，要求继续填写 2）学位申请人填写个人信息，提交时返回信息不合法，要求重新填写

表1-18　用例"提交课程学习成绩"的描述

用例名称	提交课程学习成绩
用例描述	学位申请人对从研究生培养管理系统获取的课程学习成绩进行核实后，提交系统
参与者	学位申请人
前置条件	学位申请人已经正确提交自己的个人信息 系统管理员从选课系统导入学位申请人的课程学习成绩
后置条件	学位申请人可以提交自己的论文信息
基本操作流程	学位申请人查询自己的课程成绩信息；核实后，提交系统，待院管理员审核
可选操作流程	学位申请人查询自己的课程成绩信息；核实成绩，发现错误后，修改课程成绩；提交系统，待院管理员审核

表1-19　用例"提交学位论文信息"的描述

用例名称	提交学位论文信息
用例描述	学位申请人录入申请学位的相关信息，包括在读期间发表学术论文、获奖情况、学位论文基本信息。其中，学位论文包括论文的中英文题目、中英文摘要、中英文关键词、论文的创新点等相关信息
参与者	学位申请人
前置条件	
后置条件	研究生导师审核学位论文信息
基本操作流程	学位申请人依次录入在读期间发表学术论文、获奖情况、学位论文基本信息；然后提交系统，待研究生导师审核
可选操作流程	

表1-20　用例"提交论文评阅专家信息"的描述

用例名称	提交论文评阅专家信息
用例描述	学位申请人录入论文评阅专家的信息，并提交系统
参与者	学位申请人
前置条件	
后置条件	研究生导师、院管理员、学科点负责人审核评阅专家信息
基本操作流程	学位申请人依次录入三位论文评阅专家的姓名、职称、专业特长、导师类别、工作单位等信息；提交系统，待研究生导师、院管理员、学科点负责人审核
可选操作流程	

表1-21 用例"提交论文评阅结果"的描述

用例名称	提交论文评阅结果
用例描述	学位申请人录入论文评阅专家返回的评阅结果,并提交系统
参与者	学位申请人
前置条件	学位申请人已经将学位论文送审,并且论文评阅专家返回评阅结果
后置条件	
基本操作流程	在论文评阅专家返回评阅结果后,学位申请人录入评阅结果情况,包括评阅结果、评价结论(质量、等级、评分、结论)、论文送审时间。综合三位专家的评阅结果,给出学位论文评阅最终结论(评阅结论、意见要求)
可选操作流程	

表1-22 用例"提交论文答辩结果"的描述

用例名称	提交论文答辩结果
用例描述	学位申请人录入论文答辩结果,并提交系统
参与者	学位申请人
前置条件	学位申请人已经完成答辩
后置条件	
基本操作流程	在学位申请人完成答辩后,录入论文答辩委员会表决结果(答辩决议正文、答辩时间、答辩地点、参加人员、其他人员)、答辩委员会委员基本情况(答辩专家应到数、实到数)、论文答辩是否通过表决结果(同意票数、不同意票数、弃权票数)、是否建议授予学位表决结果(建议授予学位票数、不建议授予学位票数、弃权票数)、学位论文答辩最终结论(论文是否通过、是否授予学位);然后提交系统
可选操作流程	

表1-23 用例"申请学位"的描述

用例名称	申请学位
用例描述	学位申请人确认申请学位
参与者	学位申请人
前置条件	学位申请人已经完成答辩,并提交论文答辩结果
后置条件	
基本操作流程	学位申请人上传个人的电子照片后,提交学位申请
可选操作流程	

表1-24 用例"审核学位论文信息"的描述

用例名称	审核学位论文信息
用例描述	研究生导师审核学位申请人的学位论文相关信息,决定是否允许论文送审
参与者	研究生导师
前置条件	学位申请人已经提交学位论文信息
后置条件	
基本操作流程	研究生导师审核学位申请人的学位论文信息;给出审核结果,决定是否允许该生答辩
可选操作流程	
被扩展的用例	填写论文学术评语

表1-25 用例"审核评阅专家资格"的描述

用例名称	审核评阅专家资格
用例描述	研究生导师、院管理员、学科点负责人依次审核评阅专家资格
参与者	研究生导师、院管理员、学科点负责人
前置条件	学位申请人已经正确提交论文评阅专家信息

（续）

后置条件	
基本操作流程	首先研究生导师审核评阅专家资格，审核通过；然后院管理员审核评阅专家资格，审核通过；最后学科点负责人审核评阅专家资格，审核通过
可选操作流程	1）首先研究生导师审核评阅专家资格，审核通过；然后院管理员审核评阅专家资格，审核不通过 2）首先研究生导师审核评阅专家资格，审核通过；然后院管理员审核评阅专家资格，审核通过；最后学科点负责人审核评阅专家资格，审核不通过

表1-26 用例"填写论文学术评语"的描述

用例名称	填写论文学术评语
用例描述	研究生导师审核学位申请人论文，给出学术评价，填写学术评语
参与者	研究生导师
前置条件	研究生导师审核论文，审核通过后，才能填写论文学术评语
后置条件	
基本操作流程	研究生导师填写论文学术评语
可选操作流程	

表1-27 用例"审核课程成绩"的描述

用例名称	审核课程成绩
用例描述	院管理员审核学位申请人提交的课程成绩单
参与者	院管理员
前置条件	学位申请人提交课程成绩单
后置条件	
基本操作流程	1）院管理员审核学位申请人提交的课程成绩单，审核通过 2）院管理员审核学位申请人提交的课程成绩单，审核不通过
可选操作流程	

表1-28 用例"抽查送审论文"的描述

用例名称	抽查送审论文
用例描述	分院系按照一定规则抽查学位申请人的学位论文，交给专家评阅
参与者	校管理员
前置条件	
后置条件	
基本操作流程	校管理员分院系按照一定的规则选择待抽查的学位申请人名单，然后填写三位论文评阅专家信息，最后提交系统，送给专家审阅
可选操作流程	

表1-29 用例"提交论文送审结果"的描述

用例名称	提交论文送审结果
用例描述	录入论文评阅专家评阅的送审论文结果，提交系统
参与者	校管理员
前置条件	校管理员已经抽查送审论文，抽查论文送审结果已经返回
后置条件	
基本操作流程	在论文评阅专家返回送审论文评阅结果后，校管理员录入评阅结果（质量、等级、评分、结论、评阅结果）。然后综合三位专家的评阅结果，给出学位论文评阅最终结论（论文结论、意见要求）
可选操作流程	

表1-30 用例"最终审核申请"的描述

用例名称	最终审核申请
用例描述	根据校学位委员会决定是否通过学位申请，授予学位
参与者	校管理员
前置条件	所有学位申请工作已经完成，待最终审核
后置条件	
基本操作流程	1）最终审核申请，授予学位 2）最终审核申请，不授予学位
可选操作流程	

1.6.4 对象模型

1. 确定类与对象

（1）确定类与对象的过程与方法

1）寻找候选的类与对象。

通常采用两种方法来寻找候选的类与对象：参照法和非正式分析法。参照法就是根据客观世界中常见的具体的或抽象的事物，找出问题域中的候选类与对象。非正式分析法就是根据自然语言书写的需求，把需求中的名词作为类与对象的候选者，把形容词作为确定候选属性的依据，把动词作为服务的候选者。当然，这种方法确定的类与对象的候选者是很不准确的、不完整的，需要进一步的筛选。

2）筛选出正确的类与对象。

筛选出正确的类与对象的过程就是删除不正确或不必要的类与对象。主要的启发式规则如下：删除冗余的类与对象；删除与当前问题无关的类与对象；删除笼统的或模糊的类与对象；删除应该作为其他对象的属性的类与对象；删除应该作为其他对象的操作的类与对象；删除与系统实现有关的类与对象。

（2）案例过程

首先采用非正式分析法找出候选的类与对象，然后进行筛选。

候选的类有：学位申请人、研究生导师、院管理员、校管理员、学科点负责人、课程成绩、学位论文信息、论文评阅专家、答辩委员、论文评阅专家资格、答辩委员资格、院系学术委员会、校学术委员会、论文学术评语、系统数据、论文评阅结果、论文送审结果、论文答辩结果、表格、学位。如图1-44所示。

图1-44 候选类

经过筛选，主要的类有：学位申请人、研究生导师、院管理员、校管理员、学科点负责人、课程成绩、学位论文信息、论文评阅专家、答辩委员。院系学术委员会与校学术委员会是与当前问题无关的类，学位是对象的属性，已经被删除。如图1-45所示。图中的"from Use Case View"表示该类是用例视图中的参与者。

图1-45　筛选后的类

2．确定关联

（1）确定关联的过程和方法

先初步确定关联，然后筛选出正确的关联。初步确定关联时，可以提取需求中的动词词组确定类之间的关联关系。初步确定关联关系后，需要进一步筛选。筛选出正确的关联就是删除不正确的或者冗余的关联。主要的启发式规则如下：已删除的类相关的关联；描述瞬时事件关系的关联；将三元关联分解为多个二元关联；删除派生关联。

（2）案例过程

经过初步确定和筛选，产生如图1-46所示的类图，以反映类之间的关联关系。学位申请人与研究生导师、课程成绩、学位论文信息之间存在关联关系，学位论文信息与论文评阅专家、答辩委员之间存在关联关系。

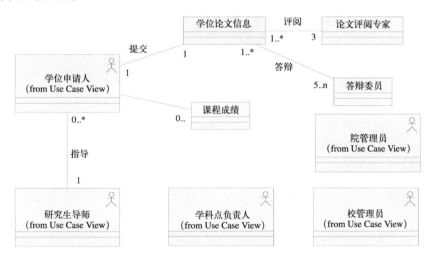

图1-46　包含关联关系的类图

3．确定属性

先初步确定属性，然后筛选出正确的属性。通常提取需求中的名词词组初步确定属性，例如，"论文的成绩"。然后在分析过程中，再逐渐添加其他属性，删除不正确或不必要的属性，筛选出正确的属性。经过进一步的分析，按照以下启发式规则删除或修改部分属性：删除应作为对象的属性；将一般类的属性修改为关联类的属性；删除应作为对象内部状态的属性；删除过于细化的属性；删除存在不一致性的属性。图1-47中显示了每个类的主要属性。

4．识别继承关系

识别继承关系就是利用继承机制建立类之间的关系，共享相同性质。通常有两种策略建立继承关系：自底向上和自顶向下。自底向上方法是抽象出现有类之间的共同性质泛化出父类；自顶向下方法是细化现有类派生出具体的子类。如图1-48所示，论文评阅专家、答辩委员与专家之间都是泛化关系，即论文评阅专家和答辩委员是专家的子类。学科点负责人与研究生导师之间是泛化关系，即学科点负责人是特殊的研究生导师。管理员有两个子类：校管理员和院管理员。

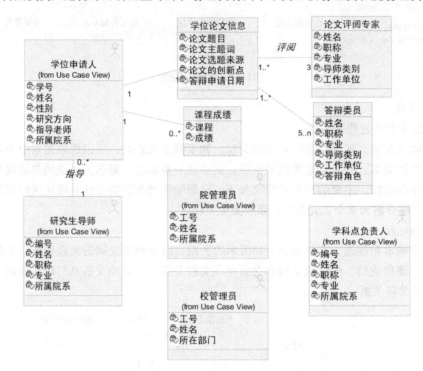

图1-47　包含属性的类图

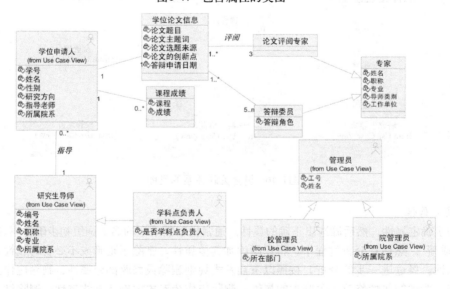

图1-48　包含继承关系的类图

1.6.5　动态模型

采用UML的顺序图、协作图和状态图建立对象模型对应的动态模型，绘制对象的交互图、状态图。

1. 交互图

校管理员从外部系统导入学位申请人的课程成绩，学位申请人查看核实后，提交系统，院管理员对提交的课程成绩进行审核，审核过后，告知学位申请人审核结果。采用顺序图描述上述过程，如图1-49所示。

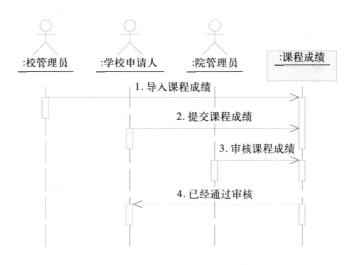

图1-49　审核课程成绩的顺序图

学位申请人在获得提名的论文评阅专家后，研究生导师、院管理员和学科点负责人依次审核论文评阅专家的信息，确定论文评阅专家的资格，并将审核结果返回给学位申请人。采用顺序图描述上述过程，如图1-50所示。

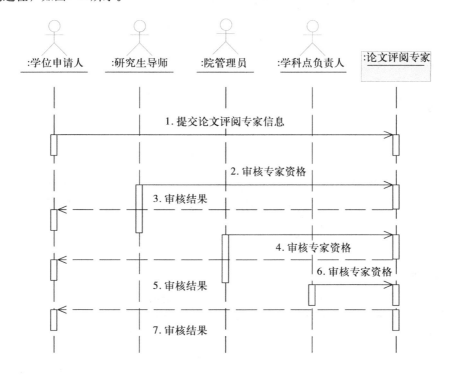

图1-50　审核论文评阅专家资格的顺序图

2. 状态图

课程成绩对象的状态有：开始、待提交、待审核、未通过审核、审核通过。学位申请人的课程成绩由校管理员导入数据库后，课程成绩对象变为"待提交"状态；学位申请人查看课程成绩后提交系统，对象状态变为"待审核"；院管理员审核课程成绩，若未通过，对象状态变为"未通过审核"，并自动变换为状态"待提交"，否则对象状态变为结束状态"审核通过"。采用状态图描述上述过程，如图1-51所示。

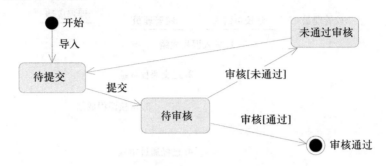

图1-51 课程成绩对象的状态图

论文评阅专家资格的变化采用状态图描述，如图1-52所示。论文评阅专家对象的资格状态有：学位申请人提交、待审核、通过研究生导师审核、通过院管理员审核、通过学科点负责人审核、最终通过审核。学位申请人在获得导师提名的论文评阅专家后，向系统提交论文评阅专家信息，论文评阅专家的资格状态变为"待审核"；然后由研究生导师、院管理员和学科点负责人依次审核，最终通过审核。若其中任何一个不通过审核，则对象状态变为"待审核"，交由学位申请人重新提交。答辩委员资格的状态变化与论文评阅专家相同。

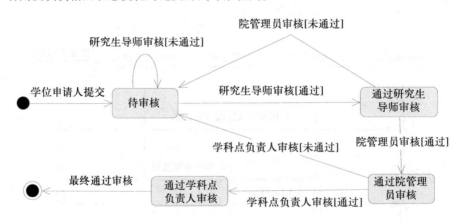

图1-52 论文评阅专家资格的状态图

1.6.6 定义服务

系统的功能模型和动态模型明确地描述了每个类应该提供的服务，所以基于这两个模型就可以确定类的服务，也就是基于功能模型和动态模型完善对象模型。

从审核课程成绩的顺序图中，可以定义类"课程成绩"的服务有：导入课程成绩、提交课程成绩、审核课程成绩。从审核论文评阅专家资格的顺序图中，可以定义类"论文评阅专家"的服务有：提交论文评阅专家信息、研究生导师审核论文评阅专家资格、院管理员审核论文评阅专家资格、学科点负责人审核论文评阅专家资格。通过综合上述的功能模型和动态模型，可以定义部分类的服务，如图1-53所示。

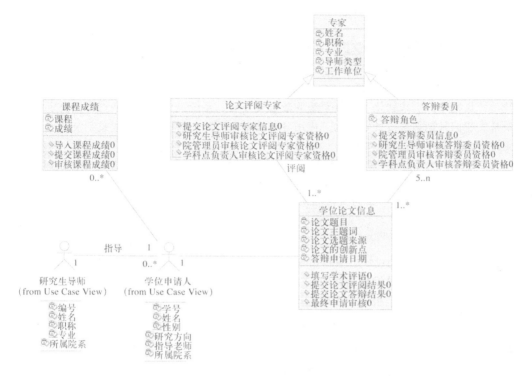

图1-53 显示服务的类图

1.7 评价标准

数据流图完整、准确地描述系统需求的所有功能，正确画出分层数据流图，数据流图符合规范要求，数据字典规范完整，并且有一定的特色，可以评为优秀。

对数据流图和数据字典的描述基本正确，但不够完整，有的地方不够准确，可以评为良好。

若有30%以上的数据流图或数据字典不正确，则不予及格。

第 2 章
系 统 设 计

系统设计是把用户需求转化为软件系统的最重要环节。系统设计的优劣从根本上决定了软件系统的质量。我们常把系统设计定义为"应用各种技术和原理，对设备、过程或系统做出足够详细的定义，使之能在物理上得以实现"。

有些人片面地认为系统设计就是"编程序"或"写代码"，导致软件设计方法学缺乏一定的规范和深度。事实上，编程序或写代码只是系统设计的实现，不能把它们等同看待。本章主要介绍系统设计的过程、原则和方法，并以具体的实例来说明这些原则和方法的运用。

2.1 概述

通常，软件开发阶段分为设计、编码和测试三个步骤。其中，系统设计是开发活动的第一步，它是获取高质量、低成本、易维护软件的一个重要环节。我们把系统设计阶段分为总体设计和详细设计两大阶段。总体设计是根据需求确定软件和数据的总体框架，详细设计是将其进一步精化成软件的算法表示和数据结构。下面分别具体介绍。

2.1.1 总体设计过程

系统总体结构设计是根据系统分析的要求和实际情况来对新系统的总体结构形式进行大致的设计，是宏观上的规划。在需求分析阶段，系统已经对"做什么"很清楚了，在总体设计阶段要做的就是"怎么做"。在总体设计阶段应该将系统的物理元素（程序、文件、数据库、人工过程和文档等）划分出来。总体设计的另一个重要任务就是设计软件结构，也就是确定系统中的每个程序是由哪些模块组成的，以及这些模块间的相互关系。

总体设计过程通常由两个重要的阶段组成：第一，系统设计阶段，确定系统的具体实现方案；第二，结构设计阶段，确定软件的结构。典型的总体设计过程包括九个步骤：

1）设想供选择的方案。在数据流图的基础上，一个边界一个边界地设想并列出供选择的方案。但是，不评价这些供选择的方案。

2）选取合理的方案。从上一步得到的一系列供选择的方案中选取若干个合理的方案，通常至少选取低成本、中等成本和高成本三种方案。根据系统分析确定的目标来判断哪些方案是合理的。

3）推荐最佳方案。综合分析对比各种合理方案的利弊，推荐一个最佳的方案，并为最佳方案制定详细的实现计划。

4）进行功能分解。对数据流图中的每个处理进一步细化，进行功能分解。

5）设计软件结构。软件结构反映系统中模块的相互调用关系。顶层模块调用它的下层模块以实现程序的完整功能，每个下层模块再调用更下层模块，最下层模块完成最具体的功能。软件结构通过层次图或结构图来描绘，可以直接从数据流图映射出软件结构。

6）设计数据库。根据数据要求，分析员对需要使用数据库应用的领域进一步做数据库的逻辑设计。逻辑设计构造系统中数据的逻辑模型，关系模型中的逻辑结构就是表（二维表）结构。

7）制定测试计划。在软件开发的早期阶段考虑测试问题，能促使软件设计人员在设计时注意提高软件的可测试性。

8）书写文档。包括系统说明书、用户手册、测试计划、详细的实现计划、数据库设计结果。

9）审查和复审。对总体设计的结果要先进行技术审查后进行管理审查。

总之，总体设计首先要寻找实现目标系统的各种不同的方案，需求分析阶段得到的数据流图是设想各种可能方案的基础。然后分析员从这些供选择的方案中选取若干个合理的方案进行成本/效益分析，并且制定实现这个方案的进度计划。分析员应该综合分析比较这些合理的方案，从中选取一个最佳的方案向用户和使用部门负责人推荐。如果用户和使用部门的负责人接受了推荐的方案，分析员应该进一步为这个最佳方案设计软件结构，通常，设计出初步的软件结构还要经过多方改进，从而得到更合理的结构。之后，进行必要的数据库设计，确定测试要求并且制定测试计划。

2.1.2 总体设计原则

1. 模块化原理

具有四种属性的一组程序语句称为一个模块，这四种属性分别是：输入/输出、逻辑功能、运行程序和内部数据。其中，前两个属性又称为外部属性，后两个属性又称为内部属性。这四个属性的具体含义是：

1）一个模块的输入/输出都是指同一个调用者。

2）模块的逻辑功能是指模块能够做什么事，表达了模块把输入转换成输出的功能，可以是单纯的输入/输出功能。

3）模块的运行程序指模块如何用程序实现其逻辑功能。

4）模块的内部数据指属于模块自己的数据。

模块化就是把程序划分成独立命名且可独立访问的模块，每个模块完成一个子功能，把这些模块集成起来构成一个整体，可以完成指定的功能，满足用户的需求。模块化的理论基础是把复杂的问题分解成许多容易解决的小问题，原来的问题也就容易解决了。

采用模块化的好处是：第一，使软件结构清晰，不仅容易设计也容易阅读和理解；第二，容易测试和调试，提高软件的可靠性；第三，提高软件的可修改性；第四，有助于软件开发工程的组织管理。

2. 抽象化原理

抽象是人类在认识复杂现象的过程中的一个最强有力的思维工具。人们在实践中认识到，在现实世界中一定的事物、状态和过程之间都存在某些相似的方面（共性）。把这些相似的方面集中和概括起来，暂时忽略它们之间的差异，就是抽象。或者说，抽象就是考虑事物间被关注的特性而不考虑其他的细节。

由于人类思维能力的限制，如果每次面临的因素太多，不可能做出精确思维。处理复杂系统唯一有效的方法是用层次的方法构造和分析它。软件工程的每一步都是对软件解法的抽象层次的一次精化。这就是抽象的理论基础。

3. 逐步求精原理

逐步求精是人类解决复杂问题时采用的基本方法，也是许多软件工程技术的基础。可以把逐步求精理解为"为了能集中精力解决主要问题而尽量推迟对问题细节的考虑"。

逐步求精的理论基础是Miller法则，即一个人在任何时候都只能把注意力集中在5~9个知识块上。

逐步求精有很多好处，它能帮助软件工程师把精力集中在与当前开发阶段最相关的那些方面上，而忽略那些对整体解决方案来说虽然必要然而目前还不需要的细节，这些细节将留到以后考虑。Miller法则是人类智力的基本局限，我们不可能战胜自己的本性，只能接受这个事实，承认自身的局限性，并在这个前提下尽我们最大的努力。

4. 信息隐蔽和局部化

信息隐蔽原理是指应该这样设计模块，使得一个模块内包含的信息对于不需要这些信息的模块来说是不能访问的。局部化的概念和信息隐蔽概念是密切相关的,所谓局部化是指把一些关系密切的软件元素物理上放得彼此靠近。

如果在测试期间和以后的软件维护期间需要修改软件,那么信息隐蔽原理作为模块化系统设计的标准就会带来极大好处,它不会把影响扩散到别的模块。

5. 模块独立

模块独立是模块化、抽象、信息隐蔽和局部化概念的直接结果。模块独立有两个明显的好处:第一,比较容易开发出有效的模块化软件,而且适于团队进行分工开发;第二,独立的模块比较容易测试和维护。

模块的独立程度可以由两个定性标准度量:内聚和耦合。耦合指不同的模块彼此间互相依赖的紧密程度;内聚指在模块内部的各个元素彼此结合的紧密程度。

在软件设计中应该追求尽可能松散的系统,这样的系统中可以研究、测试和维护任何一个模块,而不需要对系统的其他模块有很多了解。模块间的耦合程度强烈影响系统的可理解性、可测试性、可靠性和可维护性。

耦合有五个类别,分别如下:

1)数据耦合。如果两个模块通过参数交换信息,而且交换的信息仅仅是数据,那么这种耦合就是数据耦合。

2)控制耦合。如果两个模块通过参数交换信息,交换的信息有控制信息,那么这种耦合就是控制耦合。

3)特征耦合。如果被调用的模块需要使用作为参数传递进来的数据结构中的所有数据,那么把这个数据结构作为参数整体传送是完全正确的。但是,当把整个数据结构作为参数传递而使用其中一部分数据元素时,就出现了特征耦合。在这种情况下,被调用的模块可以使用的数据多于它确实需要的数据,这将导致对数据的访问失去控制,从而给计算机"犯错误"提供机会。

4)公共环境耦合。当两个或多个模块通过公共数据环境相互作用时,它们之间的耦合称为公共环境耦合。

5)内容耦合。有下列情形之一,两个模块就发生了内容耦合:

• 一个模块访问另一个模块的内部数据。

• 一个模块不通过正常入口而转到另一个模块的内部。

• 一个模块有多个入口。

在进行软件结构设计时,应该采用下述设计原则:尽量使用数据耦合,少用控制耦合和特征耦合,限制公共环境耦合的范围,完全不用内容耦合。

内聚有三大类七小类,分别如下:

1)低内聚。

• 偶然内聚:如果一个模块完成一组任务,这些任务彼此间即使有关系,关系也比较松散,就叫作偶然内聚。

• 逻辑内聚:如果一个模块完成的任务在逻辑上属于相同或相似的一类,则称为逻辑内聚。

• 时间内聚:如果一个模块包含的任务必须在同一段时间内执行,则称为时间内聚。

2)中内聚。

• 过程内聚:如果一个模块内的处理元素是相关的,而且必须以特定次序执行,则称为过程内聚。

• 通信内聚:如果模块中的所有元素都使用同一个输入数据并产生一个输出数据,则称为通信内聚。

3)高内聚。

• 顺序内聚:如果一个模块内的处理元素同一个功能密切相关,而且这些处理必须顺序执行,则称为顺序内聚。

- 功能内聚：如果模块内的所有处理元素属于一个整体，完成一个单一的功能，则称为功能内聚。

事实上，没有必要精确定义模块的内聚级别。重要的是设计时力争做到高内聚，并且能够辨认出低内聚的模块，有能力通过修改设计提高模块的内聚程度、降低模块间的耦合程度，从而获得较高的模块独立性。

2.1.3 详细设计过程

1. 详细设计

详细设计阶段的根本目标是确定应该怎样具体地实现所要求的系统，也就是说，经过这个阶段的设计工作，应该得出对目标系统的精确描述，从而在编码阶段可以把这个描述直接翻译成用某种程序设计语言书写的程序。详细设计阶段的任务还不是具体地编写程序，而是要设计出程序的"蓝图"，以后程序员将根据这个蓝图写出实际的程序代码。因此，详细设计的结果基本上决定了最终的程序代码的质量。详细设计的目标不仅仅是逻辑上正确地实现每个模块的功能，更重要的是设计出的处理过程应该尽可能简明易懂。结构程序设计技术是实现上述目标的关键技术，因此是详细设计的逻辑基础。

结构程序设计的概念最早由E. W. Dijkstra提出。1965年，他在一次会议上指出："可以从高级语言中取消GO TO语句"，"程序的质量与程序中所包含的GO TO 语句的数量成反比"。1966年，Bohm和Jacopini证明了只用3种基本的控制结构就能实现任何单入口单出口的程序。这3种基本的控制结构是"顺序"、"选择"和"循环"。结构程序设计的经典定义如下所述："如果一个程序的代码块仅仅通过顺序、选择和循环这3种基本控制结构进行连接，并且每个代码块只有一个入口和一个出口，则称这个程序是结构化的。"

描述详细设计结果的工具通常有图形、表格和语言三大类，如程序流程图、盒图、PAD图、判定表、判定树、过程设计语言（PDL）。不论是哪种工具，对它们的基本要求都是能提供对设计的无歧义的描述，也就是应该指明控制流程、处理功能、数据组织等其他方面的实现细节，从而在编码阶段能把对设计的描述直接翻译成程序代码。

下面介绍本书将主要使用的PAD图。PAD是问题分析图（problem analysis diagram）的英文缩写。它用二维树形结构的图来表示程序的控制流，将这种图翻译成程序代码比较容易。图2-1给出了PAD图的基本符号。PAD图的主要优点如下：

1）使用表示结构化控制结构的PAD符号所设计出来的程序必然是结构化程序。

2）PAD图所描绘的程序结构十分清晰。图中最左面的竖线是程序的主线，即第一层结构。随着程序层次的增加，PAD图逐渐向右延伸，每增加一个层次，图形向右扩展一条竖线。PAD图中竖线的总条数就是程序的层次数。

3）用PAD图表现程序逻辑，易读、易懂、易记。

4）容易将PAD图转换成高级语言源程序，这种转换可用软件工具自动完成，从而可省去人工编码的工作，有利于提高软件可靠性和软件生产率。

5）PAD图既可用于表示程序逻辑，也可用于描绘数据结构。

6）PAD图的符号支持自顶向下、逐步求精方法的使用。开始时设计者可以定义一个抽象的程序，随着设计工作的深入而使用def符号逐步增加细节，直至完成详细设计。

2. 界面设计

人机界面设计是接口设计的一个重要组成部分。对于交互式系统来说，人机界面设计和数据设计、体系结构设计及过程设计一样重要。近年来，人机界面在系统中所占的比例越来越大，在个别系统中人机界面的设计工作量甚至占总设计量的一半以上。人机界面的设计质量直接影响用户对软件产品的评价，从而影响软件产品的竞争力和寿命，因此，必须对人机界面设计给予足够重视。

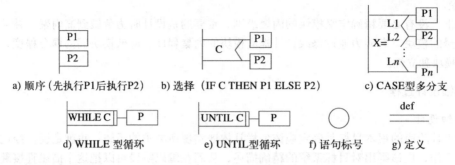

图2-1　PAD图的基本符号

在设计人机界面的过程中，几乎总会遇到下述4个问题：系统响应时间、用户帮助设施、出错信息处理和命令交互。用户界面设计是一个迭代的过程，也就是说，通常先创建设计模型，再用原型实现这个设计模型，并由用户试用和评估，然后根据用户意见进行修改。总结众多设计者的经验得出的设计指南，有助于设计者设计出友好、高效的人机界面。下面介绍3类人机界面设计指南。

（1）一般交互指南

一般交互指南涉及信息显示、数据输入和系统整体控制，因此，这类指南是全局性的，忽略它们将承担较大风险。下面是关于一般交互的设计指南。

1）保持一致性。应该为人机界面中的菜单选择、命令输入、数据显示以及众多的其他功能使用一致的格式。

2）提供有意义的反馈。应向用户提供视觉的和听觉的反馈，以保证在用户和系统之间建立双向通信。

3）在执行有较大破坏性的动作之前要求用户确认。如果用户要删除一个文件，或覆盖一些重要信息，或终止一个程序的运行，应该给出"您是否确实要……"的信息，以请求用户确认他的命令。

4）允许取消绝大多数操作。UNDO或REVERSE功能曾经使众多终端用户避免了大量时间浪费，每个交互式系统都应该能方便地取消已完成的操作。

5）减少在两次操作之间必须记忆的信息量。不应该期望用户能记住在下一步操作中需使用的一大串数字或标识符，应该尽量减少记忆量。

6）提高对话、移动和思考的效率。应该尽量减少用户击键的次数，设计屏幕布局时应该考虑尽量减少鼠标移动的距离，应该尽量避免出现用户问"这是什么意思"的情况。

7）允许犯错误。系统应该能保护自己不受严重错误的破坏。

8）按功能对动作分类，并据此设计屏幕布局。下拉菜单的一个主要优点就是能按动作类型组织命令。实际上，设计者应该尽力提高命令和动作组织的"内聚性"。

9）提供对用户工作内容敏感的帮助设施。

10）用简单动词或动词短语作为命令名。过长的命令名难于识别和记忆，也会占用过多的菜单空间。

（2）信息显示指南

如果人机界面显示的信息是不完整的、含糊的或难于理解的，则该应用系统显然不能满足用户的需求。下面是关于信息显示的设计指南。

1）只显示与当前工作内容有关的信息。用户在获得有关系统的特定功能的信息时，不必看到与之无关的数据、菜单和图形。

2）不要用数据淹没用户，应该用便于用户迅速吸取信息的方式来表示数据。例如，可以用图形或图表来取代庞大的表格。

3）使用一致的标记、标准的缩写和可预知的颜色。显示的含义应该非常明确，用户无须参照其他信息源就能理解。

4）允许用户保持可视化的语境。如果对所显示的图形进行缩放，原始的图像应该一直显示着（以缩小的形式放在显示屏的一角），以使用户知道当前看到的图像部分在原图中所处的相对位置。

5）产生有意义的出错信息。

6）使用大小写、缩进和文本分组以帮助理解。人机界面显示的信息大部分是文字，文字的布局和形式对用户从中提取信息的难易程度有很大影响。

7）使用窗口分隔不同类型的信息。

8）使用"模拟"显示方式表示信息，以使信息更容易被用户提取。例如，显示炼油厂储油罐的压力时，如果简单地用数字表示压力，则不易引起用户注意。但是，如果用类似温度计的形式来表示压力，用垂直移动和颜色变化来指示危险的压力状况，则容易引起用户的警觉。

9）高效率地使用显示屏。当使用多窗口时，应该有足够的空间使得每个窗口至少都能显示出一部分。

（3）数据输入指南

用户的大部分时间用在选择命令、键入数据和向系统提供输入上。下面是关于数据输入的设计指南。

1）尽量减少用户的输入动作。最重要的是减少击键次数，这可以用下列方法实现：用鼠标从预定义的一组输入中选一个；用"滑动标尺"在给定的值域中指定输入值；利用宏把一次击键转变成更复杂的输入数据集合。

2）保持信息显示和数据输入之间的一致性。显示的视觉特征应该与输入域一致。

3）允许用户自定义输入。专家级的用户可能希望定义自己专用的命令或略去某些类型的警告信息和动作确认，人机界面应该为用户提供这样做的机制。

4）交互应该是灵活的，并且可调整成用户最喜欢的输入方式。用户类型与喜好的输入方式有关，例如，秘书可能非常喜欢键盘输入，而经理可能更喜欢使用鼠标之类的点击设备。

5）使在当前动作语境中不适用的命令不起作用。这可使得用户不去做那些肯定会导致错误的动作。

6）让用户控制交互流。用户应该能够跳过不必要的动作，改变所需做的动作的顺序（在应用环境允许的前提下），以及在不退出程序的情况下从错误状态中恢复正常。

7）对所有输入动作都提供帮助。

8）消除冗余的输入。除非可能发生误解，否则不要要求用户指定输入数据的单位；尽可能提供默认值；绝对不要要求用户提供程序可以自动获得或计算出来的信息。

3. 数据库设计

数据库设计的一般步骤是：概念设计、逻辑设计、物理设计，分别可映射在需求分析、总体设计、详细设计中进行。物理设计构造系统中数据的物理模型，它与数据库管理系统、操作系统、硬件有关，目前大多关系型数据库为了保证其可移植性，设计者只需要设计索引、聚焦、分区等结构即可，物理设计都由数据库管理系统自行完成。详细设计阶段除了进行物理设计外，还需要对逻辑设计中初步的表结构进行确切的定义，如数据类型、字段、字段长度等。数据库设计的难易取决于两个要素：数据关系的复杂程度和数据量的大小。数据库设计的主要挑战是"高速度处理大容量的数据"。

2.1.4 系统设计的方法

系统设计的工作复杂又细致，总体设计阶段需要进行系统模块结构设计，要将一个大系统分解成不同层次、多个模块组成的系统，在详细设计阶段要在模块结构设计的基础上，给出每个模块实现方法的细节，并对模块的输入、输出和处理过程作详细描述，以便在系统实施阶段进行程序设计时可以把这个描述直接"翻译"成用某种程序设计语言书写的程序。系统设计在技术上有相当的难度，为此需要有一定的设计方法和设计工具来指导。20世纪70年代以来，出现了多种设计方法，其中结构化设计方法是较为典型的方法，本小节将对该设计方法进行论述。

1. 结构化设计方法的特点

结构化设计（Structured Design，SD）方法是使用最广的一种设计方法，由美国IBM公司的W. Stevens、G. Myers和L. Constantine等人提出。该方法适合于软件系统的总体设计和详细设计，特别是对将一个复杂的系统转换成模块化结构系统，该方法具有它的优势。在使用过程中，可将结构化设计方法与结构化分析（SA）方法及编程阶段的结构化程序设计方法（SP）前后衔接起来。SD方法具有以下特点：

1）相对独立、功能单一的模块结构。

结构化设计的基本思想是将系统设计成由多个相对独立、功能单一的模块组成的结构。由于模块之间相对独立，每一模块就可以单独地被理解、编写、测试、排错和修改，从而有效地防止错误在模块之间扩散，提高了系统的质量（可维护性、可靠性等）。因此，大大简化了系统研制开发的工作。

2）"块内联系大、块间联系小"的模块性能标准。

"模块内部联系要大，模块之间联系要小"，这是结构化设计中衡量模块"相对独立"性能的标准。事实上，块内联系和块间联系是同一事物的两个方面。系统中各组成成分之间是有联系的，若把联系密切的成分组织在同一模块中，块内联系高了，块间联系自然就少了。反之，若把密切相关的一些组成成分分散在各个模块中，势必造成很高的块间联系，这将影响系统的可维护性。所以，在系统设计过程中一定要以结构化设计的模块性能标准为指导。

3）采用模块结构图的描述方式。

结构化设计方法使用的描述方式是模块结构图。例如，图2-2表示了一个计算工资的模块结构图。

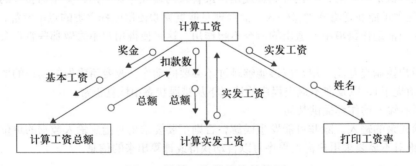

图2-2　计算工资的模块结构图

2. 信息流类型

面向数据流的设计是一种体系结构设计方法，它可以方便地从分析模型转换到程序结构的设计描述。这种从信息流（用数据流图表示）向结构的变迁是通过以下五步过程的某些部分来完成的：1）建立数据流的类型；2）指明流的边界；3）将DFD映射到程序结构；4）用"因子化"的方法定义控制的层次结构；5）用设计测度和启发信息对结构进行求精。其中，信息流的类型是第三步中的映射驱动因素。下面我们考察两种信息流类型。

（1）变换流

在基本的系统模型（第0层数据流图）中，信息必须以"外部世界"信息的形式进出软件。例如，键盘输入的数据、电话线上的语音信号以及计算机显示器上的图形都是外部世界的信息。为了处理方便，外部的数据形式必须转化成内部的形式。信息可以通过各种路径进入系统，并被标识为输入流，信息在这个过程中由外部数据变换成内部的形式。在软件的核心，有一个重要的变换，输入数据通过了"变换中心"，并沿各种路径流出软件，这些流出的数据称为输出流。整个数据流动以一直顺序的方式沿一条或几条路径进行。如果一部分数据流图体现了这些特征，就是变换流。

（2）事务流

由于基本的系统模型隐含着变换流，可以把所有的数据流都归为这一类。然而，信息流经常可以被描述成有一个称为事务的单个数据项，它可以沿多条路径之一触发其他数据流。

事务流的特征是数据沿某输入路径流动，该路径将外部信息转换成事务，估计事务的价值，根据其价值，启动沿很多"动作路径"之一的流。其中发射出多条动作路径的信息流中心称为事务中心。

需要指出的是，在一个大系统的DFD中，变换流和事务流可能会同时出现，例如，在一个面向事务的流中，动作路径上的信息流可能会体现出变换流的特征。

3．两种映射

（1）变换映射

变换映射是一组设计步骤，可以将具有变换流特征的DFD映射为一个预定义的程序结构模板。下面我们介绍变换映射的步骤：

步骤1：复审基本系统模型。基本系统模型包括第0层DFD和支持信息，在实际应用时，这一步骤需要评估系统规约和软件需求规约，这两个文档在软件接口级描述了信息流和结构。

步骤2：复审和精化软件的数据流图。需要对从包含在软件需求规约中的分析模型中获得的信息进行精化，以便得到更多的细节。

步骤3：确定DFD含有变换流还是事务流特征。总的来说，系统里的信息流总可以表示为变换流，但如果其中有明显的事务流特征，最好采用另一种设计映射。在这一步骤中，设计人员根据前面介绍的DFD特征确定全局（整个软件）的流特征。此外，也应隔离出局部的变换流和事务流，这些局部流可以用于精化按照全局DFD特征导出的程序结构。

步骤4：划分输入流和输出流的边界，隔离变换中心。前面已经指出，输入流被描述为信息从外部形式变换为内部形式的路径；输出流是信息从内部形式变换为外部形式的路径，但对输入流和输出流的边界并未加以说明。实际上，不同的设计人员在选择流边界时可能不尽相同，不同的流边界选择也将导致不同的设计方案。虽然在选择流边界时要加以注意，但是，沿流路径的某个泡泡的变化对最终的程序结构的影响并不会太大。

步骤5：完成"第一级因子化"。程序结构表示了控制自顶向下的分布，因子化的作用是得到一个顶层模块完成决策以及低层模块完成大多数输入、计算和输出工作的程序结构，中层的模块既完成一部分控制，又完成适量的工作。对于变换流，DFD将被映射成一个能为信息的输入、变换和输出提供控制的特定结构。

步骤6：完成"第二级因子化"。第二级因子化是将DFD中的每一个变换(泡泡)映射为程序结构中的模块。从变换中心的边界开始，沿输入路径和输出路径向外，将变换依次映射到子层的软件结构中去。

步骤7：用提高软件质量的启发信息，精化第一次迭代得到的程序结构。应用模块独立性的概念总能对第一个程序结构进行精化。对模块进行"外突破"或"内突破"，可以得到合理的因子化、好的内聚、低的耦合的程序结构，最重要的是易于实现、测试和维护的程序结构。

求精往往是对现实进行考虑和常识的要求，例如，有时输入数据流的控制模块完全没有必要；有时输入处理需要在变换控制模块的子模块中完成；有时全局数据的存在使得高耦合不可避免；有时优化结构不可能达到。软件需求加人工的判断是最终的依据。

以上七个步骤的目的是开发一个全局的软件表示，即一旦结构被定义，我们就可以将其视为一个整体，并据此对软件体系结构进行评估和求精。虽然以后的修改仍然需要做一些工作，但这部分的工作对软件的质量和可维护性具有深远的影响。

（2）事务映射

与变换映射对应的另外一种映射是事务映射。这里，我们主要考虑处理事务流的设计步骤。事务映射的步骤与变换映射的步骤很相似，有时甚至是相同的，主要区别在于将DFD映射成的软件结构不同。下面介绍事务映射的步骤。

步骤1：复审基本系统模型。

步骤2：复审和精化软件的数据流图。

步骤3：确定DFD含有变换流还是事务流特征。

这三个步骤与变换映射中的对应步骤是一致的。图2-4有一个明显的发射中心（事务中心）"读者要求分类"，它具有典型的事务流特征，但从事务中心命令处理发出的动作路径上的流具有变换流的特征，因此必须为这两种流建立流边界，如图2-4中的虚线。

步骤4：标识事务中心和每条动作路径上的流特征。事务中心的位置可以从DFD上直接识别出来，事务中心位于几条动作路径的起始点上。

步骤5：将DFD映射到一个适合于进行事务处理的程序结构上。事务流应被映射到包含一个输入分支和一个分类处理分支的程序结构上，输入分支结构的开发与变换流中采用的方法是类似的，从事务中心开始，沿输入路径的变换都被映射成模块。分类处理分支结构又包含一个分类控制模块，它控制下面的动作模块。DFD的每一个动作流路径应映射成与其自身的流特征一致的结构。

步骤6：因子化并精化事务结构和每条动作路径的结构。每条动作路径的数据流图有自己的信息流特征，它可以是变换流也可以是事务流。与动作路径相关的子结构可以根据相应的设计步骤进行开发。

步骤7：用提高软件质量的启发信息，精化第一次迭代得到的程序结构。这一步与对应的变换映射的步骤是一样的。在这两种方法中，模块相关性、实用性（实现和测试的有效性）以及可维护性的标准在修改程序结构时必须认真地考虑。

2.2 期刊管理系统设计

2.2.1 总体设计

期刊管理系统设计的过程是：将用户信息输入系统，进行用户注册，写入到用户信息库中；将期刊目录信息和期刊信息记录到系统中，进行期刊登记，形成期刊库存信息；用户借阅和归还要求将用户信息、期刊信息和系统时间关联，生成期刊的流通状态。具体的IPO（输入/处理/输出）图如图2-3所示。

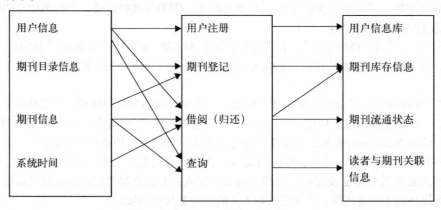

图2-3　期刊管理系统的IPO图

进一步分析数据流图，第三层数据流图是事务型，按照事务型处理方法，识别出两个事务中心：读者要求分类和管理要求分类。读者要求分类的事务型标识如图2-4所示。转换成SC（Structure Chart，结构图）时，读者要求分类后有四条动作路径，管理要求分类后有两条动作路径。

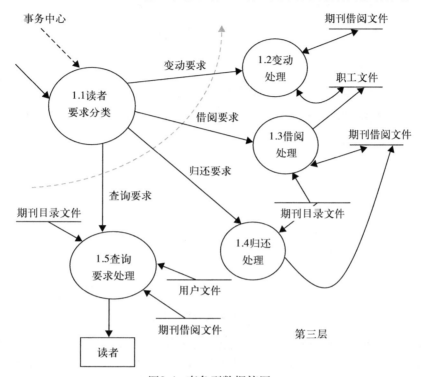

图2-4 事务型数据流图

由于数据流图是事务型的，将其转换成事务型SC图的上层结构。最上层是总控模块，它调用两个模块——输入读者要求和读者要求处理。由于加工1.1是事务中心，它转换成发送部分，依据用户要求选择调用：变动处理、借阅处理、归还处理或查询处理。读者要求处理数据流转换成如图2-5所示的SC图。

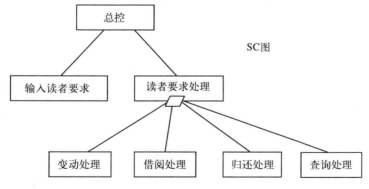

图2-5 读者要求处理的SC图

进一步将图2-5转换成层次图，如图2-6所示。

同理，加工1.5.1转换成SC图，由于数据流图是事务型的，所以将其转换成事务型SC图的上层结构。最上层是总控模块，它调用两个模块——输入查询要求和查询要求处理。由于加工1.5.1是事务中心，它转换成发送部分，依据用户要求选择调用：查询期刊去向和查询期刊内容。查询要求处理数据流转换成如图2-7所示的SC图。

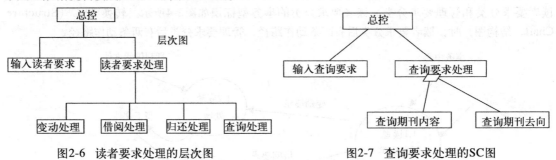

图2-6 读者要求处理的层次图   图2-7 查询要求处理的SC图

进一步将图2-7转换成层次图，如图2-8所示。

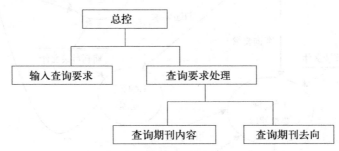

图2-8 查询要求处理的层次图

加工2的数据流图也是事务型的，管理员要求处理同样可以转换成SC图，将其转换成事务型SC图的上层结构。最上层是总控模块，它调用两个模块——输入管理员要求和管理员要求处理。由于加工2是事务中心，它转换成发送部分，依据管理员要求选择调用：征订和登记。管理员要求处理数据流转换成如图2-9所示的SC图。

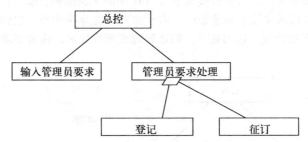

图2-9 管理员要求处理的SC图

进一步将图2-9转换成层次图，如图2-10所示。

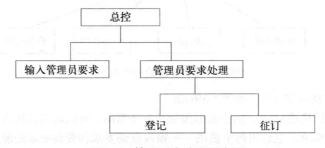

图2-10 管理要求处理层次图

最后将几个模块精化形成软件结构，如图2-11所示。

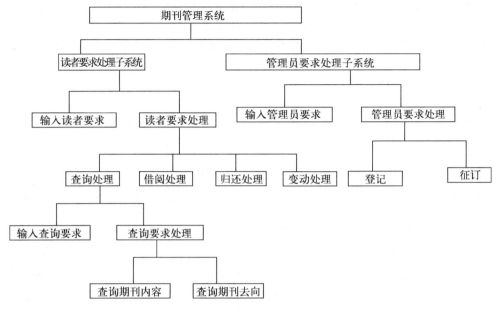

图2-11 期刊管理系统的软件结构图

2.2.2 详细设计

1. 系统模块设计

系统的用户分成两种角色：用户和管理员。

读者管理模块主要完成对读者这种用户角色的管理，具体功能包括：添加用户、删除用户和修改用户信息。添加用户相当于用户注册，填写用户名和初始密码。删除用户即注销用户。

借阅管理模块如图2-12所示。借阅管理模块处理借出期刊和归还期刊事务，从特定的组合框中选择刊号、年、期和读者编号。借阅日期和归还日期使用的都是当前计算机系统的日期，借阅和归还时期刊的未借出数量要作相应的变动。

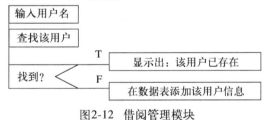

图2-12 借阅管理模块

添加期刊目录模块如图2-13所示。添加期刊目录是添加新种类的期刊，如本年度新订阅一

种期刊"安徽大学学报（自然科学版）"，这里只涉及该学报的名称、CN刊号等，不涉及具体是何年和哪一期。

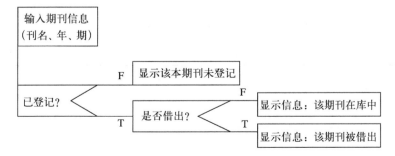

图2-13 添加期刊目录模块

期刊登记模块如图2-14所示。期刊登记模块登记新到的期刊信息和相应的文章信息。当登记期刊信息时，可从组合框中选择刊号（组合框中只显示目前订的期刊的刊号，即期刊目录表中存在的刊号）；当登记文章信息时，可从组合框中选择文章所在的刊号、年、期（组合框中只显示登记过的刊号、年、期）。这种设计在一定程度上增强了安全性，防止管理员输入不合理的刊号、年、期。

删除期刊库存模块如图2-15所示。

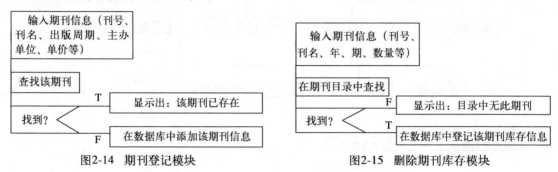

图2-14 期刊登记模块   图2-15 删除期刊库存模块

期刊查询模块（如图2-16所示）用来查询某人的借阅清单、某期刊的去向和期刊内容。查询某人的借阅清单（如图2-17所示）时，输入用户名后按"查询"按钮，表格中就会出现该读者正在借阅而尚未归还的期刊的信息；查询期刊内容时，输入关键字后按"查询"按钮，表格中就会出现包含该关键字的文章信息；查询期刊的去向（如图2-18所示）时，输入刊号、年、期后按"查询"按钮，表格中就会出现该期刊的借出情况以及未借出的数量，方便读者借阅。

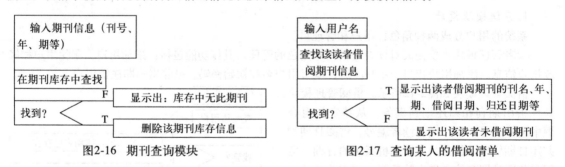

图2-16 期刊查询模块   图2-17 查询某人的借阅清单

这里功能可以扩展，例如，当确定期刊被借出时，可以进一步查询该期刊被谁借走的。

2. 数据库设计

根据第1章的数据字典，E-R图将数据库设计成5个表：用户表，期刊目录表，期刊登记表，期刊内容表，期刊借阅表。

（1）用户表

用户表主要包含用户名、姓名、性别、密码等。如表2-1所示。

表2-1 用户表

字段名称	类型	长度	字段名称	类型	长度
用户名	C	4	性别	C	2
姓名	C	8	密码	C	8

（2）期刊目录表

期刊目录表主要包含刊号、刊名、出版周期、主办单位、邮发代号等。如表2-2所示。

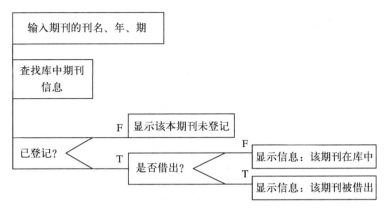

图2-18 期刊去向查询

表2-2 期刊目录表

字段名称	类型	长度	字段名称	类型	长度
刊号	C	10	主办单位	C	20
刊名	C	20	邮发代号	C	6
出版周期	C	4			

（3）期刊登记表

期刊登记表主要包含刊号、顺序号、年、卷、期等。如表2-3所示。

表2-3 期刊登记表

字段名称	类型	长度	字段名称	类型	长度
刊号	C	10	卷	N	4
顺序号（流水号）	C	6	期	N	2
年	N	4			

（4）期刊内容表

期刊内容表主要包含顺序号、文章题目、作者、起始页码、终止页码、关键词1、关键词2、关键词3、关键词4、关键词5等。如表2-4所示。

表2-4 期刊内容表

字段名称	类型	长度	字段名称	类型	长度
顺序号（流水号）	C	10	关键词1	C	10
文章题目	C	6	关键词2	C	10
作者	N	4	关键词3	C	10
起始页码	N	4	关键词4	C	10
终止页码	N	2	关键词5	C	10

（5）期刊借阅表

期刊借阅表主要包括顺序号、借阅人、借阅日期、归还日期、借阅标志等。

表2-5 期刊流通表

字段名称	类型	长度	字段名称	类型	长度
顺序号（流水号）	N	6	归还日期	D	8
借阅人	C	8	借阅标志	N	1
借阅日期	D	8			

2.3 图书管理系统设计

2.3.1 总体设计

通过对需求分析阶段的文档进行更深入的分析，我们可以进一步复查并细化数据流图，得到改进后的数据流图，如图2-19所示。

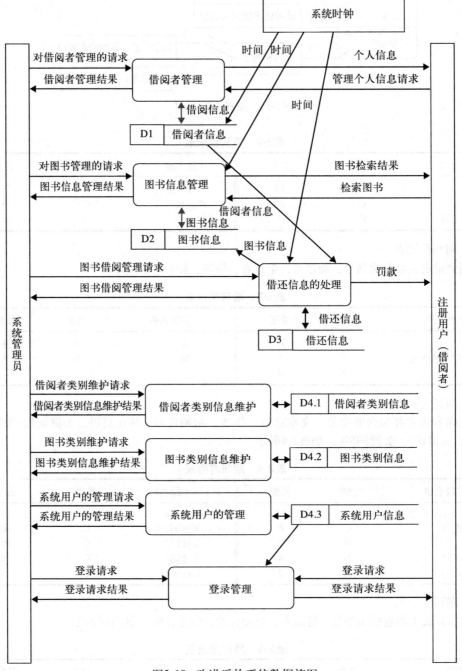

图2-19 改进后的系统数据流图

可以看出上述数据流图中并没有一个很明显的事务中心，因此可以把它看成是一个变换流，通过使用面向数据流的设计方法得到系统的软件结构图，如图2-20所示。

该图是未经精化的软件结构图，通过对用户需求的进一步分析，并结合软件设计中的高内聚和低耦合的标准以及相关的启发规则，得到精化后的软件结构图，如图2-21所示。

2.3.2 详细设计

根据前面总体设计的软件结构图，下面我们将依次具体设计每个模块实现的方法和相关的交互界面。

1. 用户登录模块

由于本系统有系统管理员和注册用户，不同的用户登录后拥有不同的权限，所以在系统的开始时，需要有登录模块来实现此功能。

该模块可以给任何人员使用。

模块的输入：用户名、密码。

模块的处理：系统根据用户输入的用户名和密码到后台数据库相应的记录中查找，如果没有，则给出相应的提示并不予进入，如果有，根据其不同的身份进入不同的处理界面。

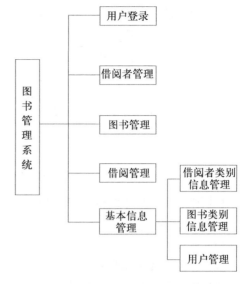

图2-20　图书管理系统的软件结构图

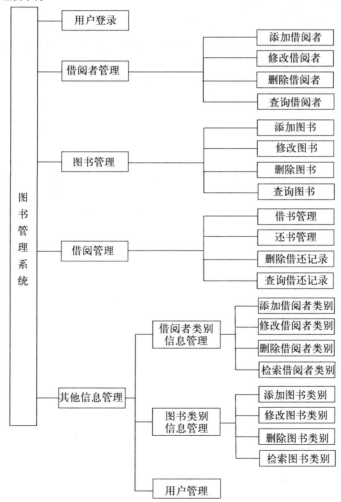

图2-21　精化后的系统结构图

模块的输出：对于非法用户给出相应提示，对于合法用户，进入相应的界面。

用户登录模块的PAD图如图2-22所示。

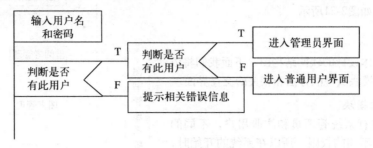

图2-22 登录模块的PAD图

该模块的交互界面设计如图2-23所示。

2. 借阅者管理模块

（1）添加借阅者

该模块主要负责添加借阅者（也就是添加读者，或称为添加借阅卡）。

该模块只能给系统管理员使用。

模块的输入：用户填写的相关信息。

模块的处理：用户在填入了相应的信息并点击了确定后，首先要检测其输入各个字段的合法性，如果合法则将其作为一条记录，添加进相应的借阅者表中，并给出相关提示；如果有不合法的输入，需要准确地指出错误的位置，以供用户修改后重新输入。

模块的输出：根据是否成功提交，给出相应的提示。

添加借阅者模块的PAD图如图2-24所示。

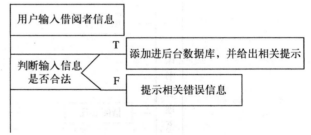

图2-23 用户登录模块的交互界面   图2-24 添加借阅者模块的PAD图

该模块的交互界面如图2-25所示。

图2-25 添加借阅者模块的交互界面

（2）查询借阅者

该模块只能给系统管理员使用。

需要先说明的是，在本系统中，只需要提供根据"借阅者类别"和"借阅卡号"来进行查询，不需要提供根据其他字段的查询。更具体地说，就是用户只需要指定"借阅者类别"和"借阅卡号"任意之一，便可获得满足相应条件的查询结果，如果"借阅者类别"和"借阅卡号"都填写了，则查找同时满足二者的结果。

模块的输入：用户输入"借阅卡号"和"借阅者类别"作为查询条件。

模块的处理：首先根据查询的条件从借阅者表中查找相应的记录，如果有满足条件的则返回，否则将提示没有符合条件的借阅者。

模块的输出：根据不同的查找结果，给出不同的回应信息。

查询借阅者模块的PAD图如图2-26所示。

该模块的交互界面如图2-27所示。

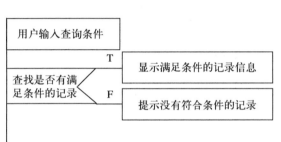

图2-26 查询借阅者模块的PAD图　　　　图2-27 查询借阅者模块的交互界面

（3）删除借阅者

该模块只能给系统管理员使用。

模块的输入："借阅卡号"、"借阅者类别"以及用户选定的借阅者。

模块的处理：首先根据用户填写的查询条件，查找满足用户要求的特定记录，并将找到的记录显示在交互界面的列表框中，当用户选择了其中的某一条记录并点击删除后，系统并不是立刻删除，而是进行如下处理：

第一步：检查此借阅卡是否还有没有归还的图书，如果有则不能删除，否则转入第二步。

第二步：再次询问用户是否真的要删除此记录，如果此时用户选择"取消"则放弃此次删除操作，返回原界面，否则，当用户选择"确定"时，转入第三步。

第三步：删除相应的记录。

模块的输出：根据用户的不同操作，给出不同的提示。

删除借阅者模块的PAD图如图2-28所示。

该模块的交互界面如图2-29所示。

（4）修改借阅者

该模块可以给系统管理员和普通注册用户使用。

该模块主要负责修改借阅者的相关信息。需要说明的是，并不是任意的信息都能修改，不同的用户可以对不同的字段修改。具体来说，每个注册用户（即借阅卡的持有者）只能修改自己的密码、单位、家庭住址、联系电话，其他的信息均不能修改。而系统管理员可以修改每个借阅者的用户名、密码、单位、家庭住址、联系电话、借阅者类别、已借书数目、是否挂失信息，而其他字段也是不可以修改的。

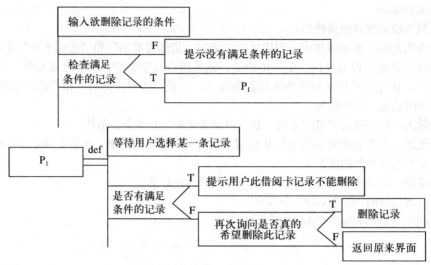

图2-28 删除借阅者模块的PAD图

模块的输入："借阅卡号"、"借阅者类别"以及需要修改的新值。

模块的处理：首先根据设置的查找条件，找到需要修改的借阅者信息，并把满足条件的记录显示在相关的列表框中，当用户选中某条记录并点击了"修改"按钮后，会出现一个对话框将用户选中的记录信息显示在对话框的相应控件中，用户只能修改指定的字段，修改完成后，提交审核，如果通过则修改成功，否则也要给出相应的提示。

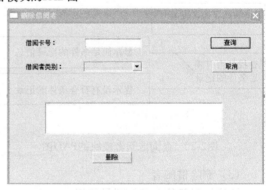

图2-29 删除借阅者模块的交互界面

模块的输出：根据用户的不同操作，给出不同的提示。如果用户操作通过审核，将修改后的记录写入表中。

修改借阅者模块的PAD图如图2-30所示。

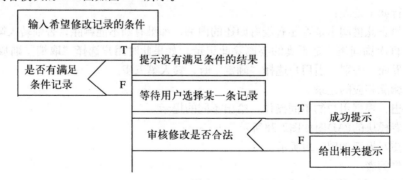

图2-30 修改借阅者模块的PAD图

其交互界面和图2-29类似，只是将"删除"按钮变成"修改"按钮，此处不再重复了。

（5）挂失借阅者

此模块只能给管理员使用。

该模块用于当某个借阅者丢失了自己的借阅卡后，可以到图书馆进行挂失。不同于删除借阅者操作，本操作并不是真正地删除记录，而是通过设置借阅者表中的"是否挂失"来实现。当某张借阅卡被挂失后，它就不能再借书了。

需要说明的是，由于该模块只要修改对应"借阅卡"的一个字段即可，所以其实现的方法可以看成是"修改借阅者"模块的一个特例，所以这里就不再重复说明了。后面编码实现时，该内容也是放在"修改借阅者"模块中，不再单独给出其实现代码。

3. 图书管理模块

（1）添加图书

对于每一本入库的新书，在其可以外借之前都要首先添加到系统数据库的相应表中。此模块只能给系统管理员使用。

模块的输入：用户输入的图书相关信息。

模块的输出：当用户填写完各个数据并提交后，系统需要检验所填数据的合法性，如果合法则将新的记录写入图书表中，并给出相应的提示，否则需要准确地指出错误数据的位置，以方便用户重新填写。

模块的输出：根据用户输入的数据是否合法，给出相应提示。

添加图书模块的PAD图如图2-31所示。

该模块的交互界面如图2-32所示。

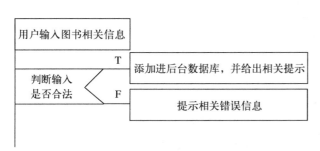

图2-31　添加图书模块的PAD图

图2-32　添加图书模块交互界面

（2）查询图书

此模块可以给系统管理员和注册用户使用。

模块的输入：图书号、图书类别。

模块的处理：根据用户设置的查询条件，在图书表中查找满足条件的图书（对于本系统来说，图书的查找条件也是两个，即按照"图书号"和"图书类别"查找。这两个条件之间的关系也如"查询借阅者"模块的两个条件之间的关系，这里不再赘述）。对于每本满足条件的图书需要在列表框中显示该图书的全部信息，如果没有找到相关记录也要给出相关提示。

模块的输出：根据查找的不同结果，给出不同的显示。

查询图书模块的PAD图如图2-33所示。

该模块的交互界面如图2-34所示。

（3）删除图书

如果某本图书丢失或者由于某种原因被淘汰出馆，需要调用此模块。

此功能只能给系统管理员使用。

模块的输入："图书号"、"图书类别"以及用户选中的相关记录。

模块的处理：系统首先根据用户设置的查询条件找到需要删除的图书，并将其显示在下面的列表框中。当用户点击"删除"时，系统首先会检查该图书是否被借出，如果被借出，则提示用户该图书不能删除，如果该书没被借出，系统需要启动一个消息框询问用户是否确实要删除该图书，只有得到用户确定的答复时，才从图书表中删除该图书记录并给出相应的成功删除提示。

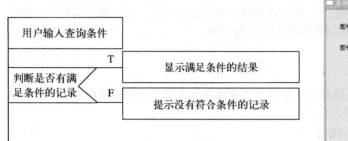

图2-33 查询图书模块的PAD图

图2-34 查询图书模块的交互界面

模块的输出：根据用户的不同设置和操作，给出不同的提示。

删除图书模块的PAD图如图2-35所示。

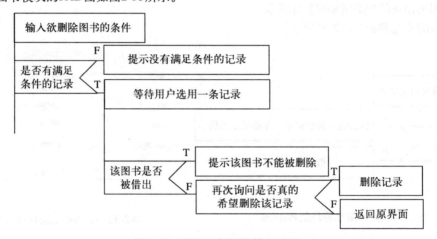

图2-35 删除图书模块的PAD图

该模块的交互界面如图2-36所示。

（4）修改图书

此功能只能给系统管理员使用。

该模块用来修改图书的信息。根据用户的需求，一本新书在入库时，其相关信息就已经确定，对于这些基本信息不需要提供修改功能，以防止误操作。这里提供的修改，只需要对图书的"是否借出"和"存放位置"进行修改。而"是否借出"只是在借还书时实现，不需要单独作为一个功能出现，因此"修改图书"模块只要提供修改"存放位置"功能即可。

模块的输入："图书号"、"图书类别"以及用户选中的相关记录。

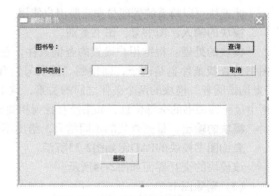

图2-36 删除图书模块的交互界面

模块的处理：系统首先根据用户设置的查询条件找到满足条件的图书，并将其显示在界面的列表框中。当用户选中某一条记录并点击"修改"按钮时，启动一个新的对话框，其中的控件用被选中图书的字段填充上。需要说明的是，对话框里只出现允许修改的字段，对于不能修改的字段，不予出现。当用户在控件中填入新的值并选择"确定"后，将新的值写入图书表的记录中。

模块的输出：根据是否成功修改，给出相应的提示。

修改图书模块的PAD图如图2-37所示。

其交互界面类似于"删除图书"模块的界面，只是原来的"删除"按钮变成"修改"按钮，这里就不再重复给出。

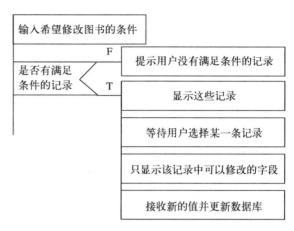

图2-37　修改图书模块的PAD图

4. 借阅管理模块

此模块是系统的核心模块，所有的功能只能给系统管理员使用。

（1）借书管理（又名添加借阅信息）

该模块主要用于对借阅者借书过程的处理。

模块的输入："借阅卡号"、"图书号"。

模块的处理：

第一步：根据用户输入的借阅卡号查找借阅者表，检查该卡号对应的借阅者记录是否存在，如果不存在，系统返回并给出相关提示，否则进入第二步。

第二步：检查该借阅卡是否挂失，如果已经挂失，系统返回并给出相关提示，否则进入第三步。

第三步：记下该用户的"姓名"、"是否挂失"、"借阅者类别"、"已借书数目"字段，并显示在相应的控件中，进入第四步。

第四步：根据刚刚获得的"借阅者类别"字段的值，查找借阅者类别表，获得该读者的"能借书的数量"，并将它和该读者的"已借书数目"进行比较，只有"已借书数目"小于"能借书的数量"，才能继续借书，进入第五步，否则，返回并提示读者能借书的数目已满，不能再借新书了。

第五步：根据用户输入的图书号查找图书表，检查对应此图书号的图书记录是否存在，如果不存在，系统返回并给出相关提示，否则记下该记录的"书名"、"是否借出"字段，并将其显示在相应的控件中，进入第六步。

第六步：检查该记录的"是否借出"字段，如果该字段为借出，则返回并提示用户此书已被借出，否则转入第七步。

第七步：等待用户的点击。如果用户点击"借书"按钮，则进入第八步，如果点击"取消"按钮则返回。

第八步：在借阅表中添加一条借还记录：将上述的"借阅卡号"、"姓名"、"图书号"、"书名"填入对应字段，将当前的系统日期作为该记录的"借出日期"，"罚款金额"置为0，进入第九步。

第九步：修改对应的"借阅卡号"记录：将该记录的"已借书数目"加1，进入第十步。

第十步：修改对应的"图书"记录：将该记录的"是否借出"改成借出。

模块的输出：根据不同的内部处理，返回不同的提示给用户。

借书管理模块的PAD图如图2-38所示。

该模块的交互界面如图2-39所示。

需要说明的是，在上述交互界面中，只有"借阅卡号"和"图书号"是由用户输入的，其余控件的内容是根据对应记录的字段值由系统自动填充的，在初始化界面时是不可输入的。

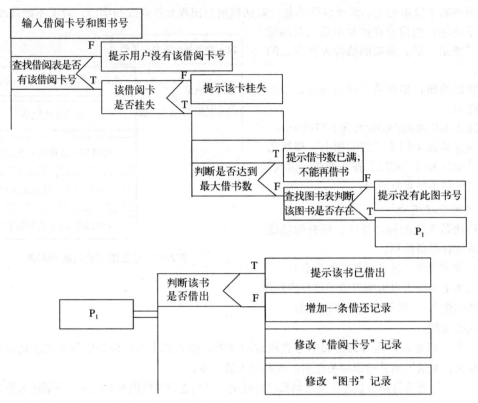

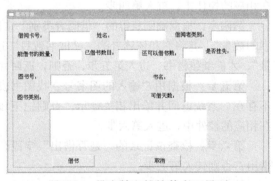

图2-38　借书管理模块的PAD图

（2）还书管理（又名修改借阅信息）

　　每当某用户来还其所借阅的某本图书时，需要调用此模块。

　　模块的输入："借阅卡号"、"图书号"。

　　模块的处理：

　　第一步：根据该用户的借阅卡号和所借阅的图书号查找借还表，如果没有找到记录，则返回并给出相应提示，否则获得该记录的"借出日期"，并将当前系统日期作为"实际归还日期"，进入第二步。

图2-39　借书管理模块的交互界面

　　第二步：根据"图书号"查找图书表和图书类别表，如果没有找到，给出相应提示，如果找到，确定该图书的"应该还书的期限"和"图书超期每天罚款的金额"，进入第三步。

　　第三步：记"借出日期"+"应该还书的期限"为"应归还日期"，比较"实际归还日期"和"应归还日期"，如果"实际归还日期"超过"应归还日期"则转入第四步，否则进入第五步。

　　第四步：计算超期的天数，并根据"图书超期每天罚款的金额"得到"罚款金额"，填入借还表相应的记录中，并在借书人交纳了相应的罚款金额后，进入第五步。

　　第五步：修改该"图书号"对应的"图书"记录中的"是否借出"字段，将其改为"否"；修改该"借阅卡号"对应的"借阅者"记录，将其"已借书数目"字段减1。

　　模块的输出：根据还书是否超期作不同处理，将相应的结果返回给用户。

　　还书管理模块的PAD图如图2-40所示。

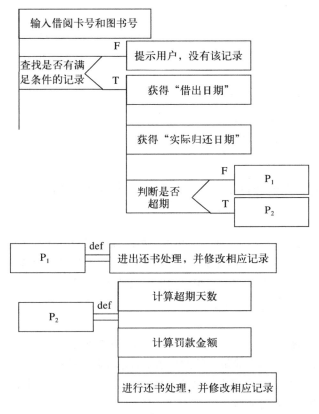

图2-40 还书管理模块的PAD图

该模块的交互界面如图2-41所示。

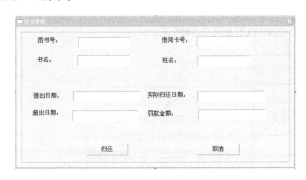

图2-41 还书管理模块的交互界面

（3）查询借还记录

对于历史借还信息，可以根据用户的需要检索给用户看。用户可以输入"借阅卡号"和"图书号"来查找相关的借还记录，系统将查找的结果显示在交互界面的列表框中。

模块的输入："借阅卡号"、"图书号"。

模块的处理：首先根据用户输入的查询条件，去借还表中查找是否有满足条件的记录。如果没有给用户相关提示，如果有，显示在列表框中。

模块的输出：根据查找的结果，给出不同的提示或结果显示。

查询借还记录模块的PAD图如图2-42所示。

该模块的交互界面如图2-43所示。

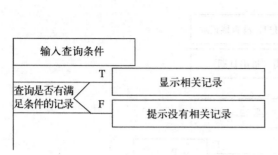

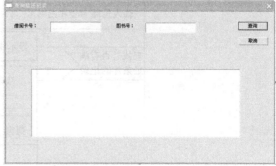

图2-42　查询借还记录模块的PAD图　　　　　图2-43　查询借还记录模块的交互界面

（4）删除借还记录

当借还信息达到一定的期限后，对于一些不需要的借还记录（比如记录已经十年以上等）可以予以删除。需要说明的是，在本系统中不是任意的借还记录都可以删除，根据用户的需求，只有那些已经从借阅卡表中删除的用户，其相关的借还记录才可以被删除。

模块的输入："借阅卡号"、"图书号"。

模块的处理：

第一步：根据用户输入的"借阅卡号"、"图书号"去借阅表中查找是否有满足条件的记录，如果没有则给出相关提示，如果有满足条件的记录则显示在相应的控件中。

第二步：根据用户在列表框中选中记录的"借阅卡号"去检索借阅卡表，看其中是否有记录。如果有转入第三步，否则转入第四步。

第三步：提示用户，这些记录不能删除，转回上一个界面。

第四步：提问用户是否确实要删除这些记录，在得到用户的确定答复之后，删除用户指定的借还记录。

删除借还记录模块的PAD图如图2-44所示。

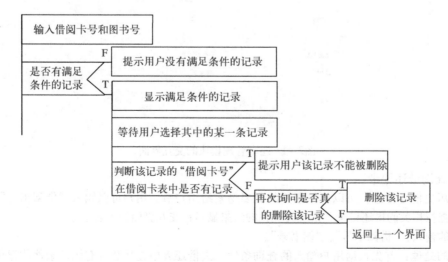

图2-44　删除借还记录模块的PAD图

该模块的交互界面与查询界面类似，如图2-45所示。

需要说明的是，在后面的编码中，刚开始时"删除"按钮的"使能"应该置为false，只有在查询后才能恢复其"使能"。

5. 基本信息管理模块

该模块主要包含"借阅者类别信息管理"、"图书类别信息管理"和"用户管理"3个子模块。这些子模块的功能都只能给系统管理员使用。

上述3个子模块中，"图书类别信息管理"和"用户管理"子模块由于对应的数据库表都有3个以上字段，因此其功能的实现和交互

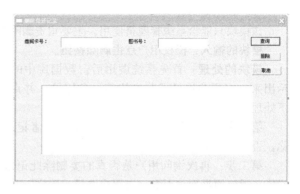

图2-45　删除借还记录的交互界面

界面与前面"2.借阅者管理模块"类似，这里不再赘述。而对于"借阅者类别信息管理"子模块，由于其数据库表只有两个字段，和其他两个子模块略微不同，下面将给出该子模块的对应功能实现。

"借阅者类别信息管理"子模块主要负责管理不同类型的读者，他们可以借阅不同数量的图书；主要有添加、查询、删除、修改4个子功能。

（1）添加借阅者类别

该模块主要负责添加新的借阅者类别。

模块的输入：授权用户填写的相关信息。

模块的处理：用户在填入了相应的信息并点击确定后，首先需要检测每个输入字段的合法性，如果合法则将其作为一条记录，加进相应的借阅者类别表中，并给出添加成功的提示。如果有不合法的输入，则需要准确地指出错误位置，以供用户修改后重新输入。

模块的输出：根据添加是否成功，给出相应提示。

对应的PAD图如图2-46所示。

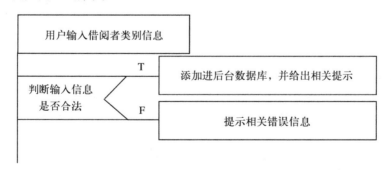

图2-46　添加借阅者类别模块的PAD图

（2）查询借阅者类别

该模块只能给系统管理员使用，主要负责查询所有的借阅者类别。需要说明的是，由于借阅者类别的类型较少，为可枚举型，因此，不同于前面"查询借阅者"和"查询图书"模块，这里无须给出具体查询条件，只要将可枚举的查询结果返回给用户即可。

模块的输入：授权用户点击查询按钮。

模块的处理：系统调用后台数据库中的借阅者类别表，将表中内容在对应的控件中显示出来。因返回的是全部表的内容，这里无须给出详细的PAD图。

模块的输出：将结果在列表框中显示出来。

（3）删除借阅者类别

该模块只能给系统管理员使用，主要负责删除指定的借阅者类别。

模块的输入：授权用户点击删除按钮。

模块的处理：首先系统调用后台数据库中的借阅者类别表，将表中内容在对应的控件中显示出来。当用户选择了其中的某一条记录，并点击删除后，系统并不是立刻删除，而是进行如下处理：

第一步：在借阅者表中查找所有的借阅者记录是否还有对应的借阅者类型，如果有则不能删除，否则转入第二步。

第二步：再次询问用户是否真的要删除此记录，如果此时用户选择"取消"则放弃此次删除操作，返回原界面，否则，当用户选择"确定"时，转入第三步。

第三步：删除相应的借阅者类型记录。

模块的输出：根据用户的不同操作，给出不同的提示。

对应的PAD图如图2-47所示。

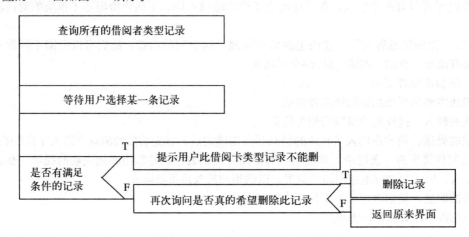

图2-47　删除借阅者类别模块的PAD图

（4）修改借阅者类别

该模块只能给系统管理员使用，主要负责修改借阅者类别的相关信息。需要说明的是，由于该表只有两个字段"借阅者类别"和"能借书的数量"。按照前面需求分析的要求，这里只能修改"能借书的数量"字段。如果用户确实需要修改"借阅者类别"，可先删除旧记录，再重新录入新记录。

模块的输入："借阅者类别"以及需要修改"能借书的数量"的新值。

模块的处理：首先根据设置的查找条件，找到需要修改的借阅者类别信息，并把满足条件的记录显示在相关的列表控件中，当用户选中某条记录，并点击了"修改"按钮后，会出现一个对话框将用户选中的记录信息显示在对话框的控件中，用户只能修改"能借书的数量"这个字段，修改完成后，提交审核，如果通过则修改成功，否则要给出相应的提示。

模块的输出：根据用户的不同操作，做出不同的提示。如果用户操作通过审核，将修改后的记录写入表中。

对应的PAD图如图2-48所示。

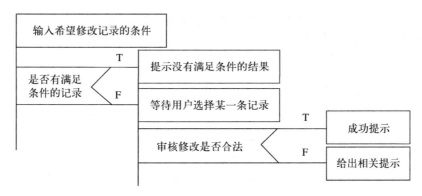

图2-48　修改借阅者类别模块的PAD图

2.4　网上商城管理系统设计

2.4.1　总体设计

　　网上商城管理系统的软件结构图如图2-49所示，系统由会员登录、会员管理、商品管理、订单管理构成。

　　通过对用户需求的进一步分析，并结合软件设计中的高内聚和低耦合的标准以及相关的启发规则，得到改进后的软件结构图，如图2-50所示。

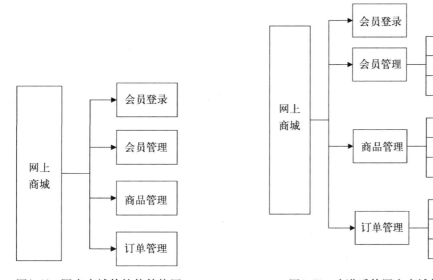

图2-49　网上商城的软件结构图　　　　图2-50　改进后的网上商城的软件结构图

2.4.2　详细设计

　　根据前面总体设计的软件结构图，下面具体设计每个模块实现的方法和相关的交互界面。

　　1. 会员登录模块

　　由于本系统有管理员和注册会员，不同的用户登录验证后拥有不同的权限。所以需要在系统的开始时，用登录模块实现此功能。该模块可以被任何人员使用。

　　模块的输入：用户输入用户名、密码和验证码。

　　模块的处理：系统首先判断用户输入数据的格式是否正确，再根据用户输入的用户名和密码在会员信息表中进行查找。如果不存在匹配记录，则提示用户不存在或密码错误并且拒绝进入系统；如果存在匹配记录，则记下编码并且根据身份进入相应的用户界面。

模块的输出：对于非法用户给予相应提示；对于合法用户，进入相应的用户界面。

会员登录模块的PAD图如图2-51所示。

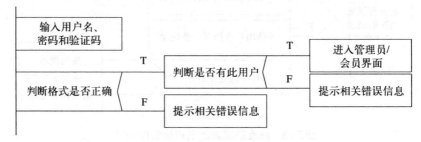

图2-51　登录模块的PAD图

会员登录模块的交互界面如图2-52所示。

图2-52　会员登录模块的交互界面

2. 会员管理模块

（1）会员注册

该模块主要用于非会员用户注册成为会员用户，该模块对所有用户开放。

模块的输入：用户填写个人基本信息。

模块的处理：用户在填入了个人基本信息后，系统首先检测输入数据的合法性。在用户提交后，将其作为一条记录，添加到会员信息表中，并给出相关提示；如果有不合法的输入，需要准确地指出错误的位置，以供用户修改。

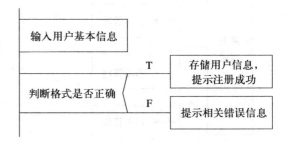

图2-53　会员注册模块的PAD图

模块的输出：提交成功则成为会员用户并提示注册成功，否则给出相关错误信息提示。

会员注册模块的PAD图如图2-53所示。

会员注册模块的交互界面如图2-54所示。

（2）会员信息修改

该模块由系统管理员和会员用户使用。

该模块主要负责修改注册会员的相关信息。注册会员登录后可修改除注册时间之外的所有信息，即会员姓名、会员密码、会员性别、会员QQ、真实姓名、家庭住址和联系电话。系统管理员同样也可修改每个注册会员的会员姓名、会员密码、会员性别、会员QQ、真实姓名、家庭住址和联系电话，仅注册时间不可以修改。

图2-54 会员注册模块的交互界面

模块的输入：用户输入需要修改的个人信息的新值。

模块的处理：系统显示个人信息后，当用户点击了"修改"按钮后，页面显示会员信息的对话框控件，用户修改完成后，提交审核，如果通过则修改成功返回个人信息页面，否则要给出相应的错误提示。

模块的输出：根据用户的信息输入，系统给出相应的提示。

会员信息修改模块的PAD图与图2-53的会员注册模块的PAD图相似。

会员信息显示界面如图2-55所示。

图2-55 会员信息显示界面

会员信息修改模块的交互界面如图2-56所示。

（3）删除会员

该模块只能给管理员使用。

模块的输入：用户输入基本信息中的某个值，可以是会员姓名、会员QQ、真实姓名、家庭住址、联系电话之一。

模块的处理：首先根据用户选择的查询条件，找到满足用户要求的特定记录，并将其显示在交互界面的列表框中。用户点击该记录对应的删除标志后，系统检查该会员是否尚拥有未发送的订单，如果有则提示不能删除，否则删除记录。

模块的输出：如会员拥有未发送的订单，则提示不能删除，否则删除会员。

图2-56　会员信息修改模块的交互界面

删除会员模块的PAD图如图2-57所示。

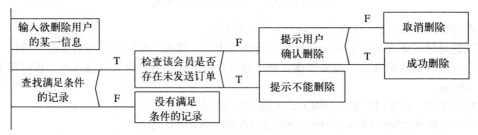

图2-57　删除会员模块的PAD图

删除会员模块的交互界面如图2-58所示。

图2-58　删除会员模块的交互界面

会员拥有未发送的订单，则提示不能删除，如图2-59所示。

（4）检索会员

该模块只能给管理员使用。

管理员根据需要使用会员姓名、会员QQ、真实姓名、家庭住址、联系电话中的任意一项进行会员查找，便可获得满足相应条件的查询结果。检索中没有输入检索条件，则显示所有会员记录。系统默认显示所有会员记录。

图2-59　会员不可删除的提示界面

模块的输入：用户输入会员姓名、会员QQ、真实姓名、家庭住址、联系电话中的任意一项作为查询条件。

模块的处理：首先根据查询的条件从会员信息表中查找相应的记录，如果有满足条件的记录则显示，否则为空。

模块的输出：根据不同的查找结果，给出不同的回应信息。

检索会员模块的PAD图如图2-60所示。

检索会员的交互界面与图2-58的删除会员的交互界面相同。

3. 商品管理模块

(1) 商品录入

网上商城中销售的商品必须先由管理员将其基本信息录入到系统数据库的商品信息表中，会员才能在系统中进行检索、浏览，进而订购。此模块只能给管理员使用。

模块的输入：用户输入商品的基本信息。

模块的处理：当用户填写完各个数据并提交后，系统需要检验所填数据的合法性，如果合法则将新的记录存入商品信息表中，并给出相应的提示，否则需要准确地指出错误数据的位置，提示用户重新填写。

模块的输出：根据用户输入的数据是否合法，给出相应提示。

商品录入模块的PAD图如图2-61所示。

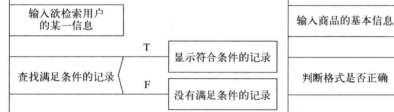

图2-60 检索会员模块的PAD图 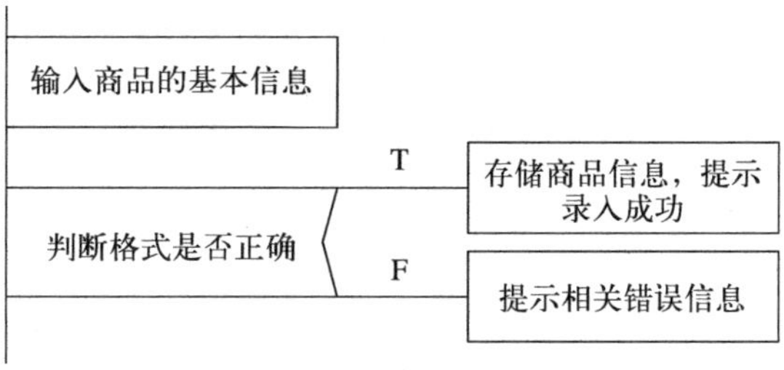   图2-61 商品录入模块的PAD图

商品录入模块的交互界面如图2-62所示。

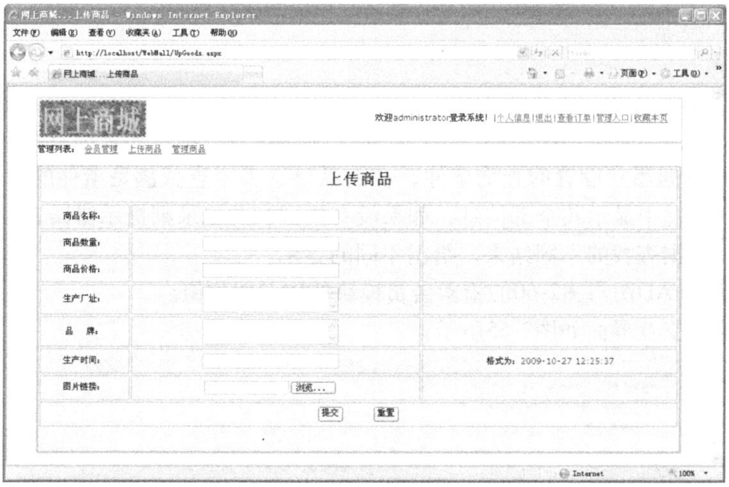

图2-62 商品录入模块的交互界面

(2) 信息修改

此功能只能给系统管理员使用。

该模块用来修改商品的信息。这里提供的修改只是对于商品价格或数量进行修改。

模块的输入：用户选中相关记录并输入商品价格或数量。

模块的处理：系统首先根据用户设置的查询条件找到满足条件的商品，显示在界面的列表框中。用户选中某一条记录，点击"编辑"按钮后，对界面中被选中记录的商品价格或数量可以进行编辑，输入新的信息，点击"更新"系统便存储更新后的信息。对于不允许修改的字段，不出现可编辑的控件。

模块的输出：信息修改成功则系统显示更新后的信息，否则提示错误。

信息修改模块的PAD图如图2-63所示。

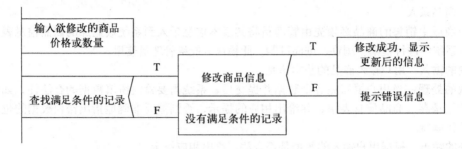

图2-63　商品信息修改模块的PAD图

商品信息修改模块的交互界面如图2-64所示。

图2-64　商品信息修改模块的交互界面

（3）检索商品

此模块可以给管理员和注册用户使用。

模块的输入：商品信息中商品名称、生产厂址、品牌任意一项作为查询条件。

模块的处理：根据用户设置的查询条件，在商品信息表中查找满足条件的商品。对于满足检索条件的商品在列表框中显示其全部信息，如果没有找到相关记录则提示错误。

模块的输出：根据查找的不同结果，给出不同的显示。

检索商品模块的PAD图与图2-60的检索会员模块的PAD图相似。

检索商品模块的交互界面如图2-65所示。

图2-65　检索商品模块的交互界面

（4）删除商品

有些商品可能会由于数量、质量、保质期等被淘汰，需要调用此模块。

此功能只能给管理员使用。

模块的输入：商品信息中商品名称、生产厂址、品牌任意一项作为查询条件。

模块的处理：系统首先根据用户设置的查询条件找到要删除的商品，并将其显示在列表框中。当用户点击"删除"时，系统需要启动一个消息框询问用户是否确实要删除该商品，只有得到用户确定的答复时，才从商品信息表中删除该商品记录，并给出相应的成功删除提示。

模块的输出：根据用户的不同设置和操作，给出不同的提示。

删除商品模块的PAD图如图2-66所示。

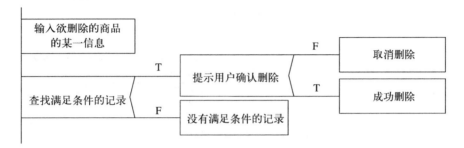

图2-66 删除商品模块的PAD图

删除商品模块的交互界面如图2-67所示。

图2-67 删除商品模块的交互界面

4. 订单管理

此模块是系统的核心模块。

（1）确认订单

该模块主要用于会员订购商品的处理，最后产生商品的订单。

模块的输入：商品信息中商品名称、生产厂址、品牌任意一项作为查询条件。

模块的处理：

第一步：根据用户输入的查询条件在商品信息表中查找该商品的记录是否存在，如果不存在则给出错误提示；否则进入第二步。

第二步：用户点击"购买"，页面切换到订单信息。点击"修改"可改变订购商品的数量。如数量大于库存数量，则提示商品数量不足，不予修改；否则改为用户所需的数量，进入第三步。

第三步：用户点击"删除"可取消对应商品的订购，进入第四步。

第四步：如点击"撤销订单"则取消订单，返回首页。如点击"继续购物"则回到第一步。如点击"提交订单"则切换到订单详情并产生一个订单记录，进入第五步。

第五步：从商品信息表中减去订单中商品对应数量，在订单信息表中添加一条订单记录。

模块的输出：根据不同的内部处理，返回不同的提示给用户。

确认订单模块的PAD图如图2-68所示。

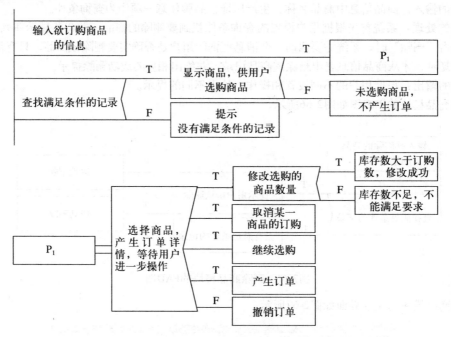

图2-68　确认订单模块的PAD图

确认订单模块的交互界面如图2-69所示。

图2-69　确认订单模块的交互界面

在交互界面中，除订购数量是由用户输入外，其余控件的内容是根据对应记录的字段值由系统自动填充的，在初始化界面时是不可编辑的。

（2）查看订单

该模块供会员和管理员查看订单及详情。会员只能查看自己的订单，管理员可以查看所有的订单。如无订单则给出提示，否则查找的结果显示在交互界面的列表框中。

模块的输入：用户欲检索的订单。

模块的处理：首先根据用户选择的订单，在订单信息表中查找是否有满足条件的记录。如果没有给用户相关提示，如果有，显示在列表框中。

模块的输出：根据查找的结果，给出不同的提示或结果显示。

查看订单模块的PAD图如图2-70所示。

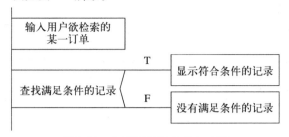

图2-70 查看订单模块的PAD图

查看订单模块的交互界面如图2-71所示。

图2-71 查看订单模块的交互界面

（3）修改订单

在订单的商品未发送之前，用户可以修改订单。

模块的输入：用户欲检索的订单。

模块的处理：在查看订单之后，系统显示订单信息。点击"修改"可以改变订单中商品的种类、数量，甚至可以取消订单，处理过程与确认订单模块类似。

模块的输出：根据用户的操作，将相应的结果返回给用户。

修改订单模块的PAD图和交互界面与确认订单模块相同。

（4）完成订单

该功能仅给管理员使用。用户提交订单，管理员根据订单配货并发送后，修改订单中的发送标志，完成订单。订单完成后，会员不能再修改或撤销订单。

模块的输入：订单商品已发送信息。

模块的处理：根据用户选择的订单，在订单信息表中查找是否有满足条件的记录。如果没有给用户相关提示，如果有，显示在列表框中。用户修改订单中的发送标志。

模块的输出：根据查找的结果，给出不同的提示或结果显示。

完成订单模块的PAD图如图2-72所示。

完成订单模块的交互界面如图2-73所示。

网上商城的其他功能和交互界面与前面的类似，这里不再赘述。对于上述的每个模块，考虑到系统与用户交互时可能出错，在下一章的编码实现中，都要加上相应的出错处理模块。

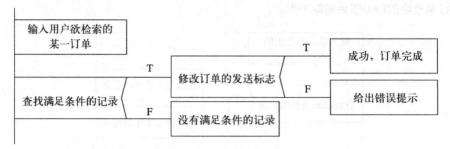

图2-72 完成订单模块的PAD图

图2-73 完成订单模块的交互界面

2.5 饭卡管理系统设计

2.5.1 总体设计

通过进一步理解需求分析文档，运用面向数据流的设计方法，得到饭卡管理系统的软件结构图，如图2-74所示，系统由持卡者信息管理、饭卡管理、饭卡消费记录管理以及系统用户登录构成。

结合软件设计中的高内聚和低耦合的标准以及相关的启发规则，得到改进后的软件结构图，如图2-75所示。

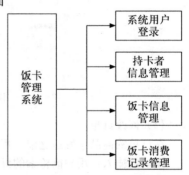

图2-74 饭卡管理系统的软件结构图

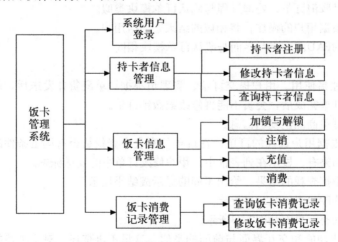

图2-75 饭卡管理系统的系统结构图

2.5.2 详细设计

根据前面总体设计的软件结构图，下面具体设计每个模块实现的方法和相关的交互界面。

1. 系统用户登录模块

系统用户登录模块是饭卡管理系统中最先使用的功能，它是进入整个系统的入口。本系统使用者应该具有不同的权限。为了区分这一不同的特征，登录模块就显得很必要了。考虑到本系统的特殊性，它提供了系统管理员、学生/教职工和刷卡服务员三种环境，限制用户对系统的使用权限，因此就有三种权限。

模块的输入：用户名和密码。

模块的处理：在登录模块中输入用户名和密码后，单击"登录"按钮进行登录。如果登录时没有输入用户名和密码，系统将提示出错。如果输入的用户名和密码与数据库信息不匹配，系统将拒绝该用户登录。如果登录成功，系统将根据登录用户的权限，分别跳转到对应的页面，提供对应的服务。

模块的输出：对于非法用户给出相应提示，对于合法用户，进入相应的界面。

系统用户登录模块的判定树如图2-76所示。

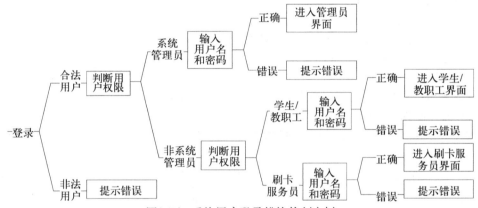

图2-76　系统用户登录模块的判定树

该模块的交互界面如图2-77所示。

2. 持卡者信息管理模块

（1）持卡者注册

所有的合法用户都能使用该模块。

该模块完成用户注册的过程，所有在校学生和教职工都能注册，并成为有效持卡者。

模块的输入：用户填写个人相关信息。

模块的处理：用户填完相关信息并点击了"确定"提交后，系统首先要检查该注册用户名是否已经存在于数据库中，如果是，系统会报错。如果不是，系统要检测用户名的书写是否合法，如果合法则将其作为一条记录添进持

图2-77　系统用户登录模块的交互界面

卡者信息表里，并给出相关提示；如果不合法，系统会准确地指出出错的地方供用户修改。

模块的输出：根据是否成功提交，给出相应的提示。

持卡者注册模块的判定树如图2-78所示。

图2-78　持卡者注册模块的判定树

该模块的交互界面如图2-79所示。

（2）修改持卡者信息

该模块可以给系统管理员和持卡者使用。

该模块主要负责修改持卡者的相关信息。持卡者可以修改自己的姓名、性别、电话和住址，其他的信息均不能修改。而系统管理员登录后可以修改每位持卡者的登录用户名、登录密码、姓名、性别、电话和住址，其他字段也是不可以修改的。

模块的输入：持卡者的卡号和需要修改字段的新值。

模块的处理：每位持卡者登录，在系统显示自己的信息后，点击"修改"按钮，可以看到不能修改的字段将呈灰色，在改好自己需要修改的信息后提交审核，这时，系统会弹出一个对话框询问是否真的修改，当得到肯定答复后，系统就检查是否成功修改，若是，就返回显示信息界面继续其余操作，否则要给出未作修改的提示。

图2-79　持卡者注册模块的交互界面

模块的输出：根据用户的不同操作，给出不同的提示界面。如果用户操作通过审核，就返回显示信息界面，否则给出出错提示。

修改持卡者信息模块的判定树如图2-80所示。

图2-80　修改持卡者信息模块的判定树

持卡者信息显示界面如图2-81所示。

修改持卡者信息模块的交互界面如图2-82所示。

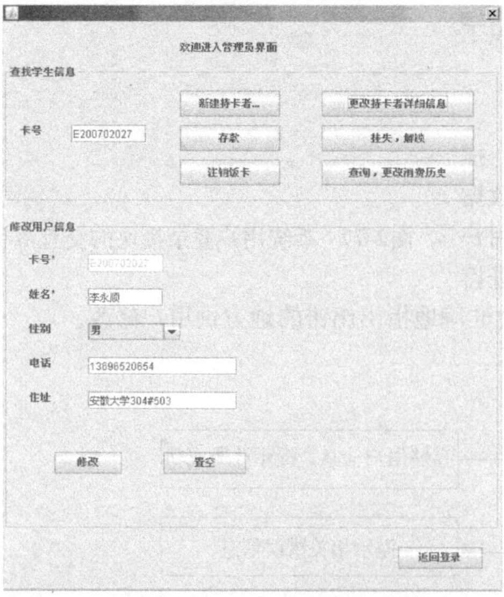

图2-81　持卡者信息显示界面 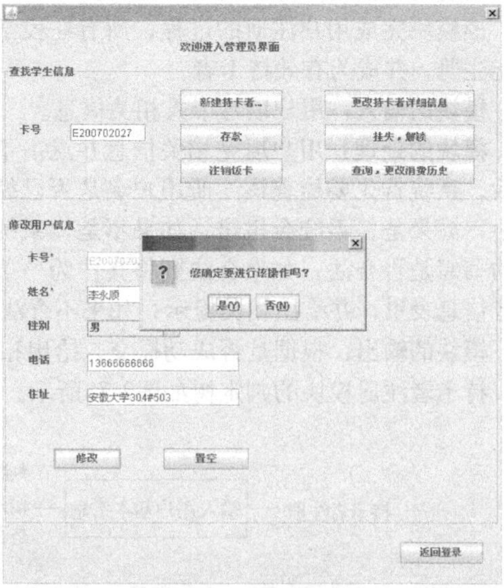　　　　　　　　图2-82　修改持卡者信息模块的交互界面

（3）查询持卡者信息

该模块只能给系统管理员使用。

由需求分析可知，本系统只需要提供"卡号"来进行查询，不需要提供根据其他字段的查询。用户输入自己的卡号进行查找就可以获得满足条件的查询结果。

模块的输入：用户输入"卡号"作为查询条件。

模块的处理：根据查询的条件从持卡者信息表中查找相应的记录，如果有满足条件的则显示该用户的信息，否则将给出错误提示。

模块的输出：根据不同的查找结果，给出不同的答复信息。

查询持卡者信息模块的判定树如图2-83所示。

图2-83 查询持卡者信息模块的判定树

该模块的交互界面如图2-84所示。

3. 饭卡信息管理模块

（1）加锁与解锁

该模块只能给系统管理员使用。

在本模块中，当用户的饭卡丢失时，立即告知系统管理员。挂失时由持卡者提供卡号，若忘记卡号，可以通过姓名来查询以得到卡号，计算机同时显示该持卡者姓名、卡号、性别、电话和住址，待系统管理员将这些和该持卡者核实无误后确认挂失。当持卡者找到自己的卡时，可以找系统管理员，待核实卡确实是该持卡者丢失的卡后解锁，保证持卡者继续使用此饭卡。

模块的输入：持卡者的卡号。

模块的处理：系统管理员根据卡号查找到持卡者信息，在对应界面上点击"挂失"按钮，立即弹

图2-84 查询持卡者信息模块的交互界面

出"您确定要锁定卡吗？"提示对话框，如果确定就完成冻结卡的任务。当用户找回自己的饭卡时，就要找系统管理员解锁，此时，同样找到要解锁的卡，执行"解锁"功能就可以恢复对此饭卡的使用。

模块的输出：根据管理员的不同操作，给出不同的提示界面。

加锁与解锁模块的判定树如图2-85所示。

该模块的交互界面如图2-86、图2-87、图2-88所示。

（2）注销

该模块只能给系统管理员使用。

本模块完成持卡者不再使用饭卡时退卡的过程。

模块的输入：持卡者的卡号。

模块的处理：系统管理员根据卡号查找，当找到要操作的某条记录时，点击"注销饭卡"后，实现退卡功能。

模块的输出：根据管理员的不同操作，给出不同的提示界面。

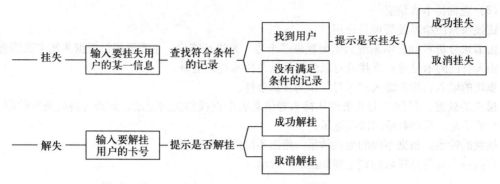

图2-85 加锁与解锁模块的判定树

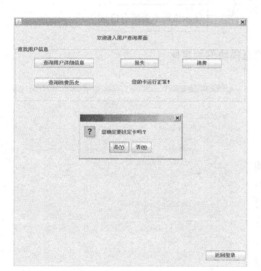

图2-86 加锁与解锁模块中的询问
挂失的交互界面

图2-87 加锁与解锁模块中的成功
挂失的交互界面

图2-88 加锁与解锁模块中的成功解挂的交互界面

注销模块的判定树如图2-89所示。

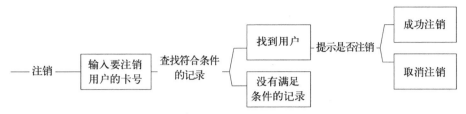

图2-89　注销模块的判定树

该模块的交互界面如图2-90所示。

（3）充值

该模块可以给系统管理员和持卡者使用。

本模块主要根据卡号对饭卡进行存款操作。

模块的输入：持卡者的卡号和即将存入卡的金额。

模块的处理：系统管理员按照此卡号，找到要存钱的卡号，然后点击"存款"按钮，在新弹出的对话框的相应文本框里输入要存的金额，再执行"充值"命令，此时弹出"您确定要进行该操作吗"提示对话框，若存，就点击"是"，否则点击"否"。

模块的输出：根据不同的处理，返回不同的提示。

图2-90　注销模块的交互界面

充值模块的判定树如图2-91所示。

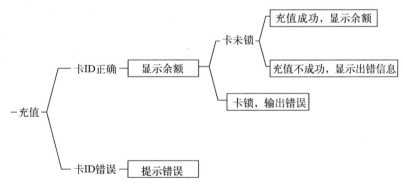

图2-91　充值模块的判定树

该模块的交互界面如图2-92、图2-93所示。

（4）消费

该模块可以给刷卡服务员和持卡者使用。

本模块主要完成持卡者消费刷卡后卡上金额的历史变动功能。这里需要注意的是，饭卡上减去的金额数目由刷卡服务员输入。

模块的输入：持卡者的卡号和消费的金额。

模块的处理：由持卡者刷卡，系统识别到对应的饭卡并显示此饭卡当前的余额，再由刷卡服务员在对应的文本框处输入此持卡者当前消费的金额，再点击"消费"按钮，此时就从原余额中减去消费的金额，显示本次消费后的余额。

图2-92　充值模块的交互界面1　　　　　　　图2-93　充值模块的交互界面2

模块的输出：显示消费后的金额的提示框。

消费模块的判定树如图2-94所示。

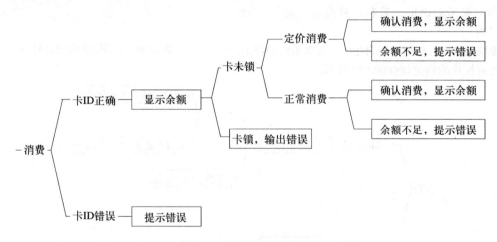

图2-94　消费模块的判定树

该模块的交互界面如图2-95、图2-96所示。

4. 饭卡消费记录管理模块

（1）查询饭卡消费记录

该模块可以供系统管理员和持卡者使用。

由需求分析可知，本系统只需要提供"卡号"来进行查询。用户输入自己的卡号并执行"查询消费历史"功能，就可以查找到过去所有的消费记录，还可以通过选择具体的消费时间段来查找该时间段的消费情况。

模块的输入：用户输入"卡号"作为查询条件。

模块的处理：根据查询的条件从持卡者信息表中查找相应的记录，如果有满足条件的，点击"查询消费历史"则显示该用户的消费历史信息，否则将给出错误提示。

模块的输出：根据不同的查找结果，给出不同的答复信息。

查询饭卡消费记录模块的判定树如图2-97所示。

图2-95　消费模块的交互界面1　　　　图2-96　消费模块的交互界面2

图2-97　查询饭卡消费记录模块的判定树

该模块的交互界面如图2-98所示。

（2）修改饭卡消费记录

该模块只能给系统管理员使用。

该模块主要负责修改持卡者的消费信息。需要提醒的是，需在确定了要修改的消费记录确实有误的情况下才能改动。

模块的输入：持卡者的卡号和需要修改字段的新值。

模块的处理：系统管理员输入要修改消费信息的持卡者卡号，核实要修改的记录有错误后选中此条记录，再点击"查询，更改消费历史"，接着改好自己需要修改的信息后提交审核。这时，系统会询问是否真的要修改，当得到肯定答复后，系统就检查是否成功修改，若是，就返回消费信息显示界面，否则要给出未修改的提示。

图2-98　查询饭卡消费记录模块的交互界面

模块的输出：根据用户的不同操作，给出不同的提示界面。如果用户操作通过审核，就返回消费信息显示界面，否则显示出错提示。

修改饭卡消费记录模块的判定树如图2-99所示。

该模块的交互界面如图2-100所示。

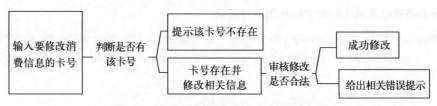

图2-99　修改饭卡消费记录模块的判定树

图2-100　修改饭卡消费记录模块的交互界面

2.6　面向对象设计

2.6.1　概述

　　面向对象设计就是将面向对象分析的问题域分析模型转换为符合成本和质量的域设计模型。如图2-101所示，该阶段包括系统设计和对象设计。系统设计确定实现系统的策略，进行系统架构设计、人机界面设计、数据设计和模块设计；对象设计确定设计模型中的类、关联、接口和现实服务的算法。面向对象设计与面向对象分析是一个多次反复迭代的过程，二者界限模糊。

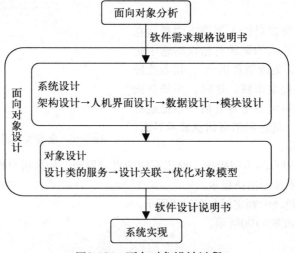

图2-101　面向对象设计过程

2.6.2 研究生培养管理系统结构设计

研究生培养管理系统采用Internet技术，客户端通过Web方式进行信息的发布和获取。软件架构采用浏览器/服务器方式。客户端采用JavaScript网络编程语言编写，其脚本程序简单易用、灵活性强，可以控制整个Web页面。基于JavaScript的用户界面为用户所熟悉，因此，我们选择JavaScript来编写基于HTML的客户端应用程序，完成客户与服务器间的参数传递，在浏览器中解释执行。设计时考虑访问权限，对不同权限级别显示相应的内容。Web网络服务器向用户提供业务服务，应用服务器处理Web服务器转发的请求进行业务处理。我们基于SQL Server 2005数据库平台搭建研究生学位管理数据库。

如图2-102所示，本系统采用面向对象的三层体系结构，即表示层、业务逻辑层和数据访问层。这种三层体系结构是在客户端与数据库之间加入了一个中间层，应用程序将业务规则、数据访问、合法性校验等工作放到了中间层进行处理。通常情况下，客户端不直接与数据库进行交互，而是通过COM/DCOM通信与中间层建立连接，再经由中间层与数据库进行交换。表示层主要表示成Web方式，也可以表示成WINFORM方式；业务逻辑层主要是针对具体的问题的操作，也可以理解成对数据访问层的操作，对数据进行逻辑处理；数据访问层主要是对原始数据（数据库或者文本文件等存放数据的形式）的操作，为业务逻辑层或表示层提供数据服务。如果业务逻辑层相当强大和完善，无论如何定义和更改表示层，业务逻辑层都能完善地提供服务。

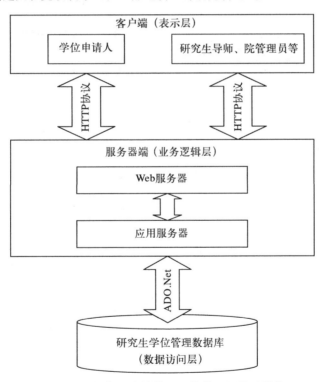

图2-102　研究生培养管理系统的三层体系结构

2.6.3 模块及人机界面设计

根据系统的功能需求模型，将系统按参与者划分为不同的模块，如图2-103所示，学位申请人对应申请基本信息、课程学习信息、学位论文信息、评阅专家信息、答辩委员信息、查看专家资格审批结果、录入论文评阅和答辩结果、查看论文答辩情况、打印答辩材料、申请毕业学位；研究生导师对应填写学术评语、审核论文评阅专家和答辩专家资格；学科点负责人对应审核论文评阅专家和答辩专家资格、审核答辩情况；院管理员对应审核课程成绩、审核论文评阅专家和答辩专家资格；校管理员对应导入申请人信息、抽查送审论文、录入论文送审结果、最终审核学位申请。

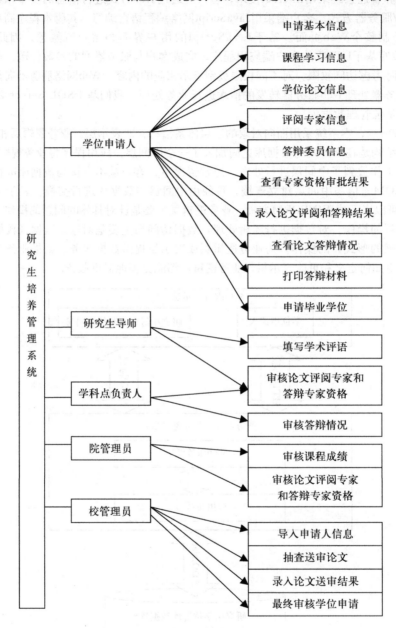

图2-103 系统功能结构图

本系统开发的目的是实现学位申请人在线远程提交申请及院系、研究生部答辩资格审查网络化，以提高工作效率，所以系统的人机交互界面都是以Web页面形式呈现。下面给出主要的功能界面和设计说明。

1. 申请基本信息

其功能界面如图2-104所示。

初始化：用户进入该界面，页面显示需要学位申请人录入的个人申请信息。

输入：学生的基本信息，包括姓名、性别、民族、国别、籍贯、身份证号/军官证、政治面貌、所在院系、专业、导师姓名、学习方式、学位类别等。

处理：进行验证后，提交系统。

输出：提示用户是否成功提交。

图2-104　申请基本信息功能界面

2. 课程学习信息

其功能界面如图2-105所示。

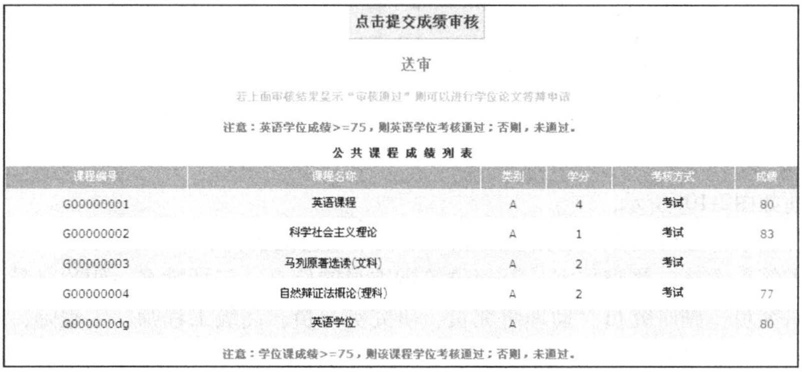

图2-105　课程学习信息功能界面

初始化：页面显示已经导入的学位申请人的课程成绩，包括公共课程成绩、专业课程成绩和选修课程成绩。

输入：学位申请人核实自己的成绩，确定后点击"点击提交成绩审核"。

处理：系统确认用户操作，提交课程成绩给院管理员审核。

输出：提示用户课程成绩是否成功提交。

3. 学位论文信息

其功能界面如图2-106所示。

初始化：页面显示需要学位申请人录入的学位论文信息。

输入：需要学位申请人录入在读期间发表学术论文及获奖情况，代表性学术论文或编、译著，典型性的科研成果获奖情况，硕士学位论文相关信息。

处理：系统保存用户提交的学位论文信息。

输出：返回系统保存结果，提示是否成功提交。

4. 评阅专家信息

其功能界面如图2-107所示。

初始化：加载录入三位论文评阅专家和论文送审时间界面。

输入：录入至少2位最多3位论文评阅专家的信息，包括姓名、职称（教授、副教授、讲师、助教、研究员、副研究员、助理研究员、研究实习员、高级工程师、工程师、助理工程师、技术员、高级经济师、经济师、助理经济师、经济员、高级会计师、会计员、高级编辑、其他）、专业特长、导师类别（院士、博导、硕导、无）、工作单位和论文送审时间。

处理：点击"提交评阅专家信息"后，系统保存评阅专家信息和论文送审时间。

输出：返回系统保存结果，提示是否成功提交。

图2-106　学位论文信息功能界面 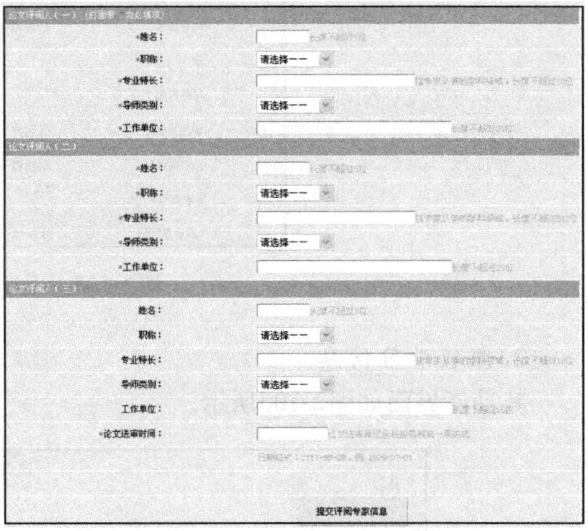　　　　　　图2-107　评阅专家信息功能界面

5. 答辩委员信息

其功能界面如图2-108所示。

初始化：加载录入答辩主席、答辩委员和答辩秘书信息的页面。

输入：录入答辩主席、答辩秘书、2至4位答辩委员的信息，包括姓名、职称（教授、副教授、讲师、助教、研究员、副研究员、助理研究员、研究实习员、高级工程师、工程师、助理工程师、技术员、高级经济师、经济师、助理经济师、经济员、高级会计师、会计员、高级编辑、其他）、专业特长、导师类别（院士、博导、硕导、无）、工作单位。

处理：点击"提交答辩委员信息"后，系统保存答辩委员信息。

输出：返回系统保存结果，提示是否成功提交。

6. 查看专家资格审批结果

其功能界面如图2-109所示。

初始化：显示该学位申请人的论文评阅专家和答辩委员资格审查结果，资格审查显示研究生指导教师、学科点评定分会、院学位评定分会和学校学位办公室的审核结果，审核结果为"待审核"和"审核通过"。

输入：无。

处理：无。

输出：无。

7. 录入论文评阅和答辩结果

其功能界面如图2-110所示。

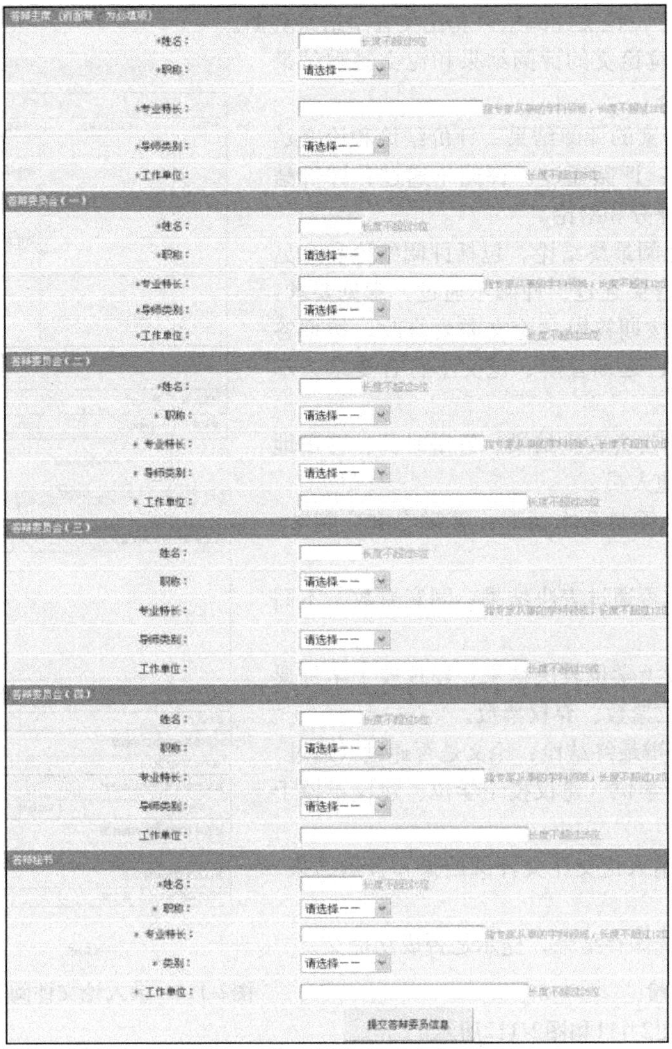

图2-108　答辩委员信息功能界面

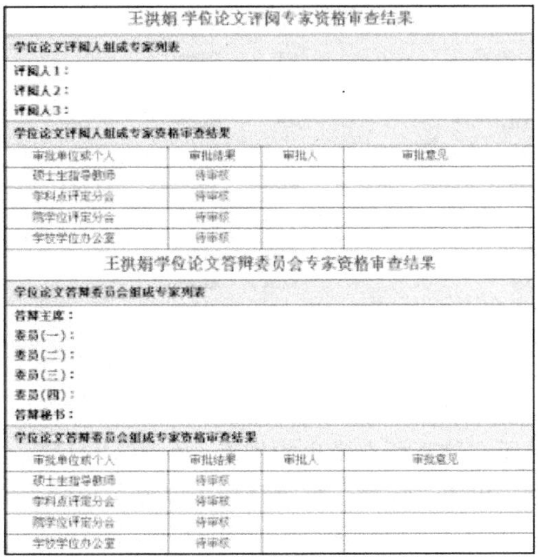

图2-109　查看专家资格审批结果功能界面

初始化：加载学位论文评阅结果和论文答辩结果界面。

输入：输入学位论文的评阅结果和论文答辩结果情况，具体描述如下：

1）论文评阅专家的评阅结果、评价结论和论文送审时间；评阅结果：评阅通过、评阅不通过；评价结论：质量、等级、评分和结论。

2）学位论文评阅最终结论，包括评阅结论和意见要求。评阅结论：评阅通过、评阅不通过，意见要求：论文不需要修改，按期答辩；论文需要修改，按期答辩；论文需要修改，延期答辩；论文不符合要求，不予答辩。

3）论文答辩委员会表决结果、答辩时间、答辩地点、参加人员、其他人员。

4）答辩委员会委员基本情况：答辩专家应到数、答辩专家实到数。

5）论文答辩是否通过表决结果：同意票数、不同意票数、弃权票数。

6）是否建议授予学位表决结果：建议授予学位票数、建议不授予学位票数、弃权票数。

7）学位论文答辩最终结论：论文是否通过（通过、不通过）、是否授予学位（建议授予学位、建议不授予学位）。

处理：学位申请人提交论文评阅结果和答辩结果，系统保存信息。

输出：返回系统保存结果，提示是否成功提交。

8．审核课程成绩

其功能界面如图2-111和图2-112所示。

图2-110　录入论文评阅和答辩结果功能界面

图2-111　审核课程成绩之主界面

初始化：加载院管理员所在院系所有学生的列表，如图2-111所示，并显示审查结果为：待审核、审核通过、审核不通过。单击"成绩"超级链接可以显示该学生的所有成绩清单，如图2-112所示。

输入：可以选择部分学生或者选择全部学生，然后单击"选中审查通过"按钮，将学生课程成绩状态置为"审核通过";否则单击"选中审查不通过"按钮，将学生课程成绩状态置为"审核不通过"。审核课程成绩的活动图如图2-113所示。

注意：英语学位成绩>=75，则英语学位考核通过；否则，未通过。

公共课程成绩列表

课程编号	课程名称	类别	学分	考核方式	成绩
G00000001	英语课程	A	4	考试	89
G00000002	科学社会主义理论	A	1	考试	82
G00000003	马列原著选读(文科)	A	2	考试	
G00000004	自然辩证法概论(理科)	A	2	考试	86
G000000dg	英语学位	A			89

注意：学位课程成绩>=75，则该课程学位考核通过；否则，未通过。

专业课程成绩列表

课程号	课程名称	类别	学分	考核方式	成绩
S0701__01	分析学	B	3	考试	79
S0701__02	代数学	B	3	考试	90
S0701__03	几何学	B	3	考试	75
S0701__04	代数数论	C	3	考试	90
S0701__05	局部域	C	3	考试	92
S0701__37	生物信息学	D	2	考查	92
S0701__38	域与伽罗华理论	D	3	考查	93
S0701__39	现代数论的经典引论	D	3	考查	93
S0701__40	代数曲线	D	3	考查	93

图2-112　审核课程成绩之成绩界面

处理：系统初始化，将所有学生的审查结果置为"待审核"，院管理员查看课程成绩，决定审核通过或者审核不通过。

输出：显示院管理员操作结果，修改院系审核结果为审核通过或审核不通过。

9. 审核论文评阅专家资格

其功能界面如图2-114和图2-115所示。

初始化：加载院管理员所在院系的学生列表，并显示审核结果，如图2-114所示。

输入：院管理员点击"审查"超级链接，可以查看该学生所有的论文评阅专家信息，审核论文评阅专家信息后，选择审查意见：同意、不同意，填写审核人姓名。

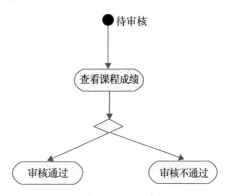

图2-113　审核课程成绩的活动图

	学号	姓名	专业	院系审查结果	审查评阅专家资格
☐	230827197909093420	崔冬玲	应用数学	待审核	审查
☐	340323198001032828	赵娟	应用数学	待审核	审查
☐	340621197304126919	赵冬	应用数学	待审核	审查
☐	340824198010226820	马小霞	应用数学	待审核	审查
☐	A200602001	杨丹	基础数学	待审核	审查
☐	A200602002	李江华	基础数学	待审核	审查
☐	A200602003	蔡改香	基础数学	待审核	审查
☐	A200602004	张环环	基础数学	待审核	审查
☐	A200602005	蒋秀梅	基础数学	待审核	审查
☐	A200602007	石仁祥	基础数学	待审核	审查

1 2 3 4 5 6 7 8 9

全部选中　选中审查通过　选中审查不通过

图2-114　审核评阅专家资格之主界面

处理：系统初始化，将所有学生的审查结果置为"待审核"，院管理员查看论文评阅专家后，给出审查意见和审核人姓名，系统保存审核结果，并刷新该学生的院系审核结果。

图2-115　审核评阅专家资格之论文评阅专家界面

输出：系统保存审核结果，并刷新该学生的院系审核结果。

10. 抽查送审论文

其功能界面如图2-116所示。

初始化：加载抽查学院列表以及抽查条件，例如，学号尾号为0的或者学号隔5抽取。

输入：校管理员可以选择待抽查的院系，然后选择抽查条件，生成抽查的学生名单。

处理：系统对某院系的学生，按照一定的条件，选择符合条件的学生名单。

输出：显示符合条件的某院系的送审论文学生名单。

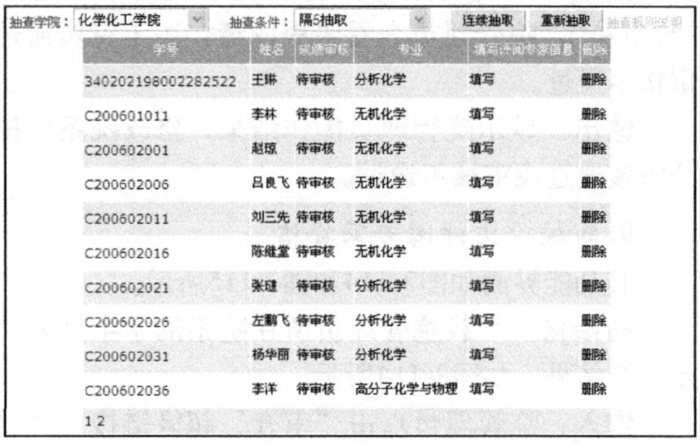

图2-116　抽查送审论文功能界面

2.6.4　数据设计

这里采用UML类图进行数据类的设计。与E-R图相比，UML类图的描述能力更强，可看作是E-R图的扩充。对于关系数据库来说，可以用类图描述数据库模式，用类描述数据库表，用类的操作来描述触发器和存储过程。图2-117是数据类之间的关系图。

对应的9张表如表2-6～表2-14所示。

表2-6　学位申请人 DegreeApplicant

字段名称	数据类型	中文名称	取值
degreeApplicantNo	varchar(100)	学位申请人编号	按照学校规定取值
degreeApplicantName	varchar(100)	姓名	
sex	char(2)	性别	'男'、'女'
degreeClass	varchar(100)	学位类别	'硕士'、'博士'
department	varchar(100)	所在院系	

（续）

字段名称	数据类型	中文名称	取值
speciality	varchar(100)	所学专业	
research	varchar(100)	研究方向	
tutorNo	varchar(100)	指导老师编号	
isDegree	char(2)	是否授予学位	'是'、'否'
nationality	varchar(100)	民族	
place	varchar(100)	籍贯	
studyMode	varchar(100)	学习方式	'脱产'、'在职'
recruitClass	varchar(100)	录取类别	'定向'、'委培'

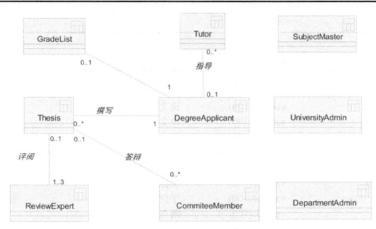

图2-117 数据类之间的关系图

表2-7 课程成绩 GradeList

字段名称	数据类型	中文名称	取值
gradeListNo	varchar(100)	课程成绩编号	
degreeApplicantNo	varchar(100)	学位申请人编号	
courseName	varchar(100)	课程名	
courseType	varchar(100)	课程类型	'学位必修课'、'学位选修课'
examType	varchar(100)	考核方式	'考试'、'考查'
grade	float	成绩	
status	varchar(100)	状态	'待提交'、'待审核'、'未通过审核'、'通过审核'等

表2-8 导师Tutor

字段名称	数据类型	中文名称	取值
tutorNo	varchar(100)	导师编号	
tutorName	varchar(100)	姓名	
sex	char(2)	性别	'男'、'女'
tutorType	char(4)	导师类别	'硕导'、'博导'
professionalTitle	varchar(100)	职称	'院士'、'教授'等
degree	varchar(100)	学位	'硕士'、'博士'
department	varchar(100)	所在单位	
speciality	varchar(100)	所在专业	
research	varchar(100)	研究方向	

表2-9 学位论文 Thesis

字段名称	数据类型	中文名称	取值
thesisNo	varchar(100)	论文编号	
degreeApplicantNo	varchar(100)	作者编号	学位申请人的学号
chineseTitle	varchar(500)	论文中文题目	
englishTitle	varchar(500)	论文英文题目	
chineseAbstract	varchar(1000)	中文摘要	
englishAbstract	varchar(1000)	英文摘要	
chineseKeywords	varchar(100)	中文关键词	
englishKeywords	varchar(100)	英文关键词	
creativeIdea	varchar(2000)	创新点	
file	varchar(1000)	论文文件	论文文件的存放路径

表2-10 论文评阅专家 ReviewExpert

字段名称	数据类型	中文名称	取值
reviewExpertNo	varchar(100)	论文评阅专家编号	
thesisNo	varchar(100)	论文编号	
name	varchar(100)	姓名	
sex	char(2)	性别	'男'、'女'
tutorType	char(4)	导师类别	'硕导'、'博导'
professionalTitle	varchar(100)	职称	'院士'、'教授'等
degree	varchar(100)	学位	'硕士'、'博士'
department	varchar(100)	所在单位	
speciality	varchar(100)	所在专业	
research	varchar(100)	研究方向	
restultByTutor	varchar(100)	导师资格审查结果	'同意'、'不同意'
restultByDepartmentAdmin	varchar(100)	院管理员资格审查结果	'同意'、'不同意'
restultBySubjectMaster	varchar(100)	学科负责人资格审查结果	'同意'、'不同意'

表2-11 答辩委员 CommiteeMember

字段名称	数据类型	中文名称	取值
commiteeMemberNo	varchar(100)	答辩委员编号	
thesisNo	varchar(100)	论文编号	
name	varchar(100)	姓名	
sex	char(2)	性别	'男'、'女'
tutorType	char(4)	导师类别	'硕导'、'博导'
professionalTitle	varchar(100)	职称	'院士'、'教授'等
degree	varchar(100)	学位	'硕士'、'博士'
department	varchar(100)	所在单位	
speciality	varchar(100)	所在专业	
research	varchar(100)	研究方向	
isChairman	char(2)	是否答辩主席	'是'、'否'
restultByTutor	varchar(100)	导师资格审查结果	'同意'、'不同意'
restultByDepartmentAdmin	varchar(100)	院管理员资格审查结果	'同意'、'不同意'
restultBySubjectMaster	varchar(100)	学科负责人资格审查结果	'同意'、'不同意'

表2-12 学科点负责人 SubjectMaster

字段名称	数据类型	中文名称	取值
subjectMasterNo	varchar(100)	导师编号	
subjectMasterName	varchar(100)	姓名	
sex	char(2)	性别	'男'、'女'
professionalTitle	varchar(100)	职称	'院士'、'教授'等
degree	varchar(100)	学位	'硕士'、'博士'
department	varchar(100)	所在单位	
speciality	varchar(100)	所在专业	
research	varchar(100)	研究方向	
subject	varchar(100)	负责学科	

表2-13 院管理员DepartmentAdmin

字段名称	数据类型	中文名称	取值
departmentAdminNo	varchar(100)	院管理员编号	
departmentAdminName	varchar(100)	院管理员姓名	
department	varchar(100)	所在院系	

表2-14 校管理员UniversityAdmin

字段名称	数据类型	中文名称	取值
universityAdminNo	varchar(100)	校管理员编号	
universityAdminName	varchar(100)	校管理员姓名	
administrantArea	varchar(100)	所在管理部门	

2.6.5 对象设计

对象设计就是进一步扩充、完善和细化面向对象分析模型。

根据面向对象分析阶段的对象模型进行对象设计，如图2-118所示。

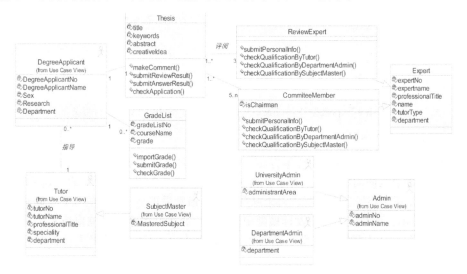

图2-118 系统的对象设计模型

1. 设计类的服务

面向对象分析中的对象模型只包含关键的服务，而在该阶段需要综合考虑功能模型、对象模型和动态模型，才能正确确定类的服务。设计者可以根据动态模型中的行为和功能模型中的用例描述确定类的服务，然后设计实现服务的数据结构和算法，主要是选择能正确描述信息的逻辑结构和相应的能够高效实现算法的物理结构。设计的算法应该是高效的、易于理解的和易于扩展的。

这里采用活动图表示设计类的服务，主要是课程成绩GradeList类的checkGrade()服务和论文评阅专家ReviewExpert类的checkQualificationBySubjectMaster()服务。

如图2-119所示，GradeList类的checkGrade()服务根据对象的当前状态status，如果是"待审核"，则修改对象的状态status为"通过审核"或者"未通过审核"；否则结束。

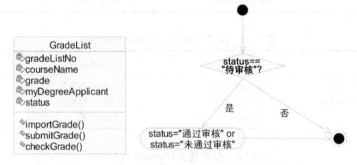

图2-119　GradeList类及其checkGrade()服务的活动图

如图2-120所示，ReviewExpert类的checkQualificationBySubjectMaster()服务根据对象的导师资格审核结果resultByTutor和院管理员资格审核结果resultByDepartmentAdmin，如果都是"同意"，则修改对象的学科点负责人资格审核结果resultBySubjectMaster为"同意"或者"不同意"；否则结束。

图2-120　ReviewExpert类及其checkQualificationBySubjectMaster()服务的活动图

2. 设计关联

设计关联就是确定实现关联的具体方法，主要有单向遍历和双向遍历两种方式来访问关联。许多情况下，都需要双向遍历关联。对于单向关联，如果关联的重数是一元的，则采用指针实现，如果是多元的，则采用指针集合实现。对于双向关联，通常采用易于修改的独立关联对象来实现。

如图2-118所示，在系统的对象设计模型中，存在以下关联关系：学位申请人和导师、学位申请人和论文、学位申请人和课程成绩、论文和论文评阅专家、论文和答辩委员。上述关联关系采用指针或指针集合方式实现。

如图2-121所示，学位申请人和导师的关联关系，通过在类DegreeApplicant中增加指向类Tutor对象的指针属性myTutor，以及在类Tutor中增加指向类DegreeApplicant对象的指针集合属性myDegreeApplicants实现。学位申请人和论文的关联关系，通过在类DegreeApplicant中增加指向类

Thesis对象的指针属性myThesis，以及在类Thesis中增加指向类DegreeApplicant对象的指针属性myDegreeApplicant实现。学位申请人和课程成绩的关联关系，通过在类DegreeApplicant中增加指向类GradeList对象的指针属性myGradeList，以及在类GradeList中增加指向类DegreeApplicant对象的指针属性myDegreeApplicant实现。

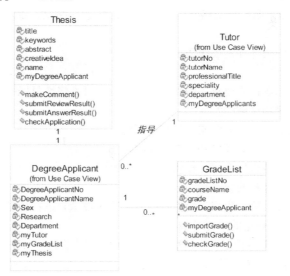

图2-121　学位申请人与导师、论文和课程成绩之间的关联关系实现

如图2-122所示，论文和论文评阅专家之间的关联关系，通过在类Thesis中增加指向类ReviewExpert对象的指针集合属性myReviewExperts，以及在类ReviewExpert中增加指向类Thesis对象的指针集合属性myThesises实现。论文和答辩委员之间的关联关系，通过在类Thesis中增加指向类CommiteeMember对象的指针集合属性myCommiteeMembers，以及在类CommiteeMember中增加指向类Thesis对象的指针集合属性myThesises实现。

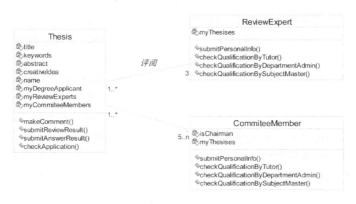

图2-122　论文与论文评阅专家和答辩委员之间的关联关系实现

3. 优化对象模型

主要是从效率和清晰角度优化对象模型，提高效率和调整继承关系。增加派生属性和派生关联可以提高访问效率。应进一步采用抽象与具体的方法来优化继承关系，建立合理的、易于理解的类继承结构，以实现代码共享、减少冗余。

2.7　评价标准

设计评价是对一项设计进行正式的、按文件规定的、系统的评估活动，由不直接涉及开发工作的人员执行。设计评价可采用向设计组提建议或帮助的形式，或就设计是否满足客户所有要求进行评估。在产品开发阶段通常进行多次设计评价。

一旦设计结束，且原型样机已被检验，就由一个指定的小组承担一次综合性设计评审以证实该原型样机是否全部满足客户阐明的和暗示的要求。设计评审组可包括其他功能组的人员，例如营销、制造、质量保证部，他们有资格从各自角度对设计进行评论。设计评审应对有关的问题给予预先考虑，例如：

1）该设计满足产品的全部规定或服务要求吗？

2）考虑安全了吗？

3）该设计满足功能和运行的要求，即性能、可靠性、可维修性目标吗？

4）选择了合适的材料和设施吗？

5）材料和元器件或服务的要素的兼容性有保证吗？

6）该设计能满足全部预期的环境和负载条件吗？

7）元器件或服务要素是否标准化，提供了互换性吗？

8）包装设计与产品或客户的要求相一致吗？

9）就设计实施（例如采购、生产、检查和检验、适应技术）进行计划了吗？

10）能顺利实现公差和规定的性能等级吗？

11）使用计算机进行辅助设计了吗？模型或分析有相应的检验软件（和它的技术状态控制）吗？

12）软件的输入和输出有相应的验证和文件吗？

13）在设计过程期间是否推断出其有效性？

从系统设计的两大阶段来看，对总体设计进行评价的内容有：1）总体设计说明书是否与软件需求说明书的要求一致；2）总体设计说明书是否正确、完整、一致；3）系统的模块划分是否合理；4）接口定义是否明确；5）文档是否符合有关标准规定。对详细设计进行评价的内容有：1）详细设计说明书是否与总体设计说明书的要求一致；2）模块内部逻辑结构是否合理，模块之间的接口是否清晰；3）数据库设计说明书是否完全，是否正确反映详细设计说明书的要求；4）测试是否全面、合理；5）文档是否符合有关标准规定。

整个软件设计阶段评价的内容包括：1）可追溯性：分析该软件的系统结构、子系统结构，确认该软件设计是否覆盖了所有已确定的软件需求，软件每一成分是否可追溯到某一项需求；2）接口：分析软件各部分之间的联系，确认该软件的内部接口与外部接口是否已经明确定义，模块是否满足高内聚和低耦合的要求，模块作用范围是否在其控制范围之内；3）风险：确认该软件设计在现有技术条件下和预算范围内是否能按时实现；4）实用性：确认该软件设计对于需求的解决方案是否实用；5）技术清晰度：确认该软件设计是否以一种易于翻译成代码的形式表达；6）可维护性：从软件维护的角度出发，确认该软件设计是否考虑了方便未来的维护；7）质量：确认该软件设计是否表现出良好的质量特征；8）各种选择方案：看是否考虑过其他方案，比较各种选择方案的标准是什么；9）限制：评估对该软件的限制是否现实，是否与需求一致；10）其他具体问题：对于文档、可测试性、设计过程等进行评估。

在这里需要特别注意：软件系统的一些外部特性的设计，例如软件的功能、一部分性能以及用户的使用特性等，在软件需求分析阶段就已经开始。这些问题的解决多少带有一些"怎么做"的性质，因此有人称之为软件的外部设计。

若设计阶段的13项要考虑的问题和10项评价内容都考虑到了，并且功能、性能设计正确，可以评为优秀。

若设计阶段要考虑的问题和评价内容80%都考虑到了，并且功能、性能设计基本正确，可以评为良好。

若设计阶段要考虑的基本功能和性能基本未考虑到，或者虽然考虑了但是不正确，则不予及格。

第 3 章
系统编码

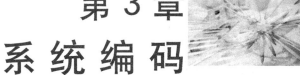

3.1 概述

软件工程的实施是指前面所说的各种系统设计报告通过审核后，把所设计的逻辑系统转化成实际可运行的物理系统的工作。这个阶段最主要的工作是，编写相关的程序代码，也就是通常所说的编码。

1. 编码简介

所谓编码，就是把系统设计的结果转变成计算机能够接收的代码。这是系统实施阶段的核心工作，合理的程序设计是系统质量得到保证的基础。

作为软件工程过程的一个阶段，编码是对设计的进一步具体化，因此从软件工程的角度来看，程序的质量主要取决于软件设计的质量。但是所选择的程序设计语言的特点以及编码的风格也将对程序的可靠性、可读性、可测试性、可维护性产生深远的影响。为了保证程序编码的质量，程序员必须深刻地理解、熟练地掌握并正确地运用程序设计语言的特性。

2. 程序设计语言的特性及选择

正如前文所述，编码的过程是把详细设计翻译成可执行的代码的过程，也是借助程序设计语言与计算机进行通信的过程。程序设计语言的种种特性必将影响编码的效率和质量，因此选择程序设计语言时必须考虑程序设计语言的心理特性以及工程特性等。

（1）程序设计语言的心理特性

程序设计语言的心理特性是指影响程序员心理的语言性能。从设计到编码的转换基本上都是人的活动，因此，语言的性能对程序员的心理影响将对转换产生重大影响。在维持现有机器的效率、容量和其他硬件限制的条件下，程序员总是希望选择简单易学、实用方便的语言，以减少程序的出错率，提高软件的可读性，从而提高用户对软件质量的可信度。影响程序员心理的语言特性有：一致性、二义性、紧致性、局部性、线性和传统性。

（2）程序设计语言的工程特性

程序设计语言的特性影响人们思考程序的方式，从而也限制了人们与计算机进行通信的方式。为了满足软件工程开发项目的需要，程序设计语言还应该考虑到语言的工程特性。它主要包括：将设计翻译成代码的便利程度、编译的效率、源代码的可移植性、开发工具的可利用性、软件的可重用性和可维护性。

为了开发某个特定的项目选择程序设计语言时，既要考虑到上述一些程序设计语言的特性，还要综合比较各种语言对于项目的适用程度以及实现的可能性，有时甚至要做出一定的折中。

在选择程序设计语言时，要从问题入手，确定问题的要求有哪些以及这些要求的相对重要性。由于一种语言不可能同时满足各种需求，所以要进行权衡，选择最适用的语言。通常考虑的因素有下面几个：

1）项目的应用领域。通常来说，它是选择语言的首要因素。选择程序设计语言可以从下面几个方面考虑：

• 科学工程计算。该计算需要大量的标准库函数，以方便进行复杂的数值计算。可供选择的语言有：Fortran、Pascal、C、PL/1等。

- 数据处理和数据库应用。可供选择的语言有COBOL、SQL、4GL（第四代语言）。
- 实时处理。实时处理的程序设计语言要有较高的响应性能，可供选择的语言有汇编语言、Ada语言。
- 系统软件。如果要编写系统软件，可选用C语言、汇编语言、Pascal、Ada等。
- 人工智能。如果要完成知识库系统、专家系统、决策支持系统、推理工程、语言识别、模式识别、机器人视觉等人工智能领域的系统，建议选择的语言是Lisp、Prolog。
- 商业领域：在此领域一般选择的语言是Cobol。
- 如果系统需要较好的用户交互界面，可以考虑使用某种可视化程序设计语言，比如VB、Delphi、VC等。

2）算法和数据结构的复杂性。在编码时，往往需要特别关注实现的性能和效率。从直觉来看，选择语言应该使代码运行尽可能快。但是使代码运行更快可能会伴随一些隐藏的代价，比如编写运行更快的代码会使用户理解和修改代码的代价变得更大，这些都是隐性的开销。因此，算法的执行时间只是整个编程代价的很小一部分。编程人员在选择语言时，必须综合考虑执行时间、设计质量以及客户需求，选出最合适该项目的语言。

在有些项目中，需要用到比较复杂的算法或者比较特殊的数据结构，在选择语言时要考虑该语言是否具有完成复杂计算的能力，是否具有构造复杂数据结构的能力。

3）用户的要求。如果用户对于系统的性能有一定的要求，在选择程序设计语言时要考虑到该语言是否具有相关的性能。另外，在不考虑其他因素影响的前提下，可以选择某种用户比较熟悉的语言，以方便后期用户的使用和维护。

4）可用的编译程序和软件工具。程序设计语言的选择，往往受到目标系统环境中提供的可用编译程序的限制。此外，如果某种语言有支持本项目开发的软件工具可以利用，则对于将来目标系统的实现和验证都将变得简单。

5）软件开发人员的知识水平。虽然对于一个有经验的程序设计人员来说，学习一种新语言并不困难，但是要完全掌握一种新的语言却需要一定的时间来实践。如果和其他要求不矛盾，应该选取一种程序设计人员熟悉的语言进行开发。

6）软件未来的移植性要求。如果所要实现的目标系统将可能在不同的平台上运行或预期的寿命很长，那就需要选择一种标准化程度高、程序可移植性好的语言作为候选。

3. 程序设计风格

为了保证软件的质量，要加强软件的测试；为了延长软件的生命周期，需要进行软件的维护。而不论是软件的测试还是软件的维护，都涉及阅读程序。同样的一个系统要求，同样的程序设计语言，有的人编写的程序清晰易懂，有的人编写的程序却晦涩难懂，这就存在一个程序设计风格的问题。

所谓程序设计风格，是指一个人在编制程序时所表现出来的特点、习惯及逻辑思路等。良好的编码风格可以减少编码的错误，提高程序的可读性，改善程序的质量。为此需要遵循下面的启发规则。

（1）源程序的文档化

1）标识符的命名应该按照其意义取名。名字不要太长，否则输入和书写都容易出错，必要时可以采用缩写名称，但是缩写规则要一致。

2）程序应该加注释。注释作为程序设计人员和读者之间沟通的重要工具，绝不是可有可无的。在一些规范的程序文本中，注释约占整个源程序的1/3。注释通常可分为序言性注释和功能性注释。需要说明的是，无论是哪种注释，一般修改了程序都需要同步相应的注释。

3）源程序的视觉组织上要清晰易懂。可以合理地运用空格、空行、缩进等技巧来安排格式以增强理解。

（2）源程序的数据说明

为了使程序中的数据说明更易于理解和维护，可以采用下面的设计风格：数据说明的顺序应该规范化，语句中变量的安排应该有序化，对于复杂的数据结构应该加上注释说明。

（3）源程序的语句构造

众所周知，编码阶段的工作就是书写程序语句。在书写语句时，首先要保证清晰正确，然后才考虑实现的效率。也就是说，不能为了片面地追求效率而使代码复杂化。为此一般需要做到：不要在一行写多个语句；不要使用过于复杂的判定条件；避免多种循环嵌套；表达式中使用括号以提高运算次序的清晰度等。

（4）程序的输入输出

输入输出信息是和用户的使用直接相关的。输入输出的方式和格式应该尽可能地方便用户的使用。因此，在需求分析阶段和软件设计阶段就要考虑到输入输出的风格。在很多场合中，一个系统能否被用户接受，很大程度上取决于输入输出的风格。为此，在编码时需要考虑以下规则：

1）对所有的输入数据都进行检验，以保证每个数据都是有效的。

2）检查输入项的各种重要组合的合法性和有效性，报告必要的输入状态和信息及错误信息。

3）当输入一批数据时，使用数据或文件结束标志，而不要用计数来控制。

4）当在以交互式方式进行输入时，要在屏幕上使用提示符明确地提示交互输入的请求，指明可以使用的选择项的种类和取值范围，同时在数据的输入过程中和输入结束时，也要在屏幕上给出状态信息。

5）当程序设计语言对于输入输出格式有严格的要求时，应该保证输入输出格式的一致性。

6）在输入数据时，应允许使用自由格式输入，并应允许默认值。

7）对于交互式系统来说，应该尽可能地使用户的输入步骤和操作简单，并保持简单的输入格式。

8）给所有的输出加注释，并设计良好的输出报表格式。

（5）实现的效率

这里的效率指的是处理时间和存储空间的使用状况，对于效率的追求应该明确以下几点：

1）效率是一个性能要求，其目标需要在分析阶段给出。

2）追求效率应该建立在不损害程序的可读性和可靠性的基础上，要先使程序正确清晰，再提高程序的效率。

3）需要说明的一点是：提高程序设计效率的根本途径在于选择良好的设计方法、良好的数据结构和算法，而不能仅仅靠编程时调整程序语句。

3.2 期刊管理系统编码

本系统用Microsoft Visual C# .NET实现。

3.2.1 系统登录

图3-1 系统登录界面

1. 系统登录

系统登录界面如图3-1所示。

```
DataOper dp = new DataOper();
        string st = "select * from Use where name='" + this.textBox1.Text + "'";
        DataSet ds = dp.getData(st);
        if (ds.Tables[0].Rows.Count == 0)
            MessageBox.Show("该用户名不存在，请重新输入用户名！");
        else
        {
            if (this.textBox2.Text != ds.Tables[0].Rows[0]["pwd"].ToString())
```

```
                    MessageBox.Show("密码错误！");
                else
                {
                    if (int.Parse(ds.Tables[0].Rows[0]["isadmin"].ToString()) == 0)
                    {
                        Reader read = new Reader(this.textBox1.Text,  0);
                        read.Show();
                            this.Visible = false;
                    }
                    else
                    {
                        Reader read = new Reader(this.textBox1.Text,  1);
                        read.Show();
                        this.Visible = false;
                    }
                }
            }
            ds.Dispose();
            dp.close();
```

2. 退出系统

```
this.Close();
```

3. 密码修改

密码修改界面如图3-2所示。

图3-2　密码修改界面

```
if (this.comboBox1.Text != "" && this.textBox2.Text != "")
    {
        DataOper dp = new DataOper();
        string st = "select * from Use where name='" + this.comboBox1.Text + "'";
        DataSet ds = dp.getData(st);
        if (ds.Tables[0].Rows.Count == 0)
        {
            MessageBox.Show(" 该用户名不存在！");
        }
        else
        {
            if (this.radioButton1.Checked)
        {
        string st1 = "update Use set pwd='" + this.textBox2.Text + "',isadmin='0' where
name='" + this.comboBox1.Text + "'";
            int i = dp.UpdateData(st1);
            if (i == 1)
            {
                MessageBox.Show("修改成功！");
            }
            dp.close();
        }
        else
        {
        string st1 = "update Use set pwd='" + this.textBox2.Text + "',
            isadmin='1' where name='" + this.comboBox1.Text + "'";
        int i = dp.UpdateData(st1);
        if (i == 1)
        {
            MessageBox.Show("修改成功！");
        }
        dp.close();
        }
    }
}
```

```
else
{
    MessageBox.Show("请输入用户名和密码！");
}
```

3.2.2 读者功能模块

这是面向读者的菜单，普通用户经授权可以具有这一操作权限。进入用户界面时，只能使用期刊的查询功能。如图3-3所示。

1. 个人借阅查询

个人借阅查询界面如图3-4所示。

图3-3 读者查询主界面

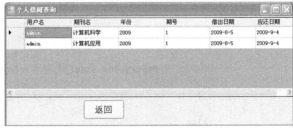

图3-4 个人借阅查询界面

```
DataOper dp = new DataOper();
string st = "select name,bname,year,qi,bdate,rdate from Borrowing,
        Pr where name='" + user + "' and Borrowing.pid=Pr.pid";
DataSet ds = dp.getData(st);
this.dataGridView1.DataSource = ds.Tables[0].DefaultView;
```

2. 库存期刊查询

库存期刊查询界面如图3-5所示。

```
DataOper dp = new DataOper();
string st = "select cn,bname,year,qi,quty from Pr";
DataSet ds = dp.getData(st);
this.dataGridView1.DataSource = ds.Tables[0].DefaultView;
```

3. 期刊去向查询

期刊去向查询界面如图3-6所示。

图3-5 库存期刊查询界面

图3-6 期刊去向查询界面

```
//去向查询
if (this.comboBox1.Text != "" && this.comboBox2.Text != null &&
            this.comboBox3.Text != null)
    {
        DataOper dp = new DataOper();
        string st = "select * from Pr where bname='" + this.comboBox1.Text + "'
             and year='" + this.comboBox2.Text + "' and qi='" + this.comboBox3.Text + "'";
        DataSet ds = dp.getData(st);
        if (ds.Tables[0].Rows.Count == 0)
         {
             MessageBox.Show("你所查询的期刊暂时没有收录，请过一段时间再查询！");
         }
        else
         {
             if (ds.Tables[0].Rows[0]["quty"].ToString() == "0")
             {
                 //MessageBox.Show("你所查询的期刊已经被人借出！");
                 PWInq pwinq = new PWInq(this.comboBox1.Text, comboBox2.Text,
                             comboBox3.Text, 0);
                 pwinq.ShowDialog();

             }
             else
             {
                 MessageBox.Show("你所查询的期刊现在还在库中！");
             }
         }
    }
        else
        {
            MessageBox.Show("请先选择需要查询的期刊！");
        }
```

3.2.3 管理员功能模块

当以管理员身份登录时可以进入此界面，完成读者管理、期刊管理和借阅管理等功能。如图3-7所示。

图3-7 管理员主界面

1.读者管理

读者管理界面如图3-8所示。添加用户界面、删除用户界面、修改用户界面分别如图3-9、图3-10、图3-11所示。

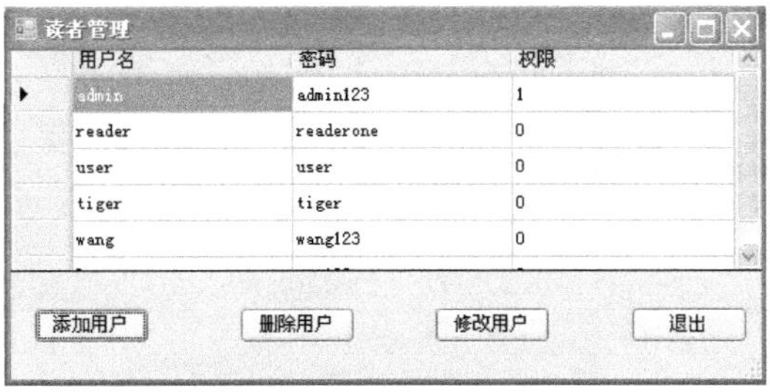

图3-8　读者管理界面

图3-9　添加用户界面

图3-10　删除用户界面

图3-11　修改用户界面

```
//添加
if (this.textBox1.Text != "" && this.textBox2.Text != "")
        {
            DataOper dp = new DataOper();
            string st = "select * from Use where name='" + this.textBox1.Text + "'";
            DataSet ds = dp.getData(st);
            if (ds.Tables[0].Rows.Count == 1)
            {
                MessageBox.Show(" 该用户名已经存在! ");
            }
            else
            {
                if (this.radioButton1.Checked)
                {
                    string st1 = "insert into Use values('" + this.textBox1.Text
                            + "','" + this.textBox2.Text + "','0')";
                    int i = dp.UpdateData(st1);
                    if (i == 1)
                    {
                        MessageBox.Show("添加成功! ");
                    }
                    dp.close();
                }
                else
                {
                    string st1 = "insert into Use values('" + this.textBox1.Text +
                            "','" + this.textBox2.Text + "','1')";
                    int i = dp.UpdateData(st1);
                    if (i == 1)
                    {
                        MessageBox.Show("添加成功! ");
                    }
```

```
                                dp.close();
                            }
                    }
                }
            else
            {
                MessageBox.Show("请输入用户名和密码！");
            }
    //删除
    if (this.comboBox1.Text != "")
        {
            DataOper dp = new DataOper();
            string st = "select * from Use where name='" + this.comboBox1.Text + "'";
            DataSet ds = dp.getData(st);
            if (ds.Tables[0].Rows.Count == 1)
            {
                string st1 = "delete from Use where name='" + this.comboBox1.Text + "'";
                int i = dp.UpdateData(st1);
                if (i == 1)
                {
                    MessageBox.Show("删除成功！");
                }
            }
            else
            {   MessageBox.Show("该用户名不存在！");
            }
        }
        else
        {   MessageBox.Show("请输入要删除的用户名！");
        }
    //修改
    if (this.textBox1.Text != "" && this.textBox2.Text != "")
        {
            DataOper dp = new DataOper();
            string st = "select * from Use where name='" + this.textBox1.Text + "'";
            DataSet ds = dp.getData(st);
            if (ds.Tables[0].Rows.Count == 0)
            {   MessageBox.Show(" 该用户名不存在！");
            }
            else
            {
                if (this.radioButton1.Checked)
                {
                    string st1 = "update Use set pwd='" + this.textBox2.Text + "',
                            isadmin='0' where name='" + this.textBox1.Text + "'";
                    int i = dp.UpdateData(st1);
                    if (i == 1)
                    {   MessageBox.Show("修改成功！");
                    }
                    dp.close();
                }
                else
                {   string st1 = "update Use set pwd='" + this.textBox2.Text + "',
                            isadmin='1' where name='" + this.textBox1.Text + "'";
                    int i = dp.UpdateData(st1);
                    if (i == 1)
                    {
                        MessageBox.Show("修改成功！");
                    }
                    dp.close();
                }
            }
```

2. 期刊管理

期刊管理界面如图3-12所示。添加期刊界面、添加期刊库存（期刊登记）界面、删除期刊界面分别如图3-13、图3-14、图3-15所示。

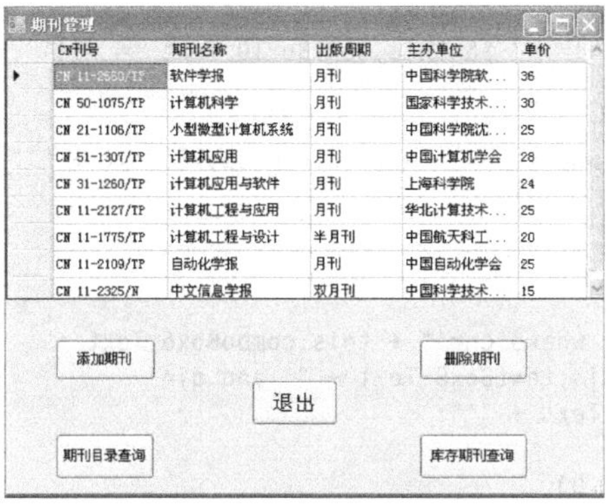

图3-12　期刊管理界面 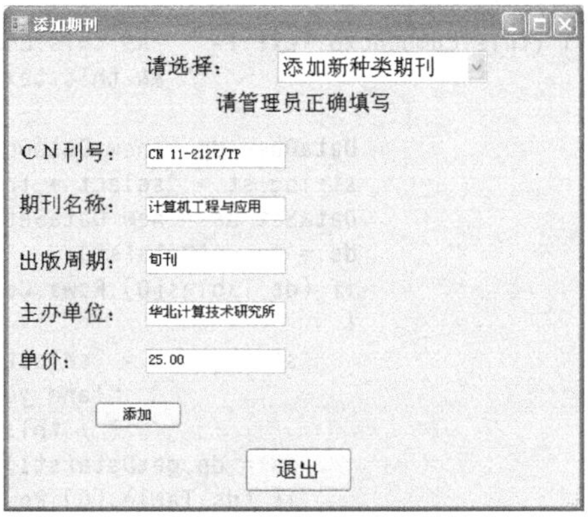　　　　　　　　　　　图3-13　添加期刊界面

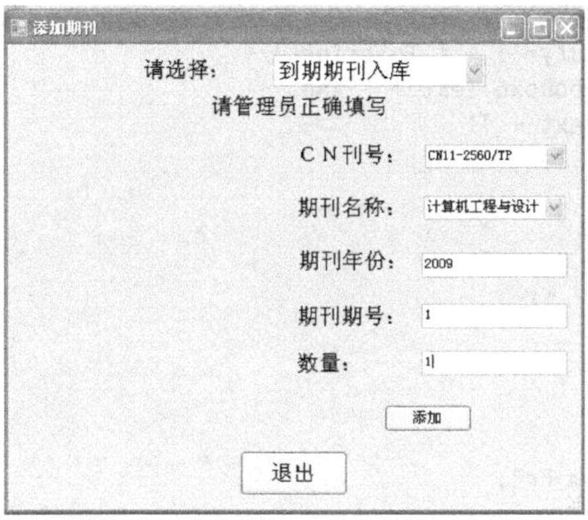

图3-14　添加期刊库存（期刊登记）界面　　　　图3-15　删除期刊界面

```
//添加期刊目录
if (this.textBox1.Text != "" && this.textBox2.Text != "" && this.textBox3.Text !
                = "" && this.textBox4.Text != "" && this.textBox5.Text != "")
  {
      DataOper dp = new DataOper();
      string st = "select * from Ptable where cn='" + this.textBox1.Text + "'";
      DataSet ds = dp.getData(st);
      if (ds.Tables[0].Rows.Count != 0)
      {
          MessageBox.Show("该种类期刊已经存在！");
      }
      else
      {
          string st1 = "insert into Ptable values('"+textBox1.Text+
                  "','"+textBox2.Text+"','"+textBox3.Text+
                  "','"+textBox4.Text+"','"+textBox5.Text+"')";
          int i = dp.UpdateData(st1);
          if (i == 1)
          {
              MessageBox.Show("添加成功！");
          }
      }
  }
```

```
        else
        {
            MessageBox.Show("请完整输入信息！");
        }
//添加库存期刊
if (this.comboBox6.Text != "" && this.comboBox7.Text != "" && this.textBox8.Text !=
                "" && this.textBox9.Text != "" && this.textBox10.Text != "")
        {
            DataOper dp = new DataOper();
            string st = "select * from Ptable where cn='" + this.comboBox6.Text + "'";
            DataSet ds = new DataSet();
            ds = dp.getData(st);
            if (ds.Tables[0].Rows.Count != 0)
            {
                string st1 = "select * from Pr where cn='" + this.comboBox6.Text +
                        "'and year='" + this.textBox8.Text + "' and qi='
                        " + this.textBox9.Text + "'";
                ds = dp.getData(st1);
                if (ds.Tables[0].Rows.Count != 0)
                {
                    int i = int.Parse(ds.Tables[0].Rows[0]["quty"].ToString()) +
                    int.Parse(this.textBox10.Text);
                    string st2 = "update Pr set quty='" + i.ToString() +
                        "' where cn='" + this.comboBox6.Text + "'and
                        year='" + this.textBox8.Text + "'
                        and qi='" + this.textBox9.Text + "'";
                    int j = dp.UpdateData(st2);
                    if (j != 0)
                    {
                        MessageBox.Show("添加成功！");
                    }
                }
                else
                {
                    string st3 = "select * from Pr";
                    ds = dp.getData(st3);
                    int nmb = 0;
                    for (int i = 0; i < ds.Tables[0].Rows.Count; i++)
                    {
                        if (int.Parse(ds.Tables[0].Rows[i]["pid"].ToString()) > nmb)
                        {
                            nmb = int.Parse(ds.Tables[0].Rows[i]["pid"].ToString());
                        }
                    }
                    nmb = nmb + 1;
                    string nm = nmb.ToString("0000");
                    string st4 = "insert into Pr values('" + nm + "','" +
                            comboBox6.Text + "','" + comboBox7.Text + "','" +
                            textBox8.Text + "','" + textBox9.Text + "','" +
                            textBox10.Text + "')";
                    int j = dp.UpdateData(st4);
                    if (j != 0)
                    {
                        MessageBox.Show("添加成功！");
                    }
                }
            }
            else
            {
                MessageBox.Show("请先在期刊目录中添加这种期刊！");
            }
```

```
            }
            else
            {
                MessageBox.Show("请完整输入信息！");
            }
// 删除期刊
if (this.comboBox1.SelectedIndex == 0)
    {
        if (this.textBox1.Text == "")
        {
            MessageBox.Show("请完整填写信息！");
        }
        else
        {
            DataOper dp = new DataOper();
            string st = "select * from Ptable where cn='" + this.textBox1.Text + "'";
            DataSet ds = dp.getData(st);
            if (ds.Tables[0].Rows.Count == 0)
            {
                    MessageBox.Show("没有该种类期刊！");
            }
            else
            {
            st = "select * from Pr where cn='" + this.textBox1.Text + "'";
            ds = dp.getData(st);
            if (ds.Tables[0].Rows.Count != 0)
            {
                    MessageBox.Show("请先删除入库的所有期该类期刊！");
            }
            else
            {

                    st = "delete from Ptable where cn='" + this.textBox1.Text + "'";
                    int i = dp.UpdateData(st);
                    if (i != 0)
                    {
                        MessageBox.Show("删除成功！");
                    }

            }
        }
    }
}
else
{
    if (this.textBox1.Text != "" && this.textBox2.Text !=
                        "" && this.textBox3.Text != "")
    {
        DataOper dp = new DataOper();
        string st = "select * from Pr where cn='" + textBox1.Text + "'
            and year='" + textBox2.Text + "' and qi='" + textBox3.Text + "'";
        DataSet ds = dp.getData(st);
        if (ds.Tables[0].Rows.Count == 0)
        {
            MessageBox.Show("暂时没有该期期刊！");
        }
        else
        {
            st = "delete from Pr where cn='" + textBox1.Text + "' and year
                ='" + textBox2.Text + "' and qi='" + textBox3.Text + "'";
            int i = dp.UpdateData(st);
```

```
            if (i != 0)
            {
                MessageBox.Show("删除成功！");
            }
        }
    }
    else
    {
        MessageBox.Show("请完整填写信息！");
    }
}
```

3. 借阅管理

借阅管理界面如图3-16所示。

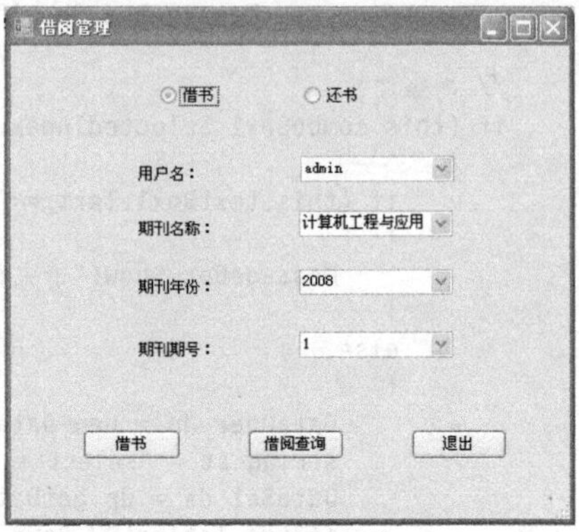

```
//借还期刊
if (this.button1.Text == "借书")
    {
        DataOper dp = new DataOper();
        string st = "select * from Use where name='" + this.comboBox1.Text + "'";
        DataSet ds = dp.getData(st);
        if (ds.Tables[0].Rows.Count == 0)
        {
            MessageBox.Show("用户不存在！");
        }
        else
        {
        st = "select * from Pr where bname='" + this.comboBox2.Text +
            "' and year='" + this.comboBox3.Text + "' and qi
            ='" + this.comboBox4.Text + "'";
        ds = dp.getData(st);
        if (ds.Tables[0].Rows.Count == 0)
        {
            MessageBox.Show("此期期刊还没有入库！");
        }
        else
        {
            string pid = ds.Tables[0].Rows[0]["pid"].ToString();
            int j = int.Parse(ds.Tables[0].Rows[0]["quty"].ToString());
            st = "select * from Borrowing where pid='" +
                ds.Tables[0].Rows[0]["pid"].ToString() + "' and name
                ='" + this.comboBox1.Text + "'";
            ds = dp.getData(st);
            if (ds.Tables[0].Rows.Count != 0)
            {
                MessageBox.Show("你已经借过这期期刊了！");

            }
            else
            {
              if(j==0)
              {
                MessageBox.Show("该期期刊已经全部被人借出了！");
              }
              else
              {
                j = j - 1;
                st = "update Pr set quty='" + j.ToString() + "' where bname=
                    '" + this.comboBox2.Text + "' and year='" +
                    this.comboBox3.Text + "' and qi='" +
```

图3-16 借阅管理界面

```
                                this.comboBox4.Text + "'";
                        dp.UpdateData(st);
                        st = "insert into Borrowing values('" + this.comboBox1.Text +
                            "','" + pid + "','" + DateTime.Now.ToShortDateString() +
                            "','" + DateTime.Now.AddDays(30).ToShortDateString() +
                            "')";
                        int i = dp.UpdateData(st);
                        if (i != 0)
                        {
                            MessageBox.Show("借书成功！");
                        }
                    }
                }
            }
        }
    }
else
{
    DataOper dp = new DataOper();
    string st = "select * from Use where name='" + this.comboBox1.Text + "'";
    DataSet ds = dp.getData(st);
    if (ds.Tables[0].Rows.Count == 0)
    {
        MessageBox.Show("用户不存在！");
    }
    else
    {
        st = "select * from Pr where bname='" + this.comboBox2.Text
            + "' and year='" + this.comboBox3.Text + "' and qi='"
            + this.comboBox4.Text + "'";
        ds = dp.getData(st);
        if (ds.Tables[0].Rows.Count == 0)
        {
            MessageBox.Show("此期期刊还没有入库！");
        }
        else
        {
            int j = int.Parse(ds.Tables[0].Rows[0]["quty"].ToString())+1;
            string pid = ds.Tables[0].Rows[0]["pid"].ToString();
            st = "select * from Borrowing where pid='"
                + ds.Tables[0].Rows[0]["pid"].ToString() + "' and name='"
                + this.comboBox1.Text + "'";
            ds = dp.getData(st);
            if (ds.Tables[0].Rows.Count == 0)
            {
                MessageBox.Show("该读者并没有借该期期刊！");
            }
            else
            {
                st = "delete from Borrowing where pid='" + pid + "' and name
                    ='" + this.comboBox1.Text + "'";
                int i = dp.UpdateData(st);
                if (i != 0)
                {
                    MessageBox.Show("还书成功!");
                }
                st = "update Pr set quty='" + j.ToString() + "' where pid
                 ='" + pid + "'";
            dp.UpdateData(st);
        }
    }
```

```
        }
    }
}
else
{
        MessageBox.Show("请填写完整信息！");
}
```

4. 期刊目录查询

期刊目录查询界面如图3-17所示。

```
DataOper dp = new DataOper();
string st = "select * from Ptable";
DataSet ds = dp.getData(st);
dataGridView3.DataSource = ds.Tables[0].DefaultView;
this.dataGridView3.Visible = true;
this.dataGridView2.Visible = false;
Sdp.close();
```

5. 库存期刊查询

库存期刊查询界面如图3-18所示。

```
DataOper dp = new DataOper();
string st = "select cn,bname,year,qi,quty from Pr";
DataSet ds = dp.getData(st);
this.dataGridView2.DataSource = ds.Tables[0].DefaultView;
this.dataGridView2.Visible = true;
this.dataGridView3.Visible = false;
dp.close();
```

图3-17　期刊目录查询界面　　　　　　　　图3-18　库存期刊查询界面

3.3　图书管理系统编码

3.3.1　程序设计语言和数据库系统的选择

本系统选择Microsoft Visual C++作为开发语言。同其他编程环境相比，Visual C++的效率是比较高的，并且提供了相当优秀的集成开发环境（Integrated Developing Environment, IDE），集代码编辑、调试、向导、编译和可视化资源编辑等功能于一体，其MFC基本类库对Windows API函数做了非常好的封装并拓展了功能，可以满足全部的基本功能需求，程序设计人员只需要简单地调用MFC封装的类函数就可以了。Visual C++也因为其超强的功能而享有"Windows环境下的外科手术刀"之称。

同时，本系统选择Microsoft Access作为数据库管理系统。之所以选择它，是因为本系统主要面向的是中小型图书馆，需要处理的数据量并不大，而Access比较小，目前的办公自动化软件中一般都包含它，不需要另外安装软件；普通的个人计算机就可以调试程序，不需要联网等其他操作。

需要补充说明的是，在前面的需求分析中，已经得到了系统实现所涉及的所有表，但是这些表的名称和字段等都是中文的，为了编码实现的方便，我们对这些表和字段采用了英文名称，具体如表3-1至表3-6所示。

表3-1 借阅者表（Borrower）

字段中文名称	英文名称	是否关键字
借阅卡号	cardnum	是
姓名	cardname	否
性别	sex	否
身份证号	personnum	否
单位	workplace	否
家庭住址	address	否
联系电话	phone	否
借阅者类别	type	否
办证日期	signdate	否
已借书数目	borrowerNum	否
是否挂失	loss	否

表3-2 图书表（Book）

字段中文名称	英文名称	是否关键字
图书号	booknum	是
书名	bookname	否
作者	author	否
出版社	press	否
出版日期	pressdate	否
单价	price	否
图书类别	type	否
存放位置	site	否
入库日期	regdate	否
是否借出	islend	否

表3-3 借阅表（BorrLend）

字段中文名称	英文名称	是否关键字
借阅卡号	bl_cardnum	是
图书号	bl_booknum	是
姓名	bl_cardname	否
书名	bl_bookname	否
借出日期	borrowday	否
实际归还日期	returnday	否
罚款金额	finemoney	否

表3-4 借阅者类别表（BorrowerType）

字段中文名称	英文名称	是否关键字
借阅者类别	type	是
能借书的数量	number	否

表3-5 图书类别表（BookType）

字段中文名称	英文名称	是否关键字
图书类别	type	是
可借天数	daynum	否
图书超期每天罚款的金额	punmoney	否

表3-6 系统用户表（User）

字段中文名称	英文名称	是否关键字
用户名	user	是
密码	passwd	是
是否是管理员	isadmin	否

3.3.2 系统模块的编码实现

1. 用户登录模块

正如前面详细设计所介绍的，本模块是总系统的入口。通过对用户实行用户名、密码登录验证机制，使得只有合法的用户才能使用系统，同时不同类型的合法用户拥有不同的权限。

用户在登录交互界面里填上自己的用户名和密码，并点击"确定"按钮后，系统的实现代码为：

```
void CLoginDlg::OnOk()
{
    CUserSet recordset;//创建"系统用户"记录集，其名字为"CUserSet"
    CString strSQL;
    ClibraryApp * ptheApp=(ClibraryApp *)AfxGetApp();
    UpdateData(TRUE);
    //检查用户是否输入
    if(m_strUser.IsEmpty())//如果用户没有输入
    {
        AfxMessageBox("请输入用户名");
        m_strUser.SetFocus();
        return;
    }
    if(m_strPass.IsEmpty())
    {
        AfxMessageBox("请输入密码");
        m_strPass.SetFocus();
        return;
    }
    //根据从控件中读出的用户名和密码在后台数据库中查找，看看是否正确。
    //其中用到"系统用户表"，即User表，对应的用户名和密码字段为
    // "user"和"passwd"
    strSQL.Format("select * from user where user=%s and passwd=%s",
                  m_strUser,m_strPass);
    if(!recordset.Open(AFX_DB_USE_DEFAULT,strSQL))//如果没能打开数据库
    {
        MessageBox("没能打开指定的数据库","数据库错误",MB_OK);
```

```
            return;
    }
    if (recordset.GetRecordCount()==0)//如果没能找到指定的用户
    {
        recordset.close();
        MessageBox("用户名或密码错误, 请重新输入",MB_OK);
        m_strUser="";
        m_strPass="";
        m_strUser.SetFocus();
        UpdataData(False);
    }
    else//否则, 说明用户名和密码正确, 进入相应的界面
    {
        ptheApp->m_IsAdmin=recordset.m_isadmin;
        recordset.Close();
        CDialog::OnOk();
    }
}
```

2. 借阅者管理模块

(1) 添加借阅者

正如前面详细设计所介绍的, 当用户点击"添加借阅者"命令时, 首先会显示一个对话框, 这里供填写借阅者信息, 当用户填写完成并点击"确定"以后, 系统并不是立刻将用户填入的信息写入数据库, 而是首先验证输入的借阅卡号的合法性, 对于不同的系统, 借阅卡号的编码方式不同, 本系统中为了方便起见, 只是对卡号是否大于零进行检验, 即只有卡号大于零的才是合法的, 如果以后用户有其他对卡号检验的特殊要求, 可以直接用新的要求代替此检验。然后需要查找数据库来验证卡号的唯一性, 只有这个即将新加入的卡号和数据库中已有的卡号没有重复, 才可以加入。另外需要说明的是: 在本系统中, 借阅者的办证日期不是由用户手工输入的, 而是通过读取系统时间获得的。

下面就是用户点击确定"提交"按钮以后的实现代码:

```
{
//下面的代码是初始化"添加借阅者"对话框,
//主要是用从借阅者类别表中读出的"借阅者类别"填充对话框中的相应控件
    CDialog::OnInitDialog();
    CBorrowerTypeSet recordset;
    CString strSQL;
    UpdateData(TRUE);
    strSQL="select * from BorrowerType"
    if (!recordset.open(AFX_DB_USE_DEFAULT_TYPE),strSQL)
    {
        MessageBox(" 无法打开借阅者类别表",MB_OK);
        return;
    }
    while(!recordset.IsEof())
    {
        dlg.m_sType.AddString(recordset.m_type);
        recordset.MoveNext();
    }
    recordset.Close();
    return TURE;
}
{//下面是当用户将新的信息填入对话框的对应字段
//点击"OK"(或称为"提交"按钮)后的代码
    CAddDlg dlg;
    if (dlg.DoModal==IDOK)
    {
        if (dlg.m_nID<=0)//如果新加入的卡号小于等于0
```

```
    {
        MessageBox("用户的借阅卡号必须大于0",MB_OK);
        return;
    }
    if (m_BorrowerSet.IsOpen()==TRUE)//如果原先的数据集合没有关闭，先关闭
        m_BorrowerSet.Close();
    //下面要看此借阅卡号在原来的表中是否已有记录
    CString BFilter;//定义查找的条件为当前即将加入的"借阅卡号"
    BFilter.Format("借阅卡号=%d",dlg.m_nID);
    m_BorrowerSet.m_strFilter=BFilter;
    m_BorrowerSet.Open();
    if (m_BorrowerSet.GetRecordCount()>0)//如果确实和已有的卡号冲突
    {
        MessageBox("此借阅卡号已经存在，请重新输入",MB_OK);
        m_BorrowerSet.Close();
        return;
    }
    m_BorrowerSet.Close();
    m_BorrowerSet.m_strFilter="";
    m_BorrowerSet.Open();
    m_BorrowerSet.MoveLast();
    //添加借阅卡记录
    m_BorrowerSet.AddNew();
    //将对话框中的信息填入对应字段中
    m_BorrowerSet.m_cardNum=dlg.m_nID;
    m_BorrowerSet.m_cardName=dlg.m_sName;
    m_BorrowerSet.m_sex=dlg.m_nSex;
    m_BorrowerSet.m_personNum=dlg.m_nPerID;
    m_BorrowerSet.m_workplace=dlg.m_sWplace;
    m_BorrowerSet.m_address=dlg.m_sAddress;
    m_BorrowerSet.m_phone=dlg.m_nPhone;
    m_BorrowerSet.m_type=dlg.m_sType;
    //设置办证日期为当前系统时间
    int year=dlg.m_oleDate.GetYear();
    int month=dlg.m_oleDate.GetMonth();
    int date=dlg.m_oleDate.Getdate();
    m_BorrowerSet.m_signdate=CTime(year,month,day,0,0,0);
    m_BorrowerSet.m_borrowerdNum=0;
    m_BorrowerSet.m_loss=0;
    m_BorrowerSet.Update();//更新
    m_BorrowerSet.Close();
    CDialog::OnOk();
    }
}
```

(2) 查询借阅者

此模块是根据查询条件来查找满足条件的"借阅卡"（也就是通常所说的借阅者），并将其详细信息显示出来。

根据前面详细设计的界面设计，首先需要对交互界面进行一定的初始化，其具体的代码如下：

```
{//下面是初始化"查询借阅者"对话框
    CDialog::OnInitDialog();
    //设置显示"借阅卡"信息的列表表头
    m_ctrList.InsertColumn(0,"借阅卡号");
    m_ctrList.InsertColumn(1,"姓名");
    m_ctrList.InsertColumn(2,"性别");
    m_ctrList.InsertColumn(3,"身份证号");
    m_ctrList.InsertColumn(4,"单位");
    m_ctrList.InsertColumn(5,"家庭住址");
    m_ctrList.InsertColumn(6,"联系电话");
    m_ctrList.InsertColumn(7,"借阅者类别");
```

```
m_ctrList.InsertColumn(8,"办证日期");
m_ctrList.InsertColumn(9,"已借书数目");
m_ctrList.InsertColumn(10,"是否挂失");
//设置每一列的宽度
m_ctrList.SetColumnWidth(0,100);
m_ctrList.SetColumnWidth(1,130);
m_ctrList.SetColumnWidth(2,80);
m_ctrList.SetColumnWidth(3,100);
m_ctrList.SetColumnWidth(4,200);
m_ctrList.SetColumnWidth(5,160);
m_ctrList.SetColumnWidth(6,100);
m_ctrList.SetColumnWidth(7,130);
m_ctrList.SetColumnWidth(8,120);
m_ctrList.SetColumnWidth(9,30);
m_ctrList.SetColumnWidth(10,30);
//用借阅者类别表里的借阅者类别数据信息填充查询控件
CBorrowerTypeSet recordset
CString strSQL;
UpdateData(TRUE);
strSQL="select * from BorrowerType"
if (!recordset.open(AFX_DB_USE_DEFAULT_TYPE),strSQL)
{
    MessageBox("无法打开借阅者类别表",MB_OK);
    return;
}
while(!recordset.IsEof())
{
    dlg.m_sType.AddString(recordset.m_type);
    recordset.MoveNext();
}
recordset.Close();
return TURE;
}
```

当用户选择了借阅者类别或填写借阅卡号,并点击了"查询"按钮后,系统就根据用户设置的查询条件查询,并把查询的结果显示在上面的列表控件中。其实现的代码如下:

```
{//下面是用户填写好查询条件并点击"查询"按钮后对应的代码
//首先清空结果列表框
m_ctrList.DeleteAllItems();
m_ctrList.SetRedraw(FALSE);
UpdateData(TRUE);
//构造根据用户输入条件的SQL语句
 CString strSQL;
if (m_strCardNum.IsEmpty()&m_strType.IsEmpty())// 如果用户设置的查询条件都是空的
{
    strSQL="select * from Borrower"//那么就返回所有的借阅者表中的记录
}
else if (m_strType.IsEmpty())//如果只有"借阅者类别"是空的
{
    strSQL.Format("select * from Borrower where cardnum='%s',
        //m_strCardNum");//则根据"借阅卡号"来查询
}
else if (m_strCardNum.IsEmpty())//如果只有"借阅卡号"是空的
{
    strSQL.Format("select * from Borrower where type='%s',
        //m_strType");//则根据"借阅者类别"来查询
}
else
{
    strSQL.Format("select * from Borrower where type='%s'and
                  cardnum='%s',m_strType,m_strCardNum");
```

```
    }
    if (!m_BorrowerSet.open(AFX_DB_USE_DEFAULT_TYPE),strSQL)
    {
        MessageBox(" 无法打开相应的数据库", MB_OK);
        return;
    }
    //将满足条件的借阅者信息显示在列表控件中
    int i=0;
    CSring strTime;
    while(!m_BorrowerSet.IsEof())
    { //下面是依次显示每条记录的信息
        m_ctrList.InsertItem(i,m_BorrowerSet.m_cardNum);
        m_ctrList.SetItemText(i,1,m_BorrowerSet.m_cardName);
        m_ctrList.SetItemText(i,2,m_BorrowerSet.m_sex);
        m_ctrList.SetItemText(i,3,m_BorrowerSet.m_personNum);
        m_ctrList.SetItemText(i,4,m_BorrowerSet.m_workplace);
        m_ctrList.SetItemText(i,5,m_BorrowerSet.m_address);
        m_ctrList.SetItemText(i,6,m_BorrowerSet.m_phone);
        m_ctrList.SetItemText(i,7,m_BorrowerSet.m_type);
        strTime.Format("%d-%d-%d",m_BorrowerSet.m_signdate.GetYear(),
                        m_BorrowerSet.m_signdate.GetMonth(),
                        m_BorrowerSet.m_signdate.GetDay());
        m_ctrList.SetItemText(i,8,strTime);
        m_ctrList.SetItemText(i,9,m_BorrowerSet.m_borrowerdNum);
        m_ctrList.SetItemText(i,4,m_BorrowerSet.m_loss);
        i++;
    }
    m_BorrowerSet.Close();
    m_ctrList.setRedraw(TURE);
}
```

(3) 删除借阅者

当用户输入希望删除的记录条件，点击"查询"按钮后，首先在下面显示出所有满足条件的记录供用户选择，这段代码的实现和上面介绍的"查询借阅者"完全一样，这里不再重复。用户在上述的列表中选中自己希望删除的记录，点击"删除"按钮，其实现代码如下：

```
{//下面的代码是删除指定借阅卡信息
    UpdateData();
    //获取用户需要删除的记录号
    int i=m_ctrList.GetSelectionMark();
    CString strSQL;
    strSQL.Format("select * from Borrower wherecardnum='%s',
            m_ctrList.GetItemText(i,0)");
    if (!m_BorrowerSet.open(AFX_DB_USE_DEFAULT_TYPE),strSQL)
    {
        MessageBox("无法打开相应的数据库",MB_OK);
        return;
    }
    //检查该借阅卡是否还有没有还的书
        if (m_BorrowerSet.borrowerNum!=0)
        {
            MessageBox("此借阅卡还有未还的图书，不能删除该卡",MB_OK);
            m_BorrowerSet.Close();
            return;
        }
        //再次询问用户是否真的要删除该记录，只有在得到用户的再次确认后才真正删除该记录
        if (MessageBox("你是否真的确定要删除这条记录？",MB_OKCANCEL)==IDOK)
        then
        {
            m_BorrowerSet.Delete();
            m_BorrowerSet..Close();
```

```
            MessageBox("记录删除成功",MB_OK);
            m_ctrList.DeleteItem(i);
            UpdateData(FALSE);
        }
        else
        {
            m_BorrowerSet.Close();
            return;
        }
    }
```

（4）修改借阅者

根据详细设计，该模块首先需要查找到需要修改的借阅者信息，并将其显示在相应的控件中，这段代码和"查询借阅者"的实现代码一样，这里不再重复。当用户点击"修改"后进行修改，根据前面详细设计的要求，不同的用户拥有的修改权限不一样，所能修改的内容也有所不同，系统管理员拥有最大的权限，所以下面以系统管理员的修改为例，给出其具体的代码：

```
{//  "修改"借阅者按钮的实现代码
    //首先获取用户选择的记录号
    int i=m_ctrList.GetSelectionMark();
    if(i<0)//如果用户没有点击上
    {
        MessageBox(" 请选择一条记录进行修改！", MB_OK);
        return;
    }
    //用用户选中的记录来填充数据编辑框的内容
    CEditDlg dlg;
    dlg.m_nID=m_ctrList.GetItemText(i,0);
    dlg.m_sName=m_ctrList.GetItemText(i,1);
    dlg.m_nSex=m_ctrList.GetItemText(i,2);
    dlg.m_nPerID=m_ctrList.GetItemText(i,3);
    dlg.m_sWplace=m_ctrList.GetItemText(i,4);
    dlg.m_sAddress=m_ctrList.GetItemText(i,5);
    dlg.m_nPhone=m_ctrList.GetItemText(i,6);
    dlg.m_sType=m_ctrList.GetItemText(i,7);
    dlg.m_sSigndate=m_ctrList.GetItemText(i,8);
    dlg.m_nBorrNum=m_ctrList.GetItemText(i,9);
    dlg.m_sLoss=m_ctrList.GetItemText(i,10);
    //如果用户点击OK
    if (dlg.DoModal()==IDOK)
    {
        CSring strSQL;
        strSQL.Format("select * from Borrower where cardnum=
                    '%s'",m_ctrList.GetItemText(i,0));
        if (!m_BorrowerSet.open(AFX_DB_USE_DEFAULT_TYPE),strSQL)
        {
            MessageBox(" 无法打开借阅者表",MB_OK);
            return;
        }
    m_BorrowerSet.edit();
    m_BorrowerSet.m_workplace=dlg.m_sWplace;
    m_BorrowerSet.m_address=dlg.m_sAddress;
    m_BorrowerSet.m_phone=dlg.m_nPhone;
    m_BorrowerSet.m_type=dlg.m_sType;
    m_BorrowerSet.m_borrowerdNum=dlg.m_nBorrNum;
    m_BorrowerSet.m_loss=dlg.m_sLoss;
    m_BorrowerSet.update();
    m_BorrowerSet.Close();
    Refreshdata();
    }
}
```

3. 图书管理模块

（1）添加图书

根据前面的详细设计，本模块也是首先提供一个添加图书信息界面，让用户输入希望添加的图书信息，用户输入相应的图书信息并点击"确定"按钮，在检验用户输入的合法性后，才可以成功提交；否则需要指出出错的位置，以方便用户重新输入。"确定"按钮的具体代码如下：

```
{//下面是当用户点击了"确定"按钮后的代码
    UpdateData();
    // 检查各个输入项是否有空的
    if(m_strBookNum.IsEmpty())
    {
        MessageBox("图书号不能为空",MB_OK);
        return;
    }
    if(m_strBookName.IsEmpty())
    {
        MessageBox("图书名不能为空",MB_OK);
        return;
    }
    if(m_strAuthor.IsEmpty())
    {
        MessageBox("作者名不能为空",MB_OK);
        return;
    }
    if(m_strType.IsEmpty())
    {
        MessageBox("图书类别不能为空",MB_OK);
        return;
    }
    CBookSet recordset;
    CString strSQL;
    strSQL.Format("select * from Book where booknum='%s'",m_strBookNum);
    if (!recordset.open(AFX_DB_USE_DEFAULT_TYPE),strSQL)
    {
        MessageBox("无法打开图书表",MB_OK);
        return;
    }
    if (recordset.GetRecordCount()!=0)
    {
        MessageBox("此图书号已经存在，请重新输入",MB_OK);
        recordset.Close();
        return;
    }
    recordset.Close();
    if (!recordset.open(AFX_DB_USE_DEFAULT_TYPE))
    {
        MessageBox("无法打开图书表",MB_OK);
        return;
    }
    //具体添加一个图书记录
    recordset.AddNew();
    recordset.m_bookNum=m_strBookNum;
    recordset.m_bookName=m_strBookName;
    recordset.m_author=m_strAuthor;
    recordset.m_press=m_strPress;
    recordset.m_pressdate=m_tmPressDate;
    recordset.m_price=m_strPrice;
    recordset.m_type=m_strType;
    recordset.m_site=m_strSite;
    recordset.m_regdate=m_tmRegDate;
```

```
recordset.m_islend=m_strIslend;
recordset.Update();
recordset.Close();
//提示用户是否需要继续输入新的图书
if(MessageBox("已经成功输入该图书,是否继续输入下一个图书?",MB_OKCANCEL)==IDOK)
return;
CDialog::OnOk();
}
```

(2) 查询图书

此模块主要是根据用户设置的查询条件来查找满足条件的图书,对于每本满足条件的图书需要显示该图书的全部信息。需要说明的是,这个界面的初始化代码也类似于"查询借阅者",这里就不再赘述。当用户点击了"查询"按钮后,将符合用户检索条件的记录显示在界面的列表框中。"查询"按钮的具体函数如下:

```
{
    //首先清空结果列表框
    m_ctrList.DeleteAllItems();
    m_ctrList.SetRedraw(FALSE);
    UpdateData(TRUE);
    //构造根据用户输入条件的SQL语句
    CSring strSQL;
    if (m_strBookNum.IsEmpty()&m_strType.IsEmpty())// 如果用户设置的查询条件都是空的
    {
        strSQL="select * from Book"//那么就返回所有的图书表中的记录
    }
    else if (m_strType.IsEmpty())//如果只有"图书类别"是空的
    {
        strSQL.Format("select * from Book where booknum='%s',
                    m_strBookNum");//则根据"图书号"来查询
    }
    else if (m_strCardNum.IsEmpty())//如果只有"图书号"是空的
    {
        strSQL.Format("select * from Book where type='%s',
                    m_strType");//则根据"图书类别"来查询
    }
    else //否则根据用户设置的"图书号"和"图书类别"来联合查询
    {
        strSQL.Format("select * from Book where type='%s'
                    and booknum='%s',m_strType,m_strBookNum");
    }
    if (!m_BorrowerSet.open(AFX_DB_USE_DEFAULT_TYPE),strSQL)
    {
        MessageBox(" 无法打开相应的数据库", MB_OK);
        return;
    }
    //将满足条件的图书信息显示在列表控件中
    int i=0;
    CString strTime;
    while(!m_recordset.IsEof())
    { //下面是依次显示记录的每个信息
        m_ctrList.InsertItem(i,m_recordset.m_bookNum);
        m_ctrList.SetItemText(i,1,m_recordset.m_bookName);
        m_ctrList.SetItemText(i,2,m_recordset.m_author);
        m_ctrList.SetItemText(i,3,m_recordset.m_press);
        strTime.Format("%d-%d-%d",m_recordset.m_pressdate.GetYear(),
                        m_recordset.m_pressdate.GetMonth(),
                        m_recordset.m_pressdate.GetDay());
        m_ctrList.SetItemText(i,4,strTime);
        m_ctrList.SetItemText(i,5,m_recordset.m_price);
        m_ctrList.SetItemText(i,6,m_recordset.m_type);
```

```
            m_ctrList.SetItemText(i,7,m_recordset.m_site);
            strTime.Format("%d-%d-%d",m_recordset.m_regdate.GetYear(),
                    m_recordset.m_regdate.GetMonth(),m_recordset.m_regdate.GetDay());
            m_ctrList.SetItemText(i,8,strTime);
            m_ctrList.SetItemText(i,9,m_recordset.m_islend);
            i++;
            m_recordset.MoveNext();
        }
        m_recordset.Close();
        m_ctrList.setRedraw(TURE);
    }
```

(3) 删除图书

此模块用来删除指定的图书。首先用户要查找到希望删除的图书，并将满足条件的记录显示出来，这段代码也和前面类似，就不再重复。当用户选中某条记录并点击"删除"按钮后，实现删除功能。根据详细设计，"删除"按钮的具体函数如下：

```
    {
        //首先获取用户选择的记录号
        int i=m_ctrList.GetSelectionMark();
        if(i<0)//如果用户没有点击上
        {
            MessageBox(" 请选择一条记录进行删除！", MB_OK);
            return;
        }
        CSring strSQL;
        strSQL.Format("select * from Book where booknum='%s'",
                    m_ctrList.GetItemText(i,0));
        if (!m_recordset.open(AFX_DB_USE_DEFAULT_TYPE),strSQL)
        {
            MessageBox(" 无法打开图书表",MB_OK);
            return;
        }
        //检查该图书是否被借出，如果被借出则不能删除该记录
        if (m_recordset.islend=1)
        {
            MessageBox("此图书正被借阅，不能删除该图书！",MB_OK);
            m_recordset.Close();
            return;
        }
        //再次询问用户是否真的要删除此记录
        if (MessageBox("你是否真的确定要删除这条记录？",MB_OKCANCEL)==IDOK)
        then
        {
            m_recordset.Delete();
            m_recordset.Close();
            MessageBox("记录删除成功",MB_OK);
            m_ctrList.DeleteItem(i);
            UpdateData(FALSE);
        }
        else
        {
        m_recordset.Close();
        return;
        }
    }
```

(4) 修改图书

此模块用来修改指定的图书。当用户点击了"修改"按钮后，用户首先要查找到希望修改的图书，并将满足条件的记录显示在列表控件中，这段代码也和前面类似，此处不再重复。当用户

选中某条记录并点击"修改"后，其实现的代码为：

```
{
    //首先获取用户选择的记录号
    int i=m_ctrList.GetSelectionMark();
    if(i<0)//如果用户没有点击上
    {
        MessageBox(" 请选择一条记录进行修改！", MB_OK);
        return;
    }
    //用用户选中的记录来填充数据编辑框的内容
    CEditDlg dlg;
    dlg.m_strSite=m_ctrList.GetItemText(i,7);
    //如果用户点击OK
    if (dlg.DoModal()==IDOK)
    {
    CSring strSQL;
    strSQL.Format("select * from Book where booknum='%s'",
                    m_ctrList.GetItemText(i,0));
    if (!m_recordset.open(AFX_DB_USE_DEFAULT_TYPE),strSQL)
    {
        MessageBox(" 无法打开图书表",MB_OK);
        return;
    }
    m_recordset.edit();
    m_recordset.m_site=dlg.m_strSite;
    m_recordset.update();
    m_recordset.Close();
    Refreshdata();
    }
}
```

4. 借阅管理模块

(1) 借书管理

借书管理子模块主要负责根据借阅卡号和图书号来进行借书。根据前面详细设计的要求，整个子模块可以分成三个大部分，依次为：借阅卡信息的显示；欲借的图书信息显示；具体的借书处理。

1) 借阅卡信息的显示。

根据前面软件设计的要求，首先要根据"借阅卡号"查找"借阅者表"，找出其相关字段的信息，并显示在界面的对话框中。其中包括显示姓名、读者类别、其是否被挂失、此借阅卡最大允许借阅数、已经借阅数和还可以借阅的书目。其实现的代码如下：

```
{//借书管理中读者信息的显示
    UpdateData();
    //根据借阅卡号，获得整个借阅者记录的信息
    CBorrowerSet recordset;
    CString strSQL;
    strSQL.Format("select * from Borrower where cardnum='%s',m_strCardNum);
    if (!recordset.open(AFX_DB_USE_DEFAULT_TYPE),strSQL)
    {
        MessageBox(" 无法打开数据库",MB_OK);
        return;
    }
    if (recordset.GetRecordCount()==0)//如果没能找到指定的借阅卡号
    {
        MessageBox("此卡号没有对应记录，请重新输入",MB_OK);
        recordset.Close();
        return;
    }
```

```
    if (recordset.m_loss==1)//如果借阅卡已经被挂失
    {
        m_strLoss="已挂失";
        MessageBox("此借阅卡已被挂失,不能再借书",MB_OK);
        recordset.Close();
        return;
    }
    m_strName=recordset.m_cardName;
    m_strType=recordset.m_type;
    m_nBorrNum=recordset.m_borrowerdNum;//从"借阅卡"记录中读取此借阅者"已借书数目"
    recordset.Close();
    //根据此借阅者的类型,获得此借阅卡最多可借书的数目
    CBorrowerTypeSet Borr_typeset;
    strSQL.Format("select * from BorrowerType where type='%s'",m_strType);
    if (!Borr_typeset.open(AFX_DB_USE_DEFAULT_TYPE),strSQL)
    {
        MessageBox(" 无法打开对应数据库",MB_OK);
        return;
    }
    if (Borr_typeset.GetRecordCount()==0)//如果读者类型记录为空
    {
        MessageBox("目前读者类型为空,请先输入读者类型",MB_OK);
        Borr_typeset.Close();
        return;
    }
    m_nMavnumber=Borr_typeset.m_number;
    Borr_typeset.Close();
    m_nUnBorr=m_nMavnumber-m_nBorrNum;//此借阅者还可以借阅的书的数量
    UpdateData(FALSE);
}
```

2）欲借图书信息的显示。

首先根据图书号找到此图书的相关信息，并显示出来。其过程类似于上面借阅卡信息的显示。具体代码如下：

```
{// 图书信息的显示
    UpdateData();
    //根据图书号,获得整个图书记录的信息
    CBookSet bookset;
    CString strSQL;
    strSQL.Format("select * from Book where booknum='%s',m_strBookNum);
    if (!bookset.open(AFX_DB_USE_DEFAULT_TYPE),strSQL)
    {
        MessageBox(" 无法打开数据库",MB_OK);
        return;
    }
    if (bookset.GetRecordCount()==0)//如果没能找到指定的图书号所对应的书
    {
        MessageBox("此图书号没有对应图书记录,请重新输入",MB_OK);
        bookset.Close();
        return;
    }
    if (m_IsLend)
    {
        MessageBox(" 此书籍已经被借出",MB_OK);
        bookset.Close();
        return;
    }
    m_strBookName=bookset.m_bookName;
    m_strBookType=bookset.m_booktype;
    //根据图书类型查找并显示该图书可借阅的天数
    CBookTypeSet booktypeset;
```

```
    strSQL.Format("select * from Booktype where type='%s',m_strBookType);
    if (!booktypeset.open(AFX_DB_USE_DEFAULT_TYPE),strSQL)
    {
        MessageBox("无法打开数据库",MB_OK);
        return;
    }
    if (booktypeset.GetRecordCount()==0)//如果没能找到指定的图书类型
    {
        MessageBox("此图书类型没有对应记录，请重新检查",MB_OK);
        bookset.Close();
        return;
    }
    m_nDaynum=booktypeset.m_daynum;
    booktypeset.Close();
    UpdateData(FALSE);
}
```

3）具体的借书处理。

当系统的授权用户点击"借书"按钮时，具体地执行借出操作，其代码如下：

```
{
    if (m_nUnBorr==0)//如果此借阅者还能借阅书目的数目为零
    {
        MessageBox("此借阅者已经借满书，不能再借了！",MB_OK);
        return;
    }
    //修改对应的借阅者记录
    CBorrowerSet recordset;
    CString strSQL;
    strSQL.Format("select * from Borrower where cardnum='%s',m_strCardNum);
    if (!recordset.open(AFX_DB_USE_DEFAULT_TYPE),strSQL)
    {
        MessageBox("无法打开数据库",MB_OK);
        return;
    }
    if (recordset.GetRecordCount()==0)//如果没能找到指定的借阅卡号
    {
        MessageBox("此卡号没有对应记录，请重新输入",MB_OK);
        recordset.Close();
        return;
    }
    recordset.edit();
    recordset.m_borrowerdNum=recordset.m_borrowerdNum+1;//对应的借出数目加1
    recordset.Update();
    recordset.Close();
    //修改对应的图书信息记录
    CBookSet bookset;
    CString strSQL;
    strSQL.Format("select * from Book where booknum='%s',m_strBookNum);
    if (!bookset.open(AFX_DB_USE_DEFAULT_TYPE),strSQL)
    {
        MessageBox(" 无法打开数据库",MB_OK);
        return;
    }
    if (bookset.GetRecordCount()==0)//如果没能找到指定的图书号所对应的书
    {
        MessageBox("此图书号没有对应图书记录，请重新输入",MB_OK);
        bookset.Close();
        return;
    }
    bookset.edit();
    bookset.m_IsLend=1;//标示此书已经借出
```

```
        bookset.Update();
        bookset.Close();
        //增加一条"借阅"记录
        CBorrLendSet borrlendset;
        CString strSQL;
        strSQL.Format("select * from BorrLend ");
        if (!borrlendset.open(AFX_DB_USE_DEFAULT_TYPE),strSQL)
        {
            MessageBox(" 无法打开数据库",MB_OK);
            return;
        }
        borrlendset.AddNew();
        borrlendset.m_bl_cardnum=m_strCardNum;
        borrlendset.m_bl_booknum=m_strBookNum;
        borrlendset.m_bl_cardname=m_strName;
        borrlendset.m_bl_bookname=m_strBookName;
        borrlendset.m_borrowday=CTime::GetCurrentTime();
        borrlendset.m_finemoney=0;
        borrlendset.Update();
        borrlendset.Close();
        UpdateData(FALSE);
        Refreshdata();//更新界面显示该借阅卡所有已经借阅的记录信息
}
//Refreshdata()函数的具体实现
{
        //第一步先清空列表框
        m_ctrList.DeleteAllItems();
        m_ctrList.SetRedraw(FALSE);
        UpdateData(TRUE);
        //将此借阅者的已经借阅信息显示在列表框中，需要说明的是:
        //这里只显示尚未归还的图书信息,对于已经归还的历史信息不予显示
        CString strSQL;
        strSQL.Format("select * from BorrLend where bl_cardnum=
                      '%s'and returnday is null,m_strCardNum);
        if (!m_BorrLendset.open(AFX_DB_USE_DEFAULT_TYPE),strSQL)
        {
            MessageBox("无法打开数据库",MB_OK);
            return;
        }
        int i=0;
        CString st_begin,st_end;
        CTime time_temp;
        while(!m_BorrLendset.IsEof())
        {
            m_ctrList.InsertItem(i,m_BorrLendset.m_bl_booknum);
            m_ctrList.SetItemText(i,1,m_BorrLendset.m_bl_bookname);
            st_begin.Format("%d-%d-%d",m_BorrLendset.m_borrowday.GetYear(),
                            m_BorrLendset.m_borrowday.GetMonth(),
                            m_BorrLendset.m_borrowday.GetDay());
            m_ctrList.SetItemText(i,2,st_begin);
            time_temp=m_BorrLendset.m_borrowday+m_nDaynum*24*3600;//计算此书应该归还的日期
            st_end.Format("%d-%d-%d",time_temp.m_borrowday.GetYear(),
                          time_temp.GetMonth(),time_temp.GetDay());
            m_ctrList.SetItemText(i,3,st_end);
            i++;
            m_BorrLendset.MoveNext();
        }
        m_BorrLendset.Close();
        m_ctrList.setRedraw(TURE);
}
```

（2）还书管理（又名修改借阅信息）

按照详细设计的要求，该模块首先要根据用户的借阅卡号和所借阅的图书号找到借还表中的相应记录。在这里我们注意到这样一个事实，那就是任意一个图书号最多只能对应一本书（因为依据前面的设计，即使是同一本书的不同副本，其编号也不同），因此当借阅者拿一本书来归还时，在还未借还的记录中最多只能有一条与其对应。我们在设计"还书"界面时巧妙地利用了这一点，即在原有的界面中，用户只要输入图书号，其余控件的信息就根据相关记录的内容获得。其具体的代码如下：

```
{// 根据图书号,查找并显示相关信息
    Updatedata();
    CString strSQL;
    //根据图书号,查找未归还的借还记录
    strSQL.Format("select * from BorrLend where bl_booknum='%s'and
                    returnday is null",m_strblbnum);
    if (!m_BorrLendset.open(AFX_DB_USE_DEFAULT_TYPE),strSQL)
    {
        MessageBox("无法打开数据库",MB_OK);
        return;
    }
    if (m_BorrLendset.GetRecordCount()==0)//如果没能找到指定的图书
    {
        MessageBox("此图书没有借出，请重新输入",MB_OK);
        m_BorrLendset.Close();
        return;
    }
    //显示相应的借还信息
    m_strblbname=m_BorrLendset.m_bl_bookname;
    m_strblcnum=m_BorrLendset.m_bl_cardnum;
    m_strblcname=m_BorrLendset.m_bl_cardname;
    m_tmblbdate=m_BorrLendset.m_borrowday;
    CTime should_return=
        m_BorrLendset.m_borrowday+m_nDaynum*24*3600;//计算应该归还的日期
    CTime return_day=CTime::GetCurrentTime();//获得当前时间
    CString strDay;
    m_strreday=strDay.Format("%d-%d-%d",return_day.GetYear(),
                            return_day.GetMonth(),return_day.GetDay());
    if (return_day>should_return)
    then m_nPunDay=(int)(return_day-should_return).GetDays();//如果超期,计算超期天数
    else  m_nPunDay=0;
    //根据书名得到书的类别
    CBookSet book;
    CString strSQL;
    strSQL.Format("select * from Book where booknum='%s'",m_strblbnum);
    if (!book.open(AFX_DB_USE_DEFAULT_TYPE),strSQL)
    {
        MessageBox("无法打开数据库",MB_OK);
        return;
    }
    //查找对应书类别的每天罚款额度
    CBookTypeSet rs;
    CString strSQL;
    strSQL.Format("select * from BookType where type='%s'",book.type);
    if (!rs.open(AFX_DB_USE_DEFAULT_TYPE),strSQL)
    {
        MessageBox("无法打开数据库",MB_OK);
        return;
    }
    book.Close();
    rs.Close();
```

```
    // 根据超期天数和每天的罚款额度,计算总的罚款金额, 并显示在相应的控件上
    m_ftotalPun=(float)(m_nPunDay*(atof(rs.punmoney)));
    m_BorrLendset.Close():
    UpdateData(FALSE);
    //设置"归还"按钮为可以点击状态
    m_bntReturn.EnableWindow(TURE);
}
```

      还书者只有在交纳了应该交纳的罚款金额后, 系统用户才能够点击"归还"按钮进行图书的归还, 即更新"借阅者表"和"图书表"中相应记录的信息。"归还"按钮的点击OnClick实现代码如下:

```
{//当用户点击了"归还"按钮后, 要求把对应图书表的图书信息"是否借出"改成未借出, 将对应借阅者的
"已借书数目"减1
    Updatedata();
    //修改图书信息
    CString strSQL;
    CBookSet bkset;
    //根据图书号,查找到相应的记录
    strSQL.Format("select * from Book where booknum='%s'",m_strblbnum);
    if (!bkset.open(AFX_DB_USE_DEFAULT_TYPE),strSQL)
    {
        MessageBox("无法打开数据库",MB_OK);
        return;
    }
    bkset.edit();
    bkset.m_islend=0;
    bkset.Update();
    bkset.Close();
    //修改借阅者信息
    CBorrowerSet borrset;
    //根据借阅卡号查找到相应的记录
    strSQL.Format("select * from Borrower where cardnum='%s'",m_strblcnum);
    if (!borrset.open(AFX_DB_USE_DEFAULT_TYPE),strSQL)
    {
        MessageBox("无法打开数据库",MB_OK);
        return;
    }
    borrset.edit();
    borrset.m_borrowerdNum=borrset.m_borrowerdNum-1;
    borrset.Update();
    borrset.Close();
    //将实际借还日期和刚刚计算出的总的罚款金额写入"借还表"的相应字段
    strSQL.Format("select * from BorrLend where bl_booknum='%s'and
                    returnday is null",m_strblbnum);
    if (!m_BorrLendset.open(AFX_DB_USE_DEFAULT_TYPE),strSQL)
    {
        MessageBox("无法打开数据库",MB_OK);
        return;
    }
    m_BorrLendset.edit();
    m_BorrLendset.m_returnday=CTime::GetCurrentTime();//记下实际还书的日期
    char buffer[7];
    gcvt(m_ftotalPun,7,buffer);//把m_ftotalPun这个浮点数转换成字符串, 放在buffer里
    m_BorrLendset.m_finemoney=buffer;//记下罚款金额
    m_BorrLendset.Update();
    m_BorrLendset.Close();
    MessageBox("你已经成功地还了一本书",MB_OK);
    //返回"还书"界面, 并将界面的各个控件清空
    OnButtonClear();
}
```

如果用户由于某种原因，希望放弃此次操作，可以点击"取消"按钮，此时"还书"界面的控件需要清空，以供用户重新输入。其实现的代码OnButtonClear()如下：

```
{//代码的主要功能就是将界面的控件清空，以供用户再次输入
m_strblbnum=_T""
m_strblbname=_T"";
m_strblcnum=_T"";
m_strblcname=_T"";
m_tmblbdate=m_BorrLendset.m_borrowday;
m_strreday=_T"";
m_nPunDay=0;
m_ftotalPun=0.0;
//设置"归还"按钮为不可点击状态
m_bntReturn.EnableWindow(FALSE);
}
```

（3）查询借还记录

该模块主要负责根据用户输入的"借阅卡号"和"图书号"来查找相关的借还记录，并将其显示在相应的控件中。需要说明的是，该界面的初始化代码类似于前面"查询借阅者"的初始化代码，这里不再赘述。下面是当用户点击了"查询"按钮后的实现代码：

```
{//下面代码是查询借还记录
    UpdateData(TRUE);
    //构造根据用户输入条件的SQL语句
    CSring strSQL;
    if (m_strborrnum.IsEmpty()&m_strborbnum.IsEmpty())// 如果用户设置的查询条件都是空的
    {
        strSQL="select * from BorrLend"//那么就返回所有的借还表中的记录
    }
    else if (m_strborrnum.IsEmpty())//如果"借阅卡号"是空的
    {
        strSQL.Format("select * from BorrLend where bl_booknum='%s'",
                    m_strborbnum);//则根据"图书号"来查询
    }
    else if (m_strborbnum.IsEmpty())//如果"图书号"是空的
    {
        strSQL.Format("select * from BorrLend where bl_cardnum='%s'",
                    m_strborrnum);//则根据"借阅卡号"来查询
    }
    else
    {
        strSQL.Format("select * from BorrLend where bl_cardnum='%s'
                    and bl_booknum='%s'",m_strborrnum,m_strborbnum);
    }
    if (!m_brset.open(AFX_DB_USE_DEFAULT_TYPE),strSQL)
    {
        MessageBox("无法打开相应的数据库", MB_OK);
        return;
    }
    //将满足条件的借还信息显示在列表控件中
    int i=0;
    CString strTime;
    while(!m_m_brset.IsEof())
    { //下面是依次显示记录的每个信息
    m_ctrList.InsertItem(i,m_brset.m_bl_cardnum);
    m_ctrList.SetItemText(i,1,m_brset.m_bl_booknum);
    m_ctrList.SetItemText(i,2,m_brset.m_bl_cardname);
    m_ctrList.SetItemText(i,3,m_brset.m_bl_bookname);
    strTime.Format("%d-%d-%d",m_brset.m_borrowday.GetYear(),
                    m_brset.m_borrowday.GetMonth(),
                    m_brset.m_borrowday.GetDay());
```

```
        m_ctrList.SetItemText(i,4,strTime);
        strTime.Format("%d-%d-%d",m_brset.returnday.GetYear(),
                          m_brset.returnday.GetMonth(),
                          m_brset.returnday.GetDay());
        m_ctrList.SetItemText(i,5,strTime);
        m_ctrList.SetItemText(i,6,m_brset.m_finemoney);
        i++;
        m_brset.MoveNext();
        }
        m_brset.Close();
        m_ctrList.setRedraw(TURE);
    }
```

(4) 删除借还记录

该模块主要负责删除借还记录中那些不用的记录。根据详细设计的要求，只有那些在借阅卡表中已经被删除的借阅卡借还记录才能被删除。首先要根据用户输入的借阅卡号和书号来检索可能需要删除的记录，这个功能和前面一样，此处不再重复。然后，根据用户在列表中选择的记录号，进行删除。其删除的具体实现代码如下：

```
    {
    //首先获得用户选择的记录号
    int i=m_ctrList.GetSelectionMark();
    if (i<0)
    {
        MessageBox("请选择某一条记录进行删除",MB_OK);
        return;
    }
    //检查要删除记录的"借阅卡号"，在借阅卡表中是否有记录
    //如果有，说明这个用户还在正常使用，则其"借阅"记录不能删除
    CString strSQL;
    strSQL.Format("select * from Borrower where booknum='%s'",m_strborrnum));
    if (!borr.open(AFX_DB_USE_DEFAULT_TYPE),strSQL)
    {
        MessageBox("无法打开数据库",MB_OK);
        return;
    }
    if (borr.GetRecordCount()!=0)
    then
    {
        MessageBox("此借阅卡仍在使用，不能删除对应的借还记录",MB_OK);
        borr.Close();
        return;
    }
    else
    {
        CString strSQL;
        strSQL.Format("select * from BorrLend where bl_cardnum
                      ='%s' and bl_booknum='%s''",
                      m_ctrList.GetItemText(i,0),
                      m_ctrList.GetItemText(i,2));
        if (!borrlend.open(AFX_DB_USE_DEFAULT_TYPE),strSQL)
        {
            MessageBox("无法打开数据库",MB_OK);
            return;
        }
        if (MessageBox("你是否真的确定要删除这条记录？",MB_OKCANCEL)==IDOK)
        then
        borrlend.Delete();
        borrlend..Close();
        MessageBox("记录删除成功",MB_OK);
```

```
            m_ctrList.DeleteItem(i);
            UpdateData(FALSE);
            }
            else
            {
                borrlend.Close();
                return;
            }
    }
```

5. 基本信息管理模块

就像前面详细设计中要求的，该模块的功能都是给系统管理员使用。它主要包含"借阅者类别信息管理"、"图书类别信息管理"和"用户管理"3个子模块。需要说明的是，这3个子模块的功能比较类似（其本质都是对相应表中记录的添加、删除、修改、查询功能的实现，只是操作的表不同），由于版面的限制，同时为了避免重复大量相似的代码，下面仅以"用户管理"子模块为例，具体地介绍其实现过程。

（1）添加新用户

这个模块只能给管理员使用。当用户使用此功能时，首先会显示一个空的对话框，让用户填入相应的用户信息，在用户点击"提交"按钮之后，在检验了输入的合法性之后，把输入的记录保存到表中。其界面类似于"添加借阅者"，这里不再重复。具体的实现代码如下：

```
    {
        //下面是当用户点击了"提交"按钮后的相应代码
        UpdateData();
        // 检查各个输入项是否有空的
        if(m_strUsename.IsEmpty())
        {
            MessageBox("用户名不能为空",MB_OK);
            m_ctrUsename.SetFocus();
            return;
        }
        if(m_strPasswd.IsEmpty())
        {
            MessageBox("密码不能为空",MB_OK);
            m_ctrPasswd.SetFocus();
            return;
        }
        if (m_strPasswd!=m_strRePasswd)
        {
            MessageBox("两次密码不一样,请重新输入密码!",MB_OK);
            m_strPasswd="";
            m_strRePasswd="";
            m_ctrPasswd.SetFocus();
            UpdateData(FALSE);
            return;
        }
        CUserSet recordset;
        CString strSQL;
        strSQL.Format("select * from User where usename='%s'",m_strUsename);
        if (!recordset.open(AFX_DB_USE_DEFAULT_TYPE),strSQL)
        {
            MessageBox("无法打开系统用户表",MB_OK);
            return;
        }
        if (recordset.GetRecordCount()!=0)
        {
            MessageBox("此用户名已经存在，请重新输入",MB_OK);
            recordset.Close();
```

```
            return;
        }
        recordset.Close();
        if (!recordset.open(AFX_DB_USE_DEFAULT_TYPE))
        {
            MessageBox("无法打开系统用户表",MB_OK);
            return;
        }
        //具体添加一个系统用户
        recordset.AddNew();
        recordset.m_usename=m_strUsename;
        recordset.m_Passwd=m_strPasswd;
        recordset.m_isadmin=m_bIsAdmin;
        recordset.Update();
        MessageBox("已经成功输入该用户,请记住用户名和密码",MB_OKCANCEL);
        recordset.Close();
        Refreshdata();
    }
```

(2) 查询用户

这个模块也只能给系统管理员使用，管理员使用它查看用户的密码、是否为管理员等信息。管理员输入用户名，由于本系统中用户名的唯一性，返回该用户的密码和其是否为管理员。当系统管理员点击了"查询"按钮后，将该用户的信息显示在相应的控件内。具体的实现代码如下：

```
    {//查询用户
        UpdateData(true);
        CUserSet recordset;
        CString strSQL;
        strSQL.Format("select * from User where usename='%s'",m_strSearName);
        if (!recordset.open(AFX_DB_USE_DEFAULT_TYPE),strSQL)
        {
            MessageBox("无法打开系统用户表",MB_OK);
            return;
        }
        if (recordset.GetRecordCount()=0)
        {
            MessageBox("系统中没有该用户，请重新输入用户名",MB_OK);
            recordset.Close();
            return;
        }
        //显示用户的密码及其是否为管理员
        {
            m_strSearPasswd=recordset.m_Passwd;
            m_strSearIsAdmin=recordset.m_isadmin;
            recordset.Close();
            UpdateData(false);
        }
    }
```

(3) 删除用户

该模块只能管理员使用，首先根据用户名查找到欲删除的记录，在删除前提示是否确定删除，只有得到肯定的答复后，才真正删除。具体的实现代码如下：

```
    {//当用户点击"删除"按钮后
        UpdateData(true);
        CUserSet recordset;
        CString strSQL;
        strSQL.Format("select * from User where usename='%s'",m_strDelName);
        if (!recordset.open(AFX_DB_USE_DEFAULT_TYPE),strSQL)
        {
            MessageBox("无法打开系统用户表",MB_OK);
```

```
        return;
    }
    if (recordset.GetRecordCount()=0)
    {
        MessageBox("系统中没有该用户, 请重新输入用户名",MB_OK);
        recordset.Close();
        return;
    }
    if (MessageBox("你是否真的确定要删除这条记录? ",MB_OKCANCEL)==IDOK)
    then
    {
        recordset.Delete();
        recordset.Close();
        MessageBox("记录删除成功",MB_OK);
        UpdateData(FALSE);
    }
    else
    {
        recordset.Close();
        return;
    }
}
```

（4）修改用户

此模块也仅能给管理员使用。管理员可以使用它来修改所有用户的"密码"和"是否是管理员"项。普通用户无权修改，如果其确实需要修改自己的密码，必须到管理员处申请，通过管理员的操作来实现自己密码的修改。下面以修改密码为例说明其具体的处理过程。首先还是根据用户名找到需要修改的记录，并将其信息显示在相应控件中，其中密码、确认密码和是否是管理员控件为可编辑的。当用户输入新的密码后，系统确定其两次输入的密码是否一致，这些都和前面完全一样，此处不再重复。如果两次密码一致，就写入相应的表。这部分代码如下：

```
{//修改用户密码的实现代码
    recordset.edit();
    recordset.m_strUpName=m_strUpName;
    recordset.m_Passwd=m_strUpPasswd;
    recordset.m_isadmin=m_bUpIsAdmin;
    recordset.update();
    MessageBox("用户记录修改成功, 请记住用户名, 密码! ",MB_OK);
    recordset.Close();
}
```

3.4 网上商城管理系统编码

3.4.1 程序设计语言和数据库系统的选择

网上商城是基于Internet的管理信息系统，使用浏览器/服务器架构（Browser/Server，简称B/S）架构，采用Internet上标准的通信协议（通常是TCP/IP协议）作为客户机和服务器通信的协议，这样可以使位于Internet任意位置的用户都能够正常访问服务器。服务器通过相应的Web服务和数据库服务可以对数据进行处理，生成网页，方便客户端直接下载。客户机以浏览器作为客户端的应用程序实现对数据的显示。

Web应用系统的开发必须考虑到网络数据传输的效率以及开发和实施的方便性。网上商城管理系统的开发选择了ASP.NET，它是用于构建 Web 应用程序的一个完整的框架，设计和实施简洁，语言灵活，并支持复杂的面向对象特性，真正能够与编程人员现有的技能进行互操作。ASP.NET可以使用脚本语言（如 JScript、VBScript、Perlscript 和 Python）以及编译语言（如 VB、C#、C、Cobol、Smalltalk和Lisp）。

网上商城管理系统采用C#作为程序开发语言。C#是一种安全、稳定、简单的由C和C++衍生出来的面向对象程序设计语言。它在继承C和C++强大功能的同时去掉了一些它们的复杂特性（例如没有宏和模板，不允许多重继承）。C#综合了VB简单的可视化操作和C++的高运行效率，以其强大的操作能力、优雅的语法风格、创新的语言特性和便捷的面向组件编程成为.NET开发的首选语言。

网上商城管理系统选择Microsoft Visual Studio 2008作为开发平台，随之一起绑定发布的SQL Server 2005 Express也同时作为网上商城管理系统的支持公共语言运行库。它可以使用VB.NET或者C#来创建存储过程、触发器、用户自定义函数和用户自定义类型。系统中所使用的数据库对象可以通过Visual Web Developer中的数据库浏览器界面使用，也可以通过数据库浏览器来使用。

网上商城管理系统的数据库在第1章的数据字典中已进行了阐述，其数据库表有四张：会员信息表、商品信息表、订单信息表和订单详情表，它们的结构如表3-7、表3-8、表3-9和表3-10所示。其中，使用英文名称便于编码实现。

表3-7　会员信息表结构

内部名	类型及长度	备注	说明
UserID	bigint	非空	会员编码（主键）
UserName	varchar(16)	非空	会员姓名
UserPWD	varchar(16)	非空	会员密码
Gender	char(2)		会员性别
UserQQ	varchar(15)		会员QQ
RealName	varchar(50)		真实姓名
Address	varchar(200)		家庭住址
Telephone	varchar(13)		联系电话
RegisterTime	char(20)		注册时间

表3-8　商品信息表结构

内部名	类型及长度	备注	说明
GoodsID	bigint	非空	商品编码（主键）
GoodsName	varchar(50)	非空	商品名称
GoodsNum	int	非空	商品数量
Price	real	非空	商品价格
Location	varchar(250)	非空	生产厂址
Brand	varchar(50)	非空	品牌
PTime	datetime	非空	生产时间
PicUrl	varchar(150)	非空	图片链接

表3-9　订单信息表结构

内部名	类型及长度	备注	说明
OrderID	nvarchar(20)	非空	订单编码（主键）
UserID	bigint	非空	会员编码
OrderNum	int	非空	总数量
Total	real	非空	总金额
OrderTime	datetime		订单时间
SendOut	char(6)	非空	是否发送

表3-10 订单详情表结构

内部名	类型及长度	备注	说明
ID	bigint	非空	物品编码（主键）
GoodsID	bigint	非空	商品编码
OrderNum	int	非空	订购数量
OrderID	nvarchar(20)	非空	订单编码

3.4.2 系统模块的编码实现

1. 会员登录模块

本模块是总系统的入口。不同的用户登录系统后经验证拥有不同的权限。该模块可以被任何人员使用。系统通过对用户使用用户名和密码进行登录验证，验证码是为了有效防止用户利用机器进行自动注册以及有效防止对某一个特定注册用户用特定程序以暴力破解方式进行不断的登录尝试。

用户在登录交互界面里填上自己的用户名、密码和验证码，并点击"登录"按钮。

系统的后台实现代码Login.aspx.cs为：

```
protected string PrePicValue;              //验证码字符串
protected void Page_Load(object sender, EventArgs e)
{
    TBUserName.Focus();
    PrePicValue = PictureVerify.Text;
    System.Random r = new Random();
    int rand = r.Next(1000, 9999);          //产生验证码的四位随机数
    PictureVerify.Text = rand.ToString();
    Image1.ImageUrl = "RandPic.aspx?code=" + rand.ToString();   //调用验证码图片化页面
}
protected void ImageButton1_Click(object sender, ImageClickEventArgs e)
{
    if (PictureValue.Text != PrePicValue)
    {
        GenError("您输入的验证码不正确！");
    }
    else
    {
        //连接数据库
        SqlConnection conn = new SqlConnection();
        conn.ConnectionString = "Data
        Source=.\\SQLEXPRESS;AttachDbFilename=C:\\Inetpub\\wwwroot\\WebMall\\App_Data\\m
        all.mdf;Integrated Security=True;User Instance=True";
        conn.Open();
        SqlCommand cmd = conn.CreateCommand();
        cmd.CommandText = string.Format("SELECT UserID,UserName,
                          UserPWD FROM UserTable WHERE UserName='{0}'",
                          TBUserName.Text);
        SqlDataAdapter da = new SqlDataAdapter(cmd);
        DataSet ds = new DataSet();
        da.Fill(ds);
        conn.Close();
        conn.Dispose();
        //用户的输入与数据库记录进行匹配
        if (ds.Tables[0].Rows.Count <= 0)
        {
            GenError("此用户不存在！");
        }
        else
```

```
                {
            string password = ds.Tables[0].Rows[0]["UserPWD"].ToString().Trim();
            if (password != TBPassWord.Text.Trim())
            {
                GenError("密码错！");
            }
            else
            {
                //用户登录成功
                Session["OrderID"] = "";
                if (ds.Tables[0].Rows[0]["UserID"].ToString().Trim() != "1")
                {
                    Session["UserID"] = ds.Tables[0].Rows[0]["UserID"].ToString().Trim();
                //记录用户 ID
                    Response.Redirect("Default.aspx");
                }
                else
                {
                    Session["AID"] = ds.Tables[0].Rows[0]["UserID"].ToString().Trim();
                    //记录管理员 ID
                    Response.Redirect("Manage0.aspx");
                }
            }
        }
    }
}
//错误提示标签
private void GenError(string error)
{
    WrongInfo.Text = error;
}
```

验证码图片生成的后台代码RandPic.aspx.cs为：

```
protected void Page_Load(object sender, EventArgs e)
{
    string strNum = Request.QueryString["code"]; //接收来自登录后的验证码
    if ( strNum == null )
    {
        strNum = "0000";
    }
    string strFontName;
    int iFontSize;
    int iWidth;
    int iHeight;
    //设置验证码的格式
    strFontName="Arial";
    iFontSize=10;
    iWidth=35;
    iHeight=20;
    Color bgColor=Color.DarkBlue;
    Color foreColor=Color.Gold;
    Font foreFont=new Font(strFontName,iFontSize,FontStyle.Bold);
    //实例化图片类
    Bitmap Pic=new Bitmap(iWidth,iHeight,PixelFormat.Format32bppArgb);
    Graphics g=Graphics.FromImage(Pic);
    Rectangle r=new Rectangle(0,0,iWidth,iHeight);
    //产生验证码的图片
    g.FillRectangle(new SolidBrush(bgColor),r);
    g.DrawString(strNum,foreFont,new SolidBrush(foreColor),2,2);
    MemoryStream mStream=new MemoryStream();
    Pic.Save(mStream,ImageFormat.Gif);
```

```
        g.Dispose();
        Pic.Dispose();
        Response.ClearContent();
        Response.ContentType="image/gif";
        Response.BinaryWrite(mStream.ToArray());
        Response.End();
}
```

2. 会员管理模块

(1) 会员注册

对于每一个用户，需要注册成为系统的会员才能进行商品的购买。

系统会员注册的后台代码register.aspx.cs为：

```
protected void Button1_Click(object sender, EventArgs e)
{
        //连接数据库
        SqlConnection conn = new SqlConnection();
        conn.ConnectionString = "Data Source=.\\SQLEXPRESS;AttachDbFilename
                            =C:\\Inetpub\\wwwroot
                             \\WebMall\\App_Data\\
                             mall.mdf;Integrated Security
                            =True;User Instance=True";
        conn.Open();
        SqlCommand cmd = conn.CreateCommand();
        //插入新记录数据库语句
        cmd.CommandText = string.Format("insert into UserTable(UserName,UserPWD,
                        Gender,UserQQ,RealName,Address,Telephone,RegisterTime)
        values(@UserName,@UserPWD,@Gender,@UserQQ,@RealName,@Address,
                        @Telephone,@RegisterTime)");
        cmd.Parameters.Add(new System.Data.SqlClient.SqlParameter(
                        "@UserName", System.Data.SqlDbType.VarChar, 16));
        cmd.Parameters["@UserName"].Value = TextBox1.Text.ToString().Trim();
        cmd.Parameters.Add(new System.Data.SqlClient.SqlParameter(
                        "@UserPWD", System.Data.SqlDbType.VarChar, 16));
        cmd.Parameters["@UserPWD"].Value = TextBox2.Text.ToString().Trim();
        cmd.Parameters.Add(new System.Data.SqlClient.SqlParameter(
                        "@Gender", System.Data.SqlDbType.Char,2));
        cmd.Parameters["@Gender"].Value = DropDownList1.SelectedItem.Text.ToString();
        cmd.Parameters.Add(new System.Data.SqlClient.SqlParameter(
                        "@UserQQ", System.Data.SqlDbType.VarChar, 15));
        cmd.Parameters["@UserQQ"].Value = TextBox5.Text.ToString().Trim();
        cmd.Parameters.Add(new System.Data.SqlClient.SqlParameter(
                        "@RealName", System.Data.SqlDbType.VarChar, 50));
        cmd.Parameters["@RealName"].Value = TextBox6.Text.ToString().Trim();
        cmd.Parameters.Add(new System.Data.SqlClient.SqlParameter(
                        "@Address", System.Data.SqlDbType.VarChar, 200));
        cmd.Parameters["@Address"].Value = TextBox7.Text.ToString().Trim();
        cmd.Parameters.Add(new System.Data.SqlClient.SqlParameter(
                        "@Telephone", System.Data.SqlDbType.VarChar, 13));
        cmd.Parameters["@Telephone"].Value = TextBox8.Text.ToString().Trim();
        cmd.Parameters.Add(new System.Data.SqlClient.SqlParameter(
                        "@RegisterTime", System.Data.SqlDbType.Char,20));
        cmd.Parameters["@RegisterTime"].Value = System.DateTime.Now;
        cmd.ExecuteNonQuery();
        //获取新注册会员的ID
        cmd.CommandText = "SELECT UserID FROM UserTable WHERE UserName
                        ='" + TextBox1.Text.ToString().Trim()+"'";
        SqlDataAdapter da = new SqlDataAdapter(cmd);
        DataSet ds = new DataSet();
        da.Fill(ds, "UserTable");
        Session["UserID"] = ds.Tables[0].Rows[0]["UserID"].ToString();
```

```
        cmd.Connection.Close();
        //提示注册成功
        GenError("欢迎加入网上商城！");
        HyperLink1.Visible =true;
        TextBox2.Text = "";
        TextBox3.Text = "";
        DropDownList1.SelectedValue = "9";
        TextBox5.Text = "";
        TextBox6.Text = "";
        TextBox7.Text = "";
        TextBox8.Text = "";
    }
    //提示标签
    private void GenError(string error)
    {
        WrongInfo.Text = error;
    }
```

（2）会员信息修改

会员登录后可以对个人信息进行修改。

会员信息修改的后台代码UserInfo.aspx.cs为：

```
protected void Page_Load(object sender, EventArgs e)
{
    //如无注册用户或管理员，则返回首页
    if (Session["UserID"] != null || Session["AID"] != null)
    {
        if (!Page.IsPostBack)
        {
            DataListinfo();                //会员信息数据绑定
        }
    }
    else { Response.Redirect("Default1.aspx"); }
}
//会员信息数据绑定
private void DataListinfo()
{
    SqlConnection conn = new SqlConnection();
    conn.ConnectionString = "Data Source=.\\SQLEXPRESS;AttachDbFilename
                        =C:\\Inetpub\\wwwroot\\WebMall\\App_Data\\mall.mdf;
                        Integrated Security=True;User Instance=True";
    conn.Open();
    SqlCommand cmd = conn.CreateCommand();
    if (Session["UserID"] != null)    //管理员信息
    {
        cmd.CommandText = string.Format("SELECT UserID,UserName,UserPWD,
                        Gender,UserQQ,RealName,Address,
                        Telephone FROM UserTable where UserID
                        =" + Session["UserID"].ToString());
    }
    else                              //会员信息
    {
        cmd.CommandText = string.Format("SELECT UserID,UserName,UserPWD,
                        Gender,UserQQ,RealName,Address,
                        Telephone FROM UserTable where UserID
                        =" + Session["AID"].ToString());
    }
    SqlDataAdapter da = new SqlDataAdapter(cmd);
    DataSet ds = new DataSet();
    da.Fill(ds, "UserTable");
    DataList1.DataSource = ds.Tables["UserTable"].DefaultView;
    DataList1.DataBind();
```

```
        conn.Close();
    }
    //编辑
    protected void DataList1_EditCommand(object source,
                            DataListCommandEventArgs e)
    {
        DataList1.EditItemIndex = e.Item.ItemIndex;
        DataListinfo();
    }
    //取消编辑
    protected void DataList1_CancelCommand(object source,
                                    DataListCommandEventArgs e)
    {
        DataList1.EditItemIndex = -1;
        DataListinfo();
    }
    //数据更新
    protected void DataList1_UpdateCommand(object source, DataListCommandEventArgs e)
    {
        string strupdate = "update UserTable set " + "UserName
                        =@UserName, UserPWD=@UserPWD, Gender
                        =@Gender, UserQQ=@UserQQ," + " RealName
                        =@RealName,Address=@Address,Telephone
                        =@Telephone  where (UserID=@UserID) ";
        SqlConnection conn = new SqlConnection();
        conn.ConnectionString = "Data Source=.\\SQLEXPRESS;AttachDbFilename
                            =C:\\Inetpub\\wwwroot\\WebMall\\App_Data\\mall.mdf;
                            Integrated Security=True;User Instance=True";
        SqlCommand myCommand = new SqlCommand(strupdate, conn);
        myCommand.Parameters.Add(new System.Data.SqlClient.SqlParameter(
                        "@UserID", System.Data.SqlDbType.Char, 11));
        myCommand.Parameters["@UserID"].Value = DataList1.DataKeys[e.Item.ItemIndex];
        myCommand.Parameters.Add(new System.Data.SqlClient.SqlParameter(
                        "@UserName", System.Data.SqlDbType.VarChar, 16));
        myCommand.Parameters["@UserName"].Value = ((TextBox)e.Item.FindControl(
                        "TextBox1")).Text.Trim();
        myCommand.Parameters.Add(new System.Data.SqlClient.SqlParameter(
                        "@UserPWD", System.Data.SqlDbType.VarChar, 16));
        myCommand.Parameters["@UserPWD"].Value =
                    ((TextBox)e.Item.FindControl("TextBox2")).Text.Trim();
        myCommand.Parameters.Add(new System.Data.SqlClient.SqlParameter(
                            "@Gender", System.Data.SqlDbType.Char,2));
        myCommand.Parameters["@Gender"].Value = ((DropDownList)e.Item.FindControl(
                        "DropDownList1")).SelectedItem.ToString();
        myCommand.Parameters.Add(new System.Data.SqlClient.SqlParameter(
                        "@UserQQ", System.Data.SqlDbType.VarChar,15));
        myCommand.Parameters["@UserQQ"].Value = ((TextBox)e.Item.FindControl(
                        "TextBox5")).Text.Trim();
        myCommand.Parameters.Add(new System.Data.SqlClient.SqlParameter(
                        "@RealName", System.Data.SqlDbType.VarChar, 50));
        myCommand.Parameters["@RealName"].Value = ((TextBox)e.Item.FindControl(
                        "TextBox6")).Text.Trim();
        myCommand.Parameters.Add(new System.Data.SqlClient.SqlParameter(
                        "@Address", System.Data.SqlDbType.VarChar, 200));
        myCommand.Parameters["@Address"].Value =
                        ((TextBox)e.Item.FindControl("TextBox7")).Text.Trim();
        myCommand.Parameters.Add(new System.Data.SqlClient.SqlParameter(
                        "@Telephone", System.Data.SqlDbType.VarChar, 13));
        myCommand.Parameters["@Telephone"].Value =
                        ((TextBox)e.Item.FindControl("TextBox8")).Text.Trim();
        myCommand.Connection.Open();
```

```
        myCommand.ExecuteNonQuery();
        DataList1.EditItemIndex = -1;
        myCommand.Connection.Close();
        DataListinfo();
    }
```

(3) 检索会员与删除会员

随着会员数量的不断增加，管理员可以通过查询方式检索相关会员。管理员可以删除会员信息，对于个别行为恶劣的会员（订购了商品却不进行交割活动）可以拒绝向他提供商品订购服务。管理员也可以修改会员的全部信息。

检索会员与删除会员集成在一起实现，它们的后台代码ManageM.aspx.cs为：

```
protected void Page_Load(object sender, EventArgs e)
{
    if (Session["AID"]!=null)        //仅管理员可使用此功能
    {
        if (!IsPostBack)
        {
            Session["viewcontent"] = "select UserID,UserName,UserPWD,
                    UserQQ,RealName,Address,Telephone,
                    RegisterTime from UserTable where UserName!='administrator'";
            BindData();
        }
    }
    else
    {
        Response.Redirect("login.aspx");
    }
}
//绑定所有会员信息
protected void BindData()
{
    SqlConnection conn = new SqlConnection();
    conn.ConnectionString = "Data Source=.\\SQLEXPRESS;AttachDbFilename
                        =C:\\Inetpub\\wwwroot\\WebMall\\App_Data\\mall.mdf;Integrated
                        Security=True;User Instance=True";
    conn.Open();
    SqlCommand cmd = conn.CreateCommand();
    cmd.CommandText = string.Format(Session["viewcontent"].ToString());
    SqlDataAdapter sdr = new SqlDataAdapter(cmd);
    DataSet ds = new DataSet();
    sdr.Fill(ds, "UserTable");
    GridView1.DataSource = ds;
    GridView1.DataBind();
    sdr.Dispose();
    conn.Close();
}
//取消编辑
protected void GridView1_RowCancelingEdit(object sender, GridViewCancelEditEventArgs e)
{
    GridView1.EditIndex = -1;
    BindData();
}
//页面索引用于翻页
protected void GridView1_PageIndexChanging(object sender, GridViewPageEventArgs e)
{
    GridView1.PageIndex = e.NewPageIndex;
    BindData();
}
//删除会员
protected void GridView1_RowDeleting(object sender, GridViewDeleteEventArgs e)
```

```
{
    SqlConnection conn = new SqlConnection();
    conn.ConnectionString = "Data Source=.\\SQLEXPRESS;AttachDbFilename
                            =C:\\Inetpub\\wwwroot\\WebMall\\App_Data\\mall.mdf;
                            Integrated Security=True;User Instance=True";
    conn.Open();
    SqlCommand cmd = conn.CreateCommand();
    //检查待删除会员是否还有未发送的订单
    cmd.CommandText = "SELECT OrderID,UserID FROM OrderTable WHERE UserID
                    =" + GridView1.DataKeys[e.RowIndex].Value.ToString()
                    + " and SendOut='未发送'";
    SqlDataAdapter da = new SqlDataAdapter(cmd);
    DataSet ds = new DataSet();
    da.Fill(ds, "OrderTable");
    if (ds.Tables[0].Rows.Count > 0)
    {
        Response.Write("<script language=javascript>alert(
            '该用户尚有订单未发送，不能删除！');</script>");  //会员不可删除
    }
    else
    {
        cmd.CommandText = "delete from UserTable where UserID=" +
                        GridView1.DataKeys[e.RowIndex].Value.ToString();  //删除会员
        cmd.ExecuteNonQuery();
    }
    conn.Close();
    BindData();
}
//编辑会员信息
protected void GridView1_RowEditing(object sender, GridViewEditEventArgs e)
{
    GridView1.EditIndex = e.NewEditIndex;
    BindData();
}
//更新会员信息
protected void GridView1_RowUpdating(object sender, GridViewUpdateEventArgs e)
{
    SqlConnection conn = new SqlConnection();
    conn.ConnectionString = "Data Source=.\\SQLEXPRESS;AttachDbFilename
                            =C:\\Inetpub\\wwwroot\\WebMall\\App_Data\\mall.mdf;
                            Integrated Security=True;User Instance=True";
    SqlDataAdapter sdr = new SqlDataAdapter();
    conn.Open();
    string sqlstr = "update UserTable set UserName='"
        + ((TextBox)(GridView1.Rows[e.RowIndex].Cells[1].Controls[0]
        )).Text.ToString().Trim() + "',UserPWD='"
        + ((TextBox)(GridView1.Rows[e.RowIndex].Cells[2].Controls[0]
        )).Text.ToString().Trim() + "',UserQQ='"
        + ((TextBox)(GridView1.Rows[e.RowIndex].Cells[3].Controls[0]
        )).Text.ToString().Trim() + "',RealName='"
        + ((TextBox)(GridView1.Rows[e.RowIndex].Cells[4].Controls[0]
        )).Text.ToString().Trim() + "',Address='"
        + ((TextBox)(GridView1.Rows[e.RowIndex].Cells[5].Controls[0]
        )).Text.ToString().Trim() + "',Telephone='"
        + ((TextBox)(GridView1.Rows[e.RowIndex].Cells[6].Controls[0]
        )).Text.ToString().Trim() + "' where UserID="
        + GridView1.DataKeys[e.RowIndex].Value.ToString();
    SqlCommand sqlcom = new SqlCommand(sqlstr, conn);
    sqlcom.ExecuteNonQuery();
    conn.Close();
    GridView1.EditIndex = -1;
    BindData();
```

```
    }
    //设置检索会员的方式
    protected void DropDownList1_SelectedIndexChanged(object sender, EventArgs e)
    {
        switch (DropDownList1.SelectedValue)
        {
            case "会员姓名":
                SearchTip.Text = "请输入会员姓名: ";
                break;
            case "会员QQ":
                SearchTip.Text = "请输入会员QQ: ";
                break;
            case "真实姓名":
                SearchTip.Text = "请输入真实姓名: ";
                break;
            case "家庭住址":
                SearchTip.Text = "请输入家庭住址: ";
                break;
            case "联系电话":
                SearchTip.Text = "请输入联系电话: ";
                break;
            default:
                break;
        }
    }
    //检索会员时使用的选择方式
    protected void Button1_Click(object sender, EventArgs e)
    {
        string key = TBkey.Text;
        string field = "";
        switch (DropDownList1.SelectedValue)
        {
            case "会员姓名":
                field = "UserName";
                break;
            case "会员QQ":
                field = "UserQQ";
                break;
            case "真实姓名":
                field = "RealName";
                break;
            case "家庭住址":
                field = "Address";
                break;
            case "联系电话":
                field = "Telephone";
                break;
            default:
                break;
        }
        GridView1.PageIndex = 0;               //设置当前页的索引
        if (field == "")
        {
            Session["viewcontent"] = string.Format("select UserID,
                UserName,UserPWD,Gender,UserQQ,RealName,
                Address,Telephone,RegisterTime from UserTable
                where UserName!='administrator'");
            BindData();
        }
        else
        {
            Session["viewcontent"] = string.Format("select UserID,
```

```
                UserName,UserPWD,Gender,UserQQ,RealName,Address,Telephone,
                RegisterTime from UserTable where UserName!='administrator'and {0}
                like '%{1}%'", field, key);
            BindData();
        }
    }
}
```

3. 商品管理模块

（1）商品录入

为了方便用户的商品查询，对于新到的商品都需要把它的详细信息录入系统。在商品存有现货的状态下，方可对外销售。

商品录入的后台代码UpGoods.aspx.cs为：

```csharp
protected void Page_Load(object sender, EventArgs e)
{
    if (Session["AID"] == null)              //仅管理员使用
    {
        Response.Redirect("login.aspx");
    }
}
protected void Button1_Click(object sender, EventArgs e)
{
        //商品图片的存储设置
        string fullFileName =FileUpload1.FileName;
        string fileName = fullFileName.Substring(fullFileName.LastIndexOf("\\") + 1);
        string typeFileName = fullFileName.Substring(fullFileName.LastIndexOf(".") + 1);
        if (typeFileName == "jpg" || typeFileName == "gif"
                || typeFileName == "bmp" || typeFileName == "png")
        {
            FileUpload1.SaveAs(Server.MapPath("UpFiles") + "\\" + fileName);
        }
        //上传商品
        SqlConnection conn = new SqlConnection();
        conn.ConnectionString = "Data Source
                        =.\\SQLEXPRESS;AttachDbFilename
                        =C:\\Inetpub\\wwwroot\\WebMall\\App_Data\\mall.mdf;
                        Integrated Security=True;User Instance=True";
        conn.Open();
        SqlCommand cmd = conn.CreateCommand();
        cmd.CommandText =
                        string.Format("insert into GoodsTable(
                        GoodsName,GoodsNum,Price,Location,Brand,
                        PTime,PicUrl) values(@GoodsName,@GoodsNum,
                        @Price,@Location,@Brand,@PTime,@PicUrl)");
        cmd.Parameters.Add(new System.Data.SqlClient.SqlParameter(
                        "@GoodsName", System.Data.SqlDbType.VarChar, 50));
        cmd.Parameters["@GoodsName"].Value = TextBox1.Text.ToString().Trim();
        cmd.Parameters.Add(new System.Data.SqlClient.SqlParameter(
                        "@GoodsNum", System.Data.SqlDbType.Int));
        cmd.Parameters["@GoodsNum"].Value = TextBox2.Text.ToString().Trim();
        cmd.Parameters.Add(new System.Data.SqlClient.SqlParameter(
                        "@Price", System.Data.SqlDbType.Real));
        cmd.Parameters["@Price"].Value = TextBox3.Text.ToString().Trim();
        cmd.Parameters.Add(new System.Data.SqlClient.SqlParameter(
                        "@Location", System.Data.SqlDbType.VarChar, 250));
        cmd.Parameters["@Location"].Value = TextBox6.Text.ToString().Trim();
        cmd.Parameters.Add(new System.Data.SqlClient.SqlParameter(
                        "@Brand", System.Data.SqlDbType.VarChar, 50));
        cmd.Parameters["@Brand"].Value = TextBox7.Text.ToString().Trim();
        cmd.Parameters.Add(new System.Data.SqlClient.SqlParameter(
```

```
                    "@PTime", System.Data.SqlDbType.DateTime));
        cmd.Parameters["@PTime"].Value = TextBox8.Text.ToString().Trim();
        cmd.Parameters.Add(new System.Data.SqlClient.SqlParameter(
                    "@PicUrl", System.Data.SqlDbType.VarChar, 150));
        cmd.Parameters["@PicUrl"].Value = "UpFiles/" + fileName;
        cmd.ExecuteNonQuery();
        cmd.Connection.Close();
        GenError("商品加入成功！");
        TextBox1.Text = "";
        TextBox2.Text = "";
        TextBox3.Text = "";
        TextBox6.Text = "";
        TextBox7.Text = "";
        TextBox8.Text = "";
    }
    //提示标签
    private void GenError(string error)
    {
        WrongInfo.Text = error;
    }
```

（2）信息修改与删除商品

商品信息修改与删除的实现集成在一起，其后台代码ManageG.aspx.cs为：

```
protected void Page_Load(object sender, EventArgs e)
{
    if (Session["AID"] != null)
    {
        if (!IsPostBack)
        {
            Session["viewcontent"] = "select GoodsID,GoodsName,GoodsNum,
                    Price,Location,Brand,PTime,PicUrl from GoodsTable";
            BindData();
        }
    }
    else
    { Response.Redirect("login.aspx"); }
}
//商品信息绑定
protected void BindData()
{
    SqlConnection conn = new SqlConnection();
    conn.ConnectionString = "Data Source=.\\SQLEXPRESS;AttachDbFilename
                                =C:\\Inetpub\\wwwroot\\WebMall\\App_Data\\mall.mdf;
                                Integrated Security=True;User Instance=True";
    conn.Open();
    SqlCommand cmd = conn.CreateCommand();
    cmd.CommandText = string.Format(Session["viewcontent"].ToString());
    SqlDataAdapter sdr = new SqlDataAdapter(cmd);
    DataSet ds = new DataSet();
    sdr.Fill(ds, "GoodsTable");
    GridView1.DataSource = ds;
    GridView1.DataBind();
    sdr.Dispose();
    conn.Close();
}
//取消编辑
protected void GridView1_RowCancelingEdit(object sender, GridViewCancelEditEventArgs e)
{
    GridView1.EditIndex = -1;
    BindData();
}
```

```
//翻页索引
protected void GridView1_PageIndexChanging(object sender, GridViewPageEventArgs e)
{
    GridView1.PageIndex = e.NewPageIndex;
    BindData();
}
//删除商品
protected void GridView1_RowDeleting(object sender, GridViewDeleteEventArgs e)
{
    SqlConnection conn = new SqlConnection();
    conn.ConnectionString = "Data Source=.\\SQLEXPRESS;AttachDbFilename
                        =C:\\Inetpub\\wwwroot\\WebMall\\App_Data\\mall.mdf;
                        Integrated Security=True;User Instance=True";
    conn.Open();
    string sqlstr = "delete from GoodsTable where GoodsID='"
                + GridView1.DataKeys[e.RowIndex].Value.ToString() + "'";
    SqlCommand sqlcom = new SqlCommand(sqlstr, conn);
    sqlcom.ExecuteNonQuery();
    conn.Close();
    BindData();
}
//编辑商品
protected void GridView1_RowEditing(object sender, GridViewEditEventArgs e)
{
    GridView1.EditIndex = e.NewEditIndex;
    BindData();
}
//更新商品信息
protected void GridView1_RowUpdating(object sender, GridViewUpdateEventArgs e)
{
    SqlConnection conn = new SqlConnection();
    conn.ConnectionString = "Data Source=.\\SQLEXPRESS;AttachDbFilename
                        =C:\\Inetpub\\wwwroot\\WebMall\\App_Data\\mall.mdf;
                        Integrated Security=True;User Instance=True";
    SqlDataAdapter sdr = new SqlDataAdapter();
    conn.Open();
    string sqlstr = "update GoodsTable set GoodsNum="          + ((TextBox)(
            GridView1.Rows[e.RowIndex].Cells[2].Controls[0])).Text.ToString().Trim()
            + ",Price="
            + ((TextBox)(GridView1.Rows[e.RowIndex].Cells[3].Controls[0])
            ).Text.ToString().Trim() + " where GoodsID="
            + GridView1.DataKeys[e.RowIndex].Value.ToString();
    SqlCommand sqlcom = new SqlCommand(sqlstr, conn);
    sqlcom.ExecuteNonQuery();
    conn.Close();
    GridView1.EditIndex = -1;
    BindData();
}
//设置商品检索方式
protected void DropDownList1_SelectedIndexChanged(object sender, EventArgs e)
{
    switch (DropDownList1.SelectedValue)
    {
        case "商品名称":
            SearchTip.Text = "请输入商品名称：";
            break;
        case "生产厂址":
            SearchTip.Text = "请输入生产厂址：";
            break;
        case "品牌":
            SearchTip.Text = "请输入品牌：";
            break;
```

```
        default:
            break;
    }
}
//检索商品
protected void Button1_Click(object sender, EventArgs e)
{
    string key = TBkey.Text;
    string field = "";
    switch (DropDownList1.SelectedValue)
    {
        case "商品名称":
            field = "GoodsName";
            break;
        case "生产厂址":
            field = "Location";
            break;
        case "品牌":
            field = "Brand";
            break;
        default:
            break;
    }
    GridView1.PageIndex = 0;        //设置当前页的索引
    if (field == "")
    {
        Session["viewcontent"] = string.Format("select * from GoodsTable");
        BindData();
    }
    else
    {
        Session["viewcontent"] = string.Format(
            "select * from GoodsTable where  {0} like '%{1}%'", field, key);
        BindData();
    }
}
```

(3) 检索商品

作为一个商城，其商品的种类和数量十分庞大，要想在众多的商品中迅速找到所需要的商品，必须提供相关商品的快速检索功能。

检索商品的后台代码Default.aspx.cs为：

```
protected void Page_Load(object sender, EventArgs e)
{
    if (Session["AID"] != null || Session["UserID"] != null) //会员和管理员均可检索商品
    {
        if (!IsPostBack)
        {
            Session["viewcontent"] = "SELECT GoodsID,GoodsName,
                        GoodsNum,Price,Location,Brand,
                        CONVERT(varchar,PTime,23) as PTime,
                        PicUrl FROM GoodsTable where GoodsNum>0";
            DataListinfo();
        }
    }
    else
    { Response.Redirect("login.aspx"); }
}
//商品信息绑定
private void DataListinfo()
{
```

```csharp
    SqlConnection conn = new SqlConnection();
    conn.ConnectionString = "Data Source=.\\SQLEXPRESS;AttachDbFilename
                            =C:\\Inetpub\\wwwroot\\WebMall\\App_Data\\mall.mdf;
                            Integrated Security=True;User Instance=True";
    conn.Open();
    SqlCommand cmd = conn.CreateCommand();
    cmd.CommandText = string.Format(Session["viewcontent"].ToString());
    SqlDataAdapter da = new SqlDataAdapter(cmd);
    DataSet ds = new DataSet();
    da.Fill(ds, "GoodsTable");
    DataList1.DataSource = ds.Tables["GoodsTable"].DefaultView;
    DataList1.DataBind();
    conn.Close();
    if (ds.Tables[0].Rows.Count == 0)
    {
        Response.Write("<script language=javascript>
            alert('没有您要找的商品！');history.go(-1);<//script>");
        return;
    }
}
//设置检索方式
protected void Button1_Click(object sender, EventArgs e)
{
    string key = TBkey.Text;
    string field = "";
    switch (DropDownList1.SelectedValue)
    {
        case "商品名称":
            field = "GoodsName";
        break;
            case "生产厂址":
        field = "Location";
            break;
        case "品牌":
            field = "Brand";
            break;
        default:
            break;
    }
    if (field == "")
    {
        Session["viewcontent"] = string.Format("SELECT GoodsID,
                GoodsName,GoodsNum,Price,Location,Brand,
                CONVERT(varchar,PTime,23) as PTime,PicUrl FROM GoodsTable ");
        DataListinfo();
    }
    else
    {
        Session["viewcontent"] = string.Format("SELECT GoodsID,
                    GoodsName,GoodsNum,Price,Location,
                    Brand,CONVERT(varchar,PTime,23) as PTime,
                    PicUrl FROM GoodsTable  where  {0} like '%{1}%'",
                    field, key);
```

```
        DataListinfo();
    }
}
```

4. 订单管理

(1) 确认订单与修改订单

确认订单与修改订单集成实现，其后台代码GoodsOrder.aspx.cs为：

```csharp
protected void Page_Load(object sender, EventArgs e)
{
    WrongInfo.Text = "";
    if (Session["UserID"] != null)
    {
        if (!IsPostBack)
        {
            BindData1();
            if (Request["GID"].ToString().Length > 0)
            {
                //建立数据库连接
                SqlConnection conn = new SqlConnection();
                conn.ConnectionString = "Data Source=.\\SQLEXPRESS;AttachDbFilename
                                        =C:\\Inetpub\\wwwroot\\WebMall\\App_Data\\
                                        mall.mdf;Integrated Security
                                        =True;User Instance=True";
                conn.Open();
                SqlCommand cmd = conn.CreateCommand();
                //如当前用户本次初订商品，则产生一个新的订单
                if (Session["OrderID"]==null)
                {
                    //产生订单编码
                    Session["OrderID"] = System.
                        DateTime.Now.ToShortDateString().ToString()
                        + System.DateTime.Now.ToLongTimeString().ToString().Substring(0, 2)
                        + System.DateTime.Now.ToLongTimeString().ToString().Substring(3, 2);
                    cmd.CommandText = string.Format("insert into OrderTable(OrderID,
                            UserID) values('" + Session["OrderID"].ToString() + "',"
                            + Session["UserID"].ToString() + ")");
                    cmd.ExecuteNonQuery();
                }
                //如订单中无选中商品则添加一个记录
                cmd.CommandText = string.Format("if not exists(
                            select GoodsID from OrderGoodsList where GoodsID
                            =" + Request["GID"] + " and OrderID
                            ='"+Session["OrderID"].ToString()+"') insert into
                            OrderGoodsList(GoodsID,OrderNum,OrderID) values("
                            + Request["GID"].ToString() + ",1,'"
                            + Session["OrderID"].ToString() + "')");
                cmd.ExecuteNonQuery();
                conn.Close();
                BindData();
            }
            else
            {
                Response.Redirect("Default.aspx");
            }
        }
    }
    else
    { Response.Redirect("login.aspx"); }
}
//订单信息绑定
```

```
protected void BindData()
{
    SqlConnection conn = new SqlConnection();
    conn.ConnectionString = "Data Source=.\\SQLEXPRESS;AttachDbFilename
                =C:\\Inetpub\\wwwroot\\WebMall\\App_Data\\mall.mdf;
                Integrated Security=True;User Instance=True";
    conn.Open();
    SqlCommand cmd = conn.CreateCommand();
    cmd.CommandText = string.Format("SELECT OrderGoodsList.ID,
                OrderGoodsList.GoodsID,GoodsTable.GoodsName,
                GoodsTable.GoodsNum,OrderGoodsList.OrderNum,
                OrderGoodsList.OrderID,GoodsTable.Price FROM
                OrderGoodsList join GoodsTable on GoodsTable.GoodsID
                =OrderGoodsList.GoodsID WHERE OrderGoodsList.OrderID
                ='" + Session["OrderID"].ToString() + "'");
    SqlDataAdapter da = new SqlDataAdapter(cmd);
    DataSet ds = new DataSet();
    da.Fill(ds);
    GridView1.DataSource = ds;
    GridView1.DataBind();
    da.Dispose();
    conn.Close();
}
//订货会员信息绑定
protected void BindData1()
{
    SqlConnection conn = new SqlConnection();
    conn.ConnectionString = "Data Source=.\\SQLEXPRESS;AttachDbFilename
                    =C:\\Inetpub\\wwwroot\\WebMall\\App_Data\\mall.mdf;
                    Integrated Security=True;User Instance=True";
    conn.Open();
    SqlCommand cmd = conn.CreateCommand();
    cmd.CommandText = string.Format("SELECT UserID,UserName,
            UserQQ,RealName,Address,Telephone from UserTable where UserID
            ='" + Session["UserID"].ToString() + "'");
    SqlDataAdapter da = new SqlDataAdapter(cmd);
    DataSet ds = new DataSet();
    da.Fill(ds);
    GridView2.DataSource = ds;
    GridView2.DataBind();
    da.Dispose();
    conn.Close();
}
//提交订单
protected void Button1_Click(object sender, EventArgs e)
{
    SqlConnection conn = new SqlConnection();
    conn.ConnectionString = "Data Source=.\\SQLEXPRESS;
            AttachDbFilename=C:\\Inetpub\\wwwroot\\WebMall\\App_Data\\mall.mdf;
            Integrated Security=True;User Instance=True";
    SqlDataAdapter sdr = new SqlDataAdapter();
    conn.Open();
    SqlCommand cmd = conn.CreateCommand();
    for (int i = 0; i < GridView1.Rows.Count;i++ )
    {
        int lnum = Int32.Parse(GridView1.Rows[i].Cells[5].Text.ToString())
                - Int32.Parse(GridView1.Rows[i].Cells[6].Text.ToString());
        cmd.CommandText = "update GoodsTable set GoodsNum=" + lnum
                + " where GoodsID=" + GridView1.Rows[i].Cells[2].Text;
        cmd.ExecuteNonQuery();
    }
    if (GridView1.Rows.Count > 0)
```

```
        {
            cmd.CommandText = "update OrderTable set OrderNum="
                    + GridView1.FooterRow.Cells[6].Text + ",Total="
                    + GridView1.FooterRow.Cells[3].Text + ",OrderTime
                    ='" + System.DateTime.Now + "' where OrderID='"
                    + GridView1.Rows[0].Cells[0].Text + "'";
            cmd.ExecuteNonQuery();
        }
        conn.Close();
        Session["OrderID"] =null;
        Response.Redirect("Detail.aspx?OID=" + GridView1.Rows[0].Cells[0].Text);
}
//取消订单
protected void Button3_Click(object sender, EventArgs e)
{
        SqlConnection conn = new SqlConnection();
        conn.ConnectionString = "Data Source=.\\SQLEXPRESS;AttachDbFilename
                    =C:\\Inetpub\\wwwroot\\WebMall\\App_Data\\mall.mdf;
                    Integrated Security=True;User Instance=True";
        conn.Open();
        SqlCommand cmd = conn.CreateCommand();
        cmd.CommandText = string.Format("delete OrderTable where OrderID='"
                    + Session["OrderID"].ToString() + "'");
        cmd.ExecuteNonQuery();
        cmd.CommandText = string.Format("delete OrderGoodsList where OrderID='"
                    + Session["OrderID"].ToString() + "'");
        cmd.ExecuteNonQuery();
        conn.Close();
        Session["OrderID"]=null;
        Response.Redirect("Default.aspx");
}
//取消订单修改
protected void GridView1_RowCancelingEdit(object sender, GridViewCancelEditEventArgs e)
{
        GridView1.EditIndex = -1;
        BindData();
}
//取消编辑
protected void GridView2_RowCancelingEdit(object sender, GridViewCancelEditEventArgs e)
{
        GridView2.EditIndex = -1;
        BindData1();
}
//设置翻页索引
protected void GridView1_PageIndexChanging(object sender, GridViewPageEventArgs e)
{
        GridView1.PageIndex = e.NewPageIndex;
        BindData();
}
//修改订单中商品的数量
protected void GridView1_RowUpdating(object sender, GridViewUpdateEventArgs e)
{
        SqlConnection conn = new SqlConnection();
        conn.ConnectionString = "Data Source=.\\SQLEXPRESS;AttachDbFilename
                    =C:\\Inetpub\\wwwroot\\WebMall\\App_Data\\mall.mdf;
                    Integrated Security=True;User Instance=True";
        SqlDataAdapter sdr = new SqlDataAdapter();
        conn.Open();
        SqlCommand cmd = conn.CreateCommand();
        //如库存数量大于等于会员所需商品数量，则允许修改，否则提示错误
        if (Int32.Parse(GridView1.Rows[e.RowIndex].Cells[5].Text.ToString().Trim()))
```

```
            >= Int32.Parse(((TextBox)(
            GridView1.Rows[e.RowIndex].Cells[6].Controls[0])).Text.ToString().Trim()))
    {
            cmd.CommandText = "update OrderGoodsList set OrderNum="+ ((TextBox)
                (GridView1.Rows[e.RowIndex].Cells[6].Controls[0])).Text.ToString().Trim()
                            + " where ID="
                            + GridView1.DataKeys[e.RowIndex].Value.ToString();
            cmd.ExecuteNonQuery();
    }
    else
    {
            GenError("商品数量不足! ");
    }
    conn.Close();
    GridView1.EditIndex = -1;
    BindData();
}
//修改会员送货的相关信息
protected void GridView2_RowUpdating(object sender, GridViewUpdateEventArgs e)
{
    SqlConnection conn = new SqlConnection();
    conn.ConnectionString = "Data Source=.\\SQLEXPRESS;AttachDbFilename
        =C:\\Inetpub\\wwwroot\\WebMall\\App_Data\\mall.mdf;
        Integrated Security=True;User Instance=True";
    SqlDataAdapter sdr = new SqlDataAdapter();
    conn.Open();
    SqlCommand cmd = conn.CreateCommand();
    cmd.CommandText = "update UserTable set UserName='" + ((TextBox)
        (GridView1.Rows[e.RowIndex].Cells[1].Controls[0])).Text.ToString().Trim()
        + "',UserQQ='"
        + ((TextBox)
        (GridView1.Rows[e.RowIndex].Cells[2].Controls[0])).Text.ToString().Trim()
        + "',RealName='"
        + ((TextBox)
        (GridView1.Rows[e.RowIndex].Cells[3].Controls[0])).Text.ToString().Trim()
        + "',Address='"+ ((TextBox)
        (GridView1.Rows[e.RowIndex].Cells[4].Controls[0])).Text.ToString().Trim()
        + "',Telephone='" + ((TextBox)
        (GridView1.Rows[e.RowIndex].Cells[5].Controls[0])).Text.ToString().Trim()
        + " where ID=" + GridView1.DataKeys[e.RowIndex].Value.ToString();
    cmd.ExecuteNonQuery();
    conn.Close();
    GridView2.EditIndex = -1;
    BindData1();
}
//删除已选中的商品
protected void GridView1_RowDeleting(object sender, GridViewDeleteEventArgs e)
{
    SqlConnection conn = new SqlConnection();
    conn.ConnectionString = "Data Source=.\\SQLEXPRESS;AttachDbFilename
                =C:\\Inetpub\\wwwroot\\WebMall\\App_Data\\mall.mdf;
                Integrated Security =True;User Instance=True";
    conn.Open();
    SqlCommand cmd = conn.CreateCommand();
    cmd.CommandText = "select GoodsID,
                    OrderNum from OrderGoodsList where OrderID
                    ='" + GridView1.DataKeys[e.RowIndex].Value.ToString() + "'";
    SqlDataAdapter sdr = new SqlDataAdapter(cmd);
    DataSet ds = new DataSet();
    sdr.Fill(ds, "OrderGoodsList");
    for (int i = 0; i < ds.Tables[0].Rows.Count; i++)
```

```
{
    cmd.CommandText = "update GoodsTable set GoodsNum=GoodsNum+"
            + ds.Tables[0].Rows[i]["OrderNum"].ToString()
            + "where GoodsID="
            + ds.Tables[0].Rows[i]["GoodsID"].ToString();
    cmd.ExecuteNonQuery();
    }
    cmd.CommandText = "delete OrderGoodsList where OrderID='"
            + GridView1.DataKeys[e.RowIndex].Value.ToString()
            + "'"; cmd.ExecuteNonQuery();
    string sqlstr = "delete from OrderGoodsList where ID='"
            + GridView1.DataKeys[e.RowIndex].Value.ToString()
            + "'";
    SqlCommand sqlcom = new SqlCommand(sqlstr, conn);
    sqlcom.ExecuteNonQuery();
    conn.Close();
    BindData();
}
//继续选择商品
protected void Button2_Click(object sender, EventArgs e)
{
    Response.Redirect("Default.aspx");
}
//指定欲编辑记录的行
protected void GridView1_RowEditing(object sender, GridViewEditEventArgs e)
{
    GridView1.EditIndex = e.NewEditIndex;
    BindData();
}
//指定欲编辑记录的行
protected void GridView2_RowEditing(object sender, GridViewEditEventArgs e)
{
    GridView2.EditIndex = e.NewEditIndex;
    BindData1();
}
//信息提示
private void GenError(string error)
{
    WrongInfo.Text = error;
}
//计算订单商品的总数量和总金额
protected int     ttlnum = 0;
protected double ttlme = 0;
protected void GridView1_RowDataBound(object sender, GridViewRowEventArgs e)
{
    if (e.Row.RowType == DataControlRowType.DataRow)
    {
        ttlnum += Convert.ToInt32(DataBinder.Eval(e.Row.DataItem, "OrderNum"));
        ttlme += Convert.ToInt32(DataBinder.Eval(e.Row.DataItem, "OrderNum"))
                * Convert.ToDouble(DataBinder.Eval(e.Row.DataItem, "Price"));
    }
    else if (e.Row.RowType == DataControlRowType.Footer)
    {
        e.Row.Cells[0].Text = "总金额: ";
        e.Row.Cells[3].Text = ttlme.ToString();
        e.Row.Cells[5].Text = "总数量: ";
        e.Row.Cells[6].Text = ttlnum.ToString();
    }
}
```

(2) 查看订单与完成订单

查看订单与完成订单的后台代码ManageO.aspx.cs为：

```csharp
    protected void Page_Load(object sender, EventArgs e)
    {
        if (!IsPostBack)
        {
            if (Session["AID"] != null)
            {
                Session["viewcontent"] = "select
OrderID,UserID,OrderNum,Total,OrderTime,SendOut from OrderTable where OrderNum>0 ";
                BindData();
            }
            else if (Session["UserID"] != null)
            {
                Session["viewcontent"] = "select OrderID,UserID,
                    OrderNum,Total,OrderTime,
                    SendOut from OrderTable where OrderNum>0 and UserID
                    =" + Session["UserID"].ToString();
                BindData();
            }
            else
            { Response.Redirect("login.aspx"); }
        }
    }
    //订单信息绑定
    protected void BindData()
    {
        SqlConnection conn = new SqlConnection();
        conn.ConnectionString = "Data Source=.\\SQLEXPRESS;AttachDbFilename
            =C:\\Inetpub\\wwwroot\\WebMall\\App_Data\\mall.mdf;
            Integrated Security=True;User Instance=True";
        conn.Open();
        SqlCommand cmd = conn.CreateCommand();
        cmd.CommandText = string.Format(Session["viewcontent"].ToString());
        SqlDataAdapter sdr = new SqlDataAdapter(cmd);
        DataSet ds = new DataSet();
        sdr.Fill(ds, "OrderTable");
        GridView1.DataSource = ds;
        GridView1.DataBind();
        sdr.Dispose();
        conn.Close();
        if (ds.Tables[0].Rows.Count <1)    //记录为零表示没有订单
        {
            Response.Write("<script language=javascript>alert('当前没有订单！');</script>");
        }
    }
    //取消编辑
    protected void GridView1_RowCancelingEdit(object sender, GridViewCancelEditEventArgs e)
    {
        GridView1.EditIndex = -1;
        BindData();
    }
    //设置翻页索引
    protected void GridView1_PageIndexChanging(object sender, GridViewPageEventArgs e)
    {
        GridView1.PageIndex = e.NewPageIndex;
        BindData();
    }
    //删除订单
    protected void GridView1_RowDeleting(object sender, GridViewDeleteEventArgs e)
    {
        if (GridView1.Rows[e.RowIndex].Cells[5].Text.ToString().Trim() != "已发送")
        {
```

```
                SqlConnection conn = new SqlConnection();
                conn.ConnectionString = "Data Source=.\\SQLEXPRESS;AttachDbFilename
                    =C:\\Inetpub\\wwwroot\\WebMall\\App_Data\\mall.mdf;
                    Integrated Security=True;User Instance=True";
                conn.Open();
                SqlCommand cmd = conn.CreateCommand();
                cmd.CommandText =
                    "select GoodsID,OrderNum from OrderGoodsList where OrderID
                        ='" + GridView1.DataKeys[e.RowIndex].Value.ToString() + "'";
                SqlDataAdapter sdr = new SqlDataAdapter(cmd);
                DataSet ds = new DataSet();
                sdr.Fill(ds, "OrderGoodsList");
                for (int i = 0; i < ds.Tables[0].Rows.Count; i++)
                {
                    cmd.CommandText = "update GoodsTable set GoodsNum=GoodsNum+"
                                + ds.Tables[0].Rows[i]["OrderNum"].ToString()
                                + "where GoodsID="
                                + ds.Tables[0].Rows[i]["GoodsID"].ToString();
                    cmd.ExecuteNonQuery();
                }
                cmd.CommandText = "delete OrderGoodsList where OrderID='"
                            + GridView1.DataKeys[e.RowIndex].Value.ToString()
                            + "'";
                cmd.ExecuteNonQuery();
                cmd.CommandText = "delete from OrderTable where OrderID='"
                            + GridView1.DataKeys[e.RowIndex].Value.ToString()
                            + "'";
                cmd.ExecuteNonQuery();
                conn.Close();
                BindData();
            }
        else
            {
                Response.Write("<script language=
                    javascript>alert('已完成的订单不可删除！');</script>");
            }
    }
    //指定记录的索引
    protected void GridView1_RowEditing(object sender, GridViewEditEventArgs e)
    {
        //会员不可修改订单信息表中的信息
        if (Session["UserID"] != null)
        {
            GridView1.EditIndex =-1;
            Response.Write("<script language
                =javascript>alert('会员不可修改订单信息表中的信息！');</script>");
        }
        else
        {
            GridView1.EditIndex = e.NewEditIndex;
        }
        BindData();
    }
    //更新订单
    protected void GridView1_RowUpdating(object sender, GridViewUpdateEventArgs e)
    {
        SqlConnection conn = new SqlConnection();
        conn.ConnectionString = "Data Source=.\\SQLEXPRESS;AttachDbFilename
                        =C:\\Inetpub\\wwwroot\\WebMall\\App_Data\\mall.mdf;
                        Integrated Security=True;User Instance=True";
        SqlDataAdapter sdr = new SqlDataAdapter();
```

```
        conn.Open();
        string sqlstr = "update OrderTable set SendOut='"
                + ((TextBox)(GridView1.Rows
                [e.RowIndex].Cells[5].Controls[0])).Text.ToString().Trim()
                + "' where OrderID='"
                + GridView1.DataKeys[e.RowIndex].Value.ToString()+"'";
        SqlCommand sqlcom = new SqlCommand(sqlstr, conn);
        sqlcom.ExecuteNonQuery();
        conn.Close();
        GridView1.EditIndex = -1;
        BindData();
    }
    //以选择的方式进行检索
    protected void Button1_Click(object sender, EventArgs e)
    {
        string key = TBkey.Text;
        string field = "";
        switch (DropDownList1.SelectedValue)
        {
            case "订单编码":
                field = "OrderID";
                break;
            case "会员编码":
                field = "UserID";
                break;
            case "是否发送":
                field = "SendOut";
                break;
            default:
                break;
        }
        GridView1.PageIndex = 0;
        if (field != "")
        {
            if (Session["AID"] != null)
            {
                Session["viewcontent"] = string.Format("select OrderID,
                    UserID,OrderNum,Total,OrderTime,
                    SendOut from OrderTable where OrderNum>0 and
                    {0} like '%{1}%'",field, key);
            }
            else
            {
                Session["viewcontent"] = string.Format("select OrderID,
                    UserID,OrderNum,Total,OrderTime,
                    SendOut from OrderTable where OrderNum>0
                    and UserID=" + Session["UserID"].ToString()
                    +" and {0} like '%{1}%'", field, key);
            }
            BindData();
        }
    }
```

5. MasterPage

MasterPage是一种模板。利用它可以快速地建立相同页面布局而内部不同的网页。新建aspx文件时可以在多个MasterPage中选择需要实现页面布局的MasterPage。在网页修改时，也只要改动MasterPage文件的这一个页面即可。另外，使用MasterPage在一定程度上会减小Web程序的大小，因为所有重复的HTML标记都只有一个版本。

网上商城使用了两个MasterPage，一个作用于用户未登录时，仅有前台代码；另一个则在登录后起作用，后台加载用户的信息。

用户未登录的MPM.master代码为：

```
<%@ Master Language="C#" AutoEventWireup="true" CodeFile="MPM.master.cs" Inherits="MPM" %>
<!DOCTYPE html PUBLIC "-//W3C//DTD XHTML 1.0 Transitional//EN"
"http://www.w3.org/TR/xhtml1/DTD/xhtml1-transitional.dtd">
<html xmlns="http://www.w3.org/1999/xhtml">
<head runat="server">
    <title>网上商城</title>
    <link href="WebMallCSS.css" rel="stylesheet" type="text/css" />
    <asp:ContentPlaceHolder ID="head" runat="server">
    </asp:ContentPlaceHolder>
</head>
<body>
    <form id="form1" runat="server">
    <div id="top">
        <a href="Default1.aspx">
            <img src="Images/WebMall_Logo.gif" alt="logo" width="169" height="61" /></a>
        <div id="info">
            <a href="Login.aspx">登录</a>|<a href="register.aspx">注册</a>|<a
href="ManageM.aspx">管理入口</a>|<a
                href="#"
onclick="javascript:window.external.AddFavorite(document.URL,document.title);return false">
收藏本页</a> 
        </div>
    </div>
    <div id="content">
        <asp:ContentPlaceHolder ID="ContentPlaceHolder1" runat="server">
        </asp:ContentPlaceHolder>
    </div>
    </form>
</body>
</html>
```

用户登录后的MasterPage的前台代码MPU.master为：

```
<%@ Master Language="C#" AutoEventWireup="true" CodeFile="MPU.master.cs" Inherits="MPU" %>
<!DOCTYPE html PUBLIC "-//W3C//DTD XHTML 1.0 Transitional//EN"
"http://www.w3.org/TR/xhtml1/DTD/xhtml1-transitional.dtd">
<html xmlns="http://www.w3.org/1999/xhtml">
<head runat="server">
    <title>网上商城</title>
    <link href="WebMallCSS.css" rel="stylesheet" type="text/css" />
    <asp:ContentPlaceHolder ID="head" runat="server">
    </asp:ContentPlaceHolder>
</head>
<body>
    <form id="form1" runat="server">
    <div id="top">
        <a href="Default.aspx">
            <img src="Images/WebMall_Logo.gif" alt="logo" width="169" height="61" /></a>
        <div id="info">
            欢迎<asp:Label ID="Label1" runat="server"></asp:Label>登录系统！|<a
href="UserInfo.aspx">个人信息</a>|<a
                href="Logout.aspx">退出</a>|<a href="ManageO.aspx">查看订单</a>|<a
href="ManageM.aspx">管理入口</a>|<a
                href="#"
onclick="javascript:window.external.AddFavorite(document.URL,document.title);return false">
收藏本页</a> 
        </div>
    </div>
    <div id="content">
        <asp:ContentPlaceHolder ID="ContentPlaceHolder1" runat="server">
```

```
            </asp:ContentPlaceHolder>
        </div>
        </form>
    </body>
    </html>
```

用户登录后的MasterPage的后台代码MPU.master.cs为：

```
using System.Data.SqlClient;
    protected void Page_Load(object sender, EventArgs e)
    {
        if (Session["AID"] != null || Session["UserID"] != null)
        {
            if (!Page.IsPostBack)
            {
                SqlConnection conn = new SqlConnection();
                conn.ConnectionString = "Data Source=.\\SQLEXPRESS;AttachDbFilename
                        =C:\\Inetpub\\wwwroot\\WebMall\\App_Data\\mall.mdf;
                        Integrated Security=True;User Instance=True";
                conn.Open();
                SqlCommand cmd = conn.CreateCommand();
                //记录不同类别的用户
                if (Session["UserID"]!=null)
                {
                    cmd.CommandText = "SELECT UserID,UserName FROM UserTable where UserID=" +
Session["UserID"].ToString();
                }
                else
                {
                    cmd.CommandText =
                            "SELECT UserID,UserName FROM UserTable where UserID
                            =" + Session["AID"].ToString();
                }
                SqlDataAdapter da = new SqlDataAdapter(cmd);
                DataSet ds = new DataSet();
                da.Fill(ds, "UserTable");
                conn.Close();
                Label1.Text = ds.Tables[0].Rows[0]["UserName"].ToString().Trim();
            }
        }
    }
```

3.5 饭卡管理系统编码

3.5.1 程序设计语言和数据库系统的选择

　　根据本系统的需求分析，再结合现代人对软件的高要求，可将用户的需求进行动态的可视化描述。但用户的需求是各种各样的，不受地区、行业、部门、爱好的影响，为了更好地描述问题，我们采用Java语言作为本系统的开发语言。作为一种程序设计语言，Java是一种广泛使用的网络程序设计语言，与其他的高级程序设计语言相比，首先它简单、面向对象、不依赖于机器的结构、具有可移植性、鲁棒性、安全性，并且提供了并发的机制、具有很高的性能。其次，它最大限度地利用了网络，Java的小应用程序（applet）可在网络上传输而不受CPU和环境的限制。最后，Java还提供了丰富的类库，使程序设计者可以很方便地建立自己的系统。对于变量声明、参数传递、操作符、控制流等，Java使用了与大多数高级语言相同的传统，使得熟悉这些语言的程序员能很方便地进行编程，同时，Java为了实现其简单、鲁棒、安全等特性，摒弃了这些高级语言中许多不合理的内容。

　　本系统选择Microsoft Access作为数据库管理系统，其原因如下：第一，Access小巧，在小型机上安装方便；第二，本系统只是面向学校学生的饭卡管理系统，所需的数据量很少，而Access是一种桌面数据库，在处理少量数据和单机访问的数据库时是很好的，效率也很高；第三，Access升级时没有任何麻烦，目前几乎所有的大型DBMS都支持从Access导出的数据；第四，Access易操作。

另外，本系统采用Swing技术，它是Java为桌面开发而设计的一个重要GUI工具包，整个设计是基于AWT技术的扩展。Swing具有更丰富而且更加方便的用户界面元素集合，对于底层平台的依赖更少，因此，特殊平台上的bug会很少。另外，Swing会带来交叉平台上的统一的视觉体验。本系统的开发工具是NetBeans，它是运行在Windows、Mac、Linux和Solaris平台上的集成开发环境。NetBeans工程由一个开源的IDE和一个应用程序平台组成，它具有更快捷的搜索功能、更人性化的界面，在保存的时候就自动进行编译。

3.5.2 系统模块的编码实现

1. 系统用户登录模块

当用户在登录交互界面里填上自己的用户名和密码，并点击"登录"按钮后，由系统判断是否进入该系统。系统的实现代码为：

```
//登录界面的初始化
private void initComponents( )
 {
        JLShowInfo = new javax.swing.JLabel( );
        JPLoginInput = new javax.swing.JPanel( );
        JLUserID = new javax.swing.JLabel( );
        JLPW = new javax.swing.JLabel( );
        JTFUserID = new javax.swing.JTextField( );
        JPFPW = new javax.swing.JPasswordField( );
        JBLogin = new javax.swing.JButton( );
        JBCancel = new javax.swing.JButton( );
        JCBUserSytle = new javax.swing.JComboBox( );
        JLUserStyle = new javax.swing.JLabel( );
    private javax.swing.JButton JBCancel;
        private javax.swing.JButton JBLogin;
    private javax.swing.JComboBox JCBUserSytle;
            private javax.swing.JLabel JLPW;
            private javax.swing.JLabel JLShowInfo;
            private javax.swing.JLabel JLUserID;
            private javax.swing.JLabel JLUserStyle;
            private javax.swing.JPasswordField JPFPW;
            private javax.swing.JPanel JPLoginInput;
            private javax.swing.JTextField JTFUserID;
            setDefaultCloseOperation(javax.swing.WindowConstants.EXIT_ON_CLOSE);
            JLShowInfo.setText("饭卡管理系统登录");
            JPLoginInput.setBorder(javax.swing.BorderFactory.createEtchedBorder( ));
            JLUserID.setText("用户名：");
            JLPW.setText("密　码：");
            JTFUserID.setPreferredSize(new java.awt.Dimension(70, 21));
            JBLogin.setText("登录");
            JBLogin.addActionListener(new java.awt.event.ActionListener( )
             {
                    public void actionPerformed(java.awt.event.ActionEvent evt)
                     {
                         JBLoginActionPerformed(evt);
                     }
             };
            JBCancel.setText("取消");
            JCBUserSytle.setModel(new javax.swing.DefaultComboBoxModel(new String[] { "持卡
 者","管理员" }));
```

```
            JLUserStyle.setText("选择登录类型: ");
            javax.swing.GroupLayout JPLoginInputLayout = new javax.swing.GroupLayout(JPLoginInput);
            JPLoginInput.setLayout(JPLoginInputLayout);
            JPLoginInputLayout.setHorizontalGroup
            (JPLoginInputLayout.createParallelGroup(javax.swing.GroupLayout.Alignment.LEADING)
            .addGroup(JPLoginInputLayout.createSequentialGroup( ) .addGap(29, 29, 29)
            .addGroup(JPLoginInputLayout.createParallelGroup(javax.swing.GroupLayout.Alignment.TRAILING)
            .addGroup(javax.swing.GroupLayout.Alignment.LEADING,
            JPLoginInputLayout.createSequentialGroup( ) .addComponent(JLUserStyle)
            .addPreferredGap(javax.swing.LayoutStyle.ComponentPlacement.UNRELATED)
            .addComponent(JCBUserSytle, 0, 92, Short.MAX_VALUE))
            .addGroup(JPLoginInputLayout.createSequentialGroup( ).addComponent(JBCancel)
            .addPreferredGap(javax.swing.LayoutStyle.ComponentPlacement.RELATED,68,
            Short.MAX_VALUE).addComponent(JBLogin))
            .addGroup(JPLoginInputLayout.createSequentialGroup( )
            .addGroup(JPLoginInputLayout.createParallelGroup(javax.swing.GroupLayout.Alignment.LEADING)
            .addComponent(JLUserID) .addComponent(JLPW))
            .addPreferredGap(javax.swing.LayoutStyle.ComponentPlacement.RELATED)
            .addGroup(JPLoginInputLayout.createParallelGroup(javax.swing.GroupLayout
            .Alignment.LEADING, false).addComponent(JPFPW)
            .addComponent(JTFUserID, javax.swing.GroupLayout.DEFAULT_SIZE, 134, Short.MAX_VALUE))))
            .addGap(60, 60, 60)) );
            JPLoginInputLayout.setVerticalGroup
            (
            JPLoginInputLayout.createParallelGroup(javax.swing.GroupLayout.Alignment.LEADING)
            .addGroup(JPLoginInputLayout.createSequentialGroup( ) .addGap(23, 23, 23)
            .addGroup(JPLoginInputLayout.createParallelGroup(javax.swing.GroupLayout
            .Alignment.BASELINE).addComponent(JLUserID)
            .addComponent(JTFUserID,javax.swing.GroupLayout.PREFERRED_SIZE, javax.swing.
            GroupLayout.DEFAULT_SIZE, javax.swing.GroupLayout.PREFERRED_SIZE))
            .addGap(33, 33, 33)
            .addGroup(JPLoginInputLayout.createParallelGroup(javax.swing.GroupLayout
            .Alignment.BASELINE) .addComponent(JLPW)
            .addComponent(JPFPW,javax.swing.GroupLayout.PREFERRED_SIZE, javax.swing
            .GroupLayout.DEFAULT_SIZE, javax.swing.GroupLayout.PREFERRED_SIZE))
            .addPreferredGap(javax.swing.LayoutStyle.ComponentPlacement.RELATED,26, Short.MAX_VALUE)
            .addGroup(JPLoginInputLayout.createParallelGroup(javax.swing.GroupLayout
            .Alignment.BASELINE) .addComponent(JLUserStyle)
            .addComponent(JCBUserSytle,javax.swing.GroupLayout.PREFERRED_SIZE, javax.swing.
            GroupLayout.DEFAULT_SIZE, javax.swing.GroupLayout.PREFERRED_SIZE))
            .addGap(18, 18, 18)
            .addGroup(JPLoginInputLayout.createParallelGroup(javax.swing.GroupLayout
            .Alignment.BASELINE).addComponent(JBLogin) .addComponent(JBCancel)).addGap(20, 20, 20)) );
            javax.swing.GroupLayout layout = new javax.swing.GroupLayout(getContentPane( ));
            getContentPane().setLayout(layout);
            layout.setHorizontalGroup(
            layout.createParallelGroup(javax.swing.GroupLayout.Alignment.LEADING)
            .addGroup(layout.createSequentialGroup( )
            .addGroup(layout.createParallelGroup(javax.swing.GroupLayout.Alignment.LEADING)
            .addGroup(layout.createSequentialGroup( ) .addGap(142, 142, 142)
            .addComponent(JLShowInfo)) .addGroup(layout.createSequentialGroup( )
            .addGap(57, 57, 57)
            .addComponent(JPLoginInput,javax.swing.GroupLayout.PREFERRED_SIZE, javax.swing.
            GroupLayout.DEFAULT_SIZE, javax.swing.GroupLayout.PREFERRED_SIZE)))
            .addContainerGap(64, Short.MAX_VALUE))
        );
    layout.setVerticalGroup
        (
            layout.createParallelGroup(javax.swing.GroupLayout.Alignment.LEADING)
            .addGroup(layout.createSequentialGroup().addGap(33, 33, 33)
            .addComponent(JLShowInfo)
```

```
                     .addPreferredGap(javax.swing.LayoutStyle.ComponentPlacement.UNRELATED)
                     .addComponent(JPLoginInput,javax.swing.GroupLayout.PREFERRED_SIZE, javax.swing.
                 GroupLayout.DEFAULT_SIZE, javax.swing.GroupLayout.PREFERRED_SIZE)
                     .addContainerGap(47, Short.MAX_VALUE))
             );
                 java.awt.Dimension screenSize = java.awt.Toolkit.getDefaultToolkit().getScreenSize();
                 setBounds((screenSize.width-408)/2, (screenSize.height-346)/2, 408, 346);
         }
    //用户名检查
    private void check( )
    {
        if (Fun.isNull(this.JTFUserID)) //用户名空
            {
                JOptionPane.showMessageDialog(null, "用户名为空！");
                this.JTFUserID.setFocusable(true);
            }
        else if (Fun.isNull(this.JPFPW)) //密码空
            {
                JOptionPane.showMessageDialog(null, "密码为空！");
                this.JPFPW.setFocusable(true);
            }
        else//验证用户身份
            {
                String sqlStr, userID, userPW;
                userID = this.JTFUserID.getText().trim();
                userPW = String.valueOf(this.JPFPW.getPassword());
            if (this.JCBUserSytle.getSelectedIndex() == 0) //如果选择用户登录
                {
                    sqlStr = "select * from student_info where stu_num = '" + userID + "' and
    pass = '" + userPW + "'";
                    if (Fun.getRecord(sqlStr)) //用户验证通过
                        {
                            Login.flag = true;
                            Login.userName = userID;
                            this.setVisible(false);
                            JOptionPane.showMessageDialog(null, "欢迎进入用户查询界面！");
                            StuInfo.main(null);
                        }
                    else
                        {
                            JOptionPane.showMessageDialog(null, "用户名或密码错误！");
                        }
                }
            else if (this.JCBUserSytle.getSelectedIndex() == 1) //如果选择管理员登录
                {
                sqlStr = "select * from admin where name = '" + userID + "' and pass = '" + userPW + "'";
                if (Fun.getRecord(sqlStr)) //管理员验证通过
                        {
                            Login.flag = true;
                            Login.userName = userID;
                            this.setVisible(false);
                            JOptionPane.showMessageDialog(null, "欢迎进入管理员界面！");
                            Admin.main(null);
                        }
                else
                    {
                        JOptionPane.showMessageDialog(null, "用户名或密码错误！");
                    }
                }
            }
        }
    }
```

2. 持卡者信息管理模块

```
//用户管理界面初始化
private void initComponents( )
{
        JPStuInfo = new javax.swing.JPanel();
        jLabel3 = new javax.swing.JLabel();
        JTStuName = new javax.swing.JTextField();
        javax.swing.JLabel JLStuID = new javax.swing.JLabel();
        JTNewStuID = new javax.swing.JTextField();
        jLabel4 = new javax.swing.JLabel();
        jLabel6 = new javax.swing.JLabel();
        jLabel7 = new javax.swing.JLabel();
        JTTel = new javax.swing.JTextField();
        JTAddess = new javax.swing.JTextField();
        JCStuGender = new javax.swing.JComboBox();
        jButtonNewStudent = new javax.swing.JButton();
        JBCheckstuid = new javax.swing.JButton();
        JBSetNull = new javax.swing.JButton();
        jPanel1 = new javax.swing.JPanel();
        JTStuID = new javax.swing.JTextField();
        jLabel2 = new javax.swing.JLabel();
        JBUpdateConsume = new javax.swing.JButton();
        JBSelect_UpdateStu = new javax.swing.JButton();
        jButton5 = new javax.swing.JButton();
        jButton6 = new javax.swing.JButton();
        jButton7 = new javax.swing.JButton();
        JBNewStu = new javax.swing.JButton();
        jLabel1 = new javax.swing.JLabel();
        jButton26 = new javax.swing.JButton();
        JPSave = new javax.swing.JPanel();
        JLShowSaveInfo = new javax.swing.JLabel();
        JTFSaveMoney = new javax.swing.JTextField();
        JBSave = new javax.swing.JButton();
        JLShowSave = new javax.swing.JLabel();
        JPLock_Unlock = new javax.swing.JPanel();
        JLShowStuCardState = new javax.swing.JLabel();
        JBLockCard = new javax.swing.JButton();
        JBUnLockCard = new javax.swing.JButton();
        JPCancelCard = new javax.swing.JPanel();
        JBCancelCard = new javax.swing.JButton();
        JLShowCardCancel = new javax.swing.JLabel();
        JPSelect_UpdateCardInfo = new javax.swing.JPanel();
        JSPShowCardInfo = new javax.swing.JScrollPane();
        JTAdminCardInfo = new javax.swing.JTable();
        JTFMoney = new javax.swing.JTextField();
        JBUpdateCardInfo = new javax.swing.JButton();
        JLShowMoney = new javax.swing.JLabel();
        JPUpdateStuInfo = new javax.swing.JPanel();
        jLabel5 = new javax.swing.JLabel();
        JTUpdateStuName = new javax.swing.JTextField();
        JLUpdateStuID = new javax.swing.JLabel();
        JTUpdateStuID = new javax.swing.JTextField();
        jLabel8 = new javax.swing.JLabel();
        jLabel9 = new javax.swing.JLabel();
        jLabel10 = new javax.swing.JLabel();
        JTUpdateTel = new javax.swing.JTextField();
        JTUpdateAddess = new javax.swing.JTextField();
        JCUpdateStuGender = new javax.swing.JComboBox();
        jButtonUpdateStudent = new javax.swing.JButton();
        JBSetNull1 = new javax.swing.JButton();
        setDefaultCloseOperation(javax.swing.WindowConstants.DISPOSE_ON_CLOSE);
```

```java
getContentPane().setLayout(null);
JPStuInfo.setBorder(javax.swing.BorderFactory.createTitledBorder("新建持卡者信息"));
JPStuInfo.setLayout(null);
jLabel3.setText("电话");
JPStuInfo.add(jLabel3);
jLabel3.setBounds(30, 160, 60, 15);
JPStuInfo.add(JTStuName);
JTStuName.setBounds(100, 80, 90, 21);
JLStuID.setText("卡号*");
JPStuInfo.add(JLStuID);
JLStuID.setBounds(30, 40, 70, 15);
JPStuInfo.add(JTNewStuID);
JTNewStuID.setBounds(100, 40, 90, 21);
jLabel4.setText("性别");
JPStuInfo.add(jLabel4);
jLabel4.setBounds(30, 120, 60, 15);
jLabel6.setText("姓名*");
JPStuInfo.add(jLabel6);
jLabel6.setBounds(30, 80, 60, 15);
jLabel7.setText("住址");
JPStuInfo.add(jLabel7);
jLabel7.setBounds(30, 200, 60, 15);
JPStuInfo.add(JTTel);
JTTel.setBounds(100, 160, 180, 21);
JPStuInfo.add(JTAddess);
JTAddess.setBounds(100, 200, 180, 21);
JCStuGender.setBackground(javax.swing.UIManager.getDefaults().getColor("Button.background"));
JCStuGender.setModel(new javax.swing.DefaultComboBoxModel(new String[] { "男", "女" }));
JCStuGender.setSelectedItem(3);
JCStuGender.setToolTipText("");
JCStuGender.addActionListener(new java.awt.event.ActionListener( )
    {
       public void actionPerformed(java.awt.event.ActionEvent evt)
         {
             JCStuGenderActionPerformed(evt);
         }
    });
JPStuInfo.add(JCStuGender);
JCStuGender.setBounds(100, 120, 110, 23);
jButtonNewStudent.setText("确定");
jButtonNewStudent.addActionListener(new java.awt.event.ActionListener( )
{
        public void actionPerformed(java.awt.event.ActionEvent evt)
{
                 jButtonNewStudentActionPerformed(evt);
        }
    });
JPStuInfo.add(jButtonNewStudent);
jButtonNewStudent.setBounds(60, 270, 80, 25);
JBCheckstuid.setText("检测可用性");
JBCheckstuid.addActionListener(new java.awt.event.ActionListener( )
  {
     public void actionPerformed(java.awt.event.ActionEvent evt)
       {
          JBCheckstuidActionPerformed(evt);
       }
  });
JPStuInfo.add(JBCheckstuid);
JBCheckstuid.setBounds(220, 40, 120, 25);
JBSetNull.setText("置空");
JPStuInfo.add(JBSetNull);
JBSetNull.setBounds(190, 270, 100, 25);
```

```
getContentPane().add(JPStuInfo);
JPStuInfo.setBounds(0, 230, 590, 360);
jPanel1.setBorder(javax.swing.BorderFactory.createTitledBorder(null, "查找学生信息"));
jPanel1.setLayout(null);
jPanel1.add(JTStuID);
JTStuID.setBounds(80, 70, 90, 21);
jLabel2.setText("卡号");
jPanel1.add(jLabel2);
jLabel2.setBounds(20, 70, 60, 15);
JBUpdateConsume.setText("查询，更改消费历史");
JBUpdateConsume.addActionListener(new java.awt.event.ActionListener ( )
 {
    public void actionPerformed(java.awt.event.ActionEvent evt)
      {
          JBUpdateConsumeActionPerformed(evt);
      }
});
jPanel1.add(JBUpdateConsume);
JBUpdateConsume.setBounds(380, 110, 180, 30);
JBSelect_UpdateStu.setText("更改持卡者详细信息");
JBSelect_UpdateStu.addActionListener(new java.awt.event.ActionListener( )
  {
    public void actionPerformed(java.awt.event.ActionEvent evt)
      {
          JBSelect_UpdateStuActionPerformed(evt);
      }
});
jPanel1.add(JBSelect_UpdateStu);
JBSelect_UpdateStu.setBounds(380, 30, 180, 30);
jButton5.setText("注销饭卡");
jButton5.addActionListener(new java.awt.event.ActionListener( )
  {
    public void actionPerformed(java.awt.event.ActionEvent evt)
      {
          jButton5ActionPerformed(evt);
      }
});
jPanel1.add(jButton5);
jButton5.setBounds(210, 110, 120, 30);
jButton6.setText("挂失，解锁");
jButton6.addActionListener(new java.awt.event.ActionListener( )
  {
     public void actionPerformed(java.awt.event.ActionEvent evt)
       {
          jButton6ActionPerformed(evt);
       }
  });
jPanel1.add(jButton6);
jButton6.setBounds(380, 70, 180, 30);
jButton7.setText("存款");
jButton7.addActionListener(new java.awt.event.ActionListener( )
  {
     public void actionPerformed(java.awt.event.ActionEvent evt)
       {
          jButton7ActionPerformed(evt);
       }
  });
jPanel1.add(jButton7);
jButton7.setBounds(210, 70, 120, 30);
JBNewStu.setText("新建持卡者信息");
JBNewStu.addActionListener(new java.awt.event.ActionListener( )
```

```
        {
            public void actionPerformed(java.awt.event.ActionEvent evt)
            {
                JBNewStuActionPerformed(evt);
            }
});
jPanel1.add(JBNewStu);
JBNewStu.setBounds(210, 30, 120, 30);
getContentPane( ).add(jPanel1);
jPanel1.setBounds(0, 50, 590, 160);
jLabel1.setText("欢迎进入管理员界面");
getContentPane( ).add(jLabel1);
jLabel1.setBounds(210, 20, 160, 20);
jButton26.setText("返回登录");
jButton26.addMouseListener(new java.awt.event.MouseAdapter() {
    public void mouseClicked(java.awt.event.MouseEvent evt) {
        jButton26MouseClicked(evt);
    }
});
getContentPane( ).add(jButton26);
jButton26.setBounds(470, 610, 100, 25);
JPSave.setBorder(javax.swing.BorderFactory.createTitledBorder("存款信息"));
JLShowSaveInfo.setText("请输入充值金额: ");
JBSave.setText("充值");
JBSave.addActionListener(new java.awt.event.ActionListener( )
    {
        public void actionPerformed(java.awt.event.ActionEvent evt)
        {
            JBSaveActionPerformed(evt);
        }
    });
org.jdesktop.layout.GroupLayout JPSaveLayout = new org.jdesktop.layout.GroupLayout(JPSave);
JPSave.setLayout(JPSaveLayout);
JPSaveLayout.setHorizontalGroup(
    JPSaveLayout.createParallelGroup(org.jdesktop.layout.GroupLayout.LEADING)
    .add(JPSaveLayout.createSequentialGroup() .add(23, 23, 23)
    .add(JPSaveLayout.createParallelGroup(org.jdesktop.layout.GroupLayout.LEADING)
    .add(JLShowSave).add(JPSaveLayout.createSequentialGroup( )
    .add(JLShowSaveInfo)
    .add(35, 35, 35)
    .add(JTFSaveMoney,org.jdesktop.layout.GroupLayout.PREFERRED_SIZE,100, org.jdesktop.
    layout.GroupLayout.PREFERRED_SIZE) .add(43, 43, 43)
    .add(JBSave))).addContainerGap(222, Short.MAX_VALUE))
);
JPSaveLayout.setVerticalGroup(
    JPSaveLayout.createParallelGroup(org.jdesktop.layout.GroupLayout.LEADING)
    .add(JPSaveLayout.createSequentialGroup() .addContainerGap().add(JLShowSave)
    .add(34, 34, 34)
    .add(JPSaveLayout.createParallelGroup(org.jdesktop.layout.GroupLayout.BASELINE)
    .add(JLShowSaveInfo)
    .add(JTFSaveMoney,org.jdesktop.layout.GroupLayout.PREFERRED_SIZE, org.jdesktop
    .layout.GroupLayout.DEFAULT_SIZE, org.jdesktop.layout.GroupLayout.PREFERRED_SIZE)
    .add(JBSave))
    .addContainerGap(266, Short.MAX_VALUE))
);
getContentPane().add(JPSave);
JPSave.setBounds(0, 230, 590, 360);
JPLock_Unlock.setBorder(javax.swing.BorderFactory.createTitledBorder("挂失、解挂管理"));
JBLockCard.setText("挂失");
JBLockCard.addActionListener(new java.awt.event.ActionListener( )
    {
```

```
        public void actionPerformed(java.awt.event.ActionEvent evt)
    {
            JBLockCardActionPerformed(evt);
        }
    });
JBUnLockCard.setText("解挂");
JBUnLockCard.addActionListener(new java.awt.event.ActionListener( )
 {
        public void actionPerformed(java.awt.event.ActionEvent evt)
        {
            JBUnLockCardActionPerformed(evt);
        }
 });
org.jdesktop.layout.GroupLayoutJPLock_UnlockLayout=new
org.jdesktop.layout.GroupLayout(JPLock_Unlock);
JPLock_Unlock.setLayout(JPLock_UnlockLayout);
JPLock_UnlockLayout.setHorizontalGroup(
    JPLock_UnlockLayout.createParallelGroup(org.jdesktop.layout.GroupLayout.LEADING)
    .add(JPLock_UnlockLayout.createSequentialGroup()
    .add(JPLock_UnlockLayout.createParallelGroup(org.jdesktop.layout.GroupLayout.LEADING)
    .add(JPLock_UnlockLayout.createSequentialGroup( ) .add(247, 247, 247)
    .add(JLShowStuCardState)).add(JPLock_UnlockLayout.createSequentialGroup( )
    .add(125, 125, 125) .add(JBLockCard) .add(167, 167, 167)
    .add(JBUnLockCard))).addContainerGap(168, Short.MAX_VALUE))
);
JPLock_UnlockLayout.setVerticalGroup(
    JPLock_UnlockLayout.createParallelGroup(org.jdesktop.layout.GroupLayout.LEADING)
    .add(JPLock_UnlockLayout.createSequentialGroup().addContainerGap()
    .add(JLShowStuCardState).add(84, 84, 84)
    .add(JPLock_UnlockLayout.createParallelGroup(org.jdesktop.layout.GroupLayout.BASELINE)
    .add(JBLockCard) .add(JBUnLockCard))
    .addContainerGap(216, Short.MAX_VALUE))
);
getContentPane().add(JPLock_Unlock);
JPLock_Unlock.setBounds(0, 230, 590, 360);
JPCancelCard.setBorder(javax.swing.BorderFactory.createTitledBorder("注销饭卡"));
JBCancelCard.setText("注销该卡");
JBCancelCard.addActionListener(new java.awt.event.ActionListener( )
    {
        public void actionPerformed(java.awt.event.ActionEvent evt)
        {
            JBCancelCardActionPerformed(evt);
        }
    });
org.jdesktop.layout.GroupLayoutJPCancelCardLayout=new
org.jdesktop.layout.GroupLayout(JPCancelCard);
JPCancelCard.setLayout(JPCancelCardLayout);
JPCancelCardLayout.setHorizontalGroup(
    JPCancelCardLayout.createParallelGroup(org.jdesktop.layout.GroupLayout.LEADING)
    .add(JPCancelCardLayout.createSequentialGroup()
        .add(JPCancelCardLayout.createParallelGroup(org.jdesktop.layout.GroupLayout.LEADING)
            .add(JPCancelCardLayout.createSequentialGroup()
                .add(245, 245, 245)
                .add(JBCancelCard))
            .add(JPCancelCardLayout.createSequentialGroup()
                .add(234, 234, 234)
                .add(JLShowCardCancel)))
        .addContainerGap(250, Short.MAX_VALUE))
);
JPCancelCardLayout.setVerticalGroup(
    JPCancelCardLayout.createParallelGroup(org.jdesktop.layout.GroupLayout.LEADING)
```

```
        .add(JPCancelCardLayout.createSequentialGroup( ) .add(37, 37, 37)
        .add(JLShowCardCancel) .add(69, 69, 69) .add(JBCancelCard)
        .addContainerGap(204, Short.MAX_VALUE))
    );
    getContentPane().add(JPCancelCard);
    JPCancelCard.setBounds(0, 230, 590, 360);
    JPSelect_UpdateCardInfo.setBorder(javax.swing.BorderFactory.createTitledBorder("查询、
修改饭卡记录信息"));
    JPSelect_UpdateCardInfo.setPreferredSize(new java.awt.Dimension(600, 300));
    JSPShowCardInfo.setPreferredSize(new java.awt.Dimension(550, 260));
    JTAdminCardInfo.setBorder(new javax.swing.border.MatteBorder(null));
    JTAdminCardInfo.setModel(new javax.swing.table.DefaultTableModel(
        new Object [][]
        {
            {null, null, null, null},
            {null, null, null, null},
            {null, null, null, null},
            {null, null, null, null}
        },
        new String []
        {
            "Title 1", "Title 2", "Title 3", "Title 4"
        }
    ));
    JTAdminCardInfo.addMouseListener(new java.awt.event.MouseAdapter( )
    {
        public void mouseClicked(java.awt.event.MouseEvent evt)
        {
            JTAdminCardInfoMouseClicked(evt);
        }
    });
    JSPShowCardInfo.setViewportView(JTAdminCardInfo);
    JBUpdateCardInfo.setText("确定修改");
    JLShowMoney.setText("金额: ");
    org.jdesktop.layout.GroupLayoutJPSelect_UpdateCardInfoLayout=new
    org.jdesktop.layout.GroupLayout(JPSelect_UpdateCardInfo);
    JPSelect_UpdateCardInfo.setLayout(JPSelect_UpdateCardInfoLayout);
    JPSelect_UpdateCardInfoLayout.setHorizontalGroup(
     JPSelect_UpdateCardInfoLayout.createParallelGroup(org.jdesktop.layout.GroupLayout.LEADING)
    .add(JPSelect_UpdateCardInfoLayout.createSequentialGroup()
    .add(14, 14, 14)
    .add(JPSelect_UpdateCardInfoLayout.createParallelGroup(org.jdesktop.layout.GroupLayout.LEADING)
    .add(JPSelect_UpdateCardInfoLayout.createSequentialGroup() .add(19, 19, 19)
    .add(JLShowMoney).add(30, 30, 30)
    .add(JTFMoney,org.jdesktop.layout.GroupLayout.PREFERRED_SIZE,123,
    org.jdesktop.layout.GroupLayout.PREFERRED_SIZE).add(18, 18, 18)
    .add(JBUpdateCardInfo))
    .add(JSPShowCardInfo,org.jdesktop.layout.GroupLayout.PREFERRED_SIZE,
    org.jdesktop.layout.GroupLayout.DEFAULT_SIZE, org.jdesktop.layout.GroupLayout.PREFERRED_SIZE))
    .addContainerGap(14, Short.MAX_VALUE))
    );
    JPSelect_UpdateCardInfoLayout.setVerticalGroup(
        JPSelect_UpdateCardInfoLayout.createParallelGroup(org.jdesktop.layout.GroupLayout.LEADING)
        .add(JPSelect_UpdateCardInfoLayout.createSequentialGroup() .add(5, 5, 5)
        .add(JSPShowCardInfo,org.jdesktop.layout.GroupLayout.PREFERRED_SIZE,
         org.jdesktop.layout.GroupLayout.DEFAULT_SIZE,
         org.jdesktop.layout.GroupLayout.PREFERRED_SIZE).add(18, 18, 18)
        .add(JPSelect_UpdateCardInfoLayout.createParallelGroup(org.jdesktop.layout.GroupLayout.BASEL
        INE) .add(JBUpdateCardInfo)
        .add(JTFMoney,org.jdesktop.layout.GroupLayout.PREFERRED_SIZE,
        org.jdesktop.layout.GroupLayout.DEFAULT_SIZE, org.jdesktop.layout.GroupLayout.PREFERRED_SIZE)
        .add(JLShowMoney)).add(31, 31, 31))
```

```
);
getContentPane().add(JPSelect_UpdateCardInfo);
JPSelect_UpdateCardInfo.setBounds(0, 230, 590, 360);
JPUpdateStuInfo.setBorder(javax.swing.BorderFactory.createTitledBorder("修改用户信息"));
JPUpdateStuInfo.setLayout(null);
jLabel15.setText("电话");
JPUpdateStuInfo.add(jLabel15);
jLabel15.setBounds(30, 160, 60, 15);
JPUpdateStuInfo.add(JTUpdateStuName);
JTUpdateStuName.setBounds(100, 80, 90, 21);
JLUpdateStuID.setText("卡号*");
JPUpdateStuInfo.add(JLUpdateStuID);
JLUpdateStuID.setBounds(30, 40, 70, 15);
JPUpdateStuInfo.add(JTUpdateStuID);
JTUpdateStuID.setBounds(100, 40, 90, 21);
jLabel18.setText("性别");
JPUpdateStuInfo.add(jLabel18);
jLabel18.setBounds(30, 120, 60, 15);
jLabel19.setText("姓名*");
JPUpdateStuInfo.add(jLabel19);
jLabel19.setBounds(30, 80, 60, 15);
jLabel10.setText("住址");
JPUpdateStuInfo.add(jLabel10);
jLabel10.setBounds(30, 200, 60, 15);
JPUpdateStuInfo.add(JTUpdateTel);
JTUpdateTel.setBounds(100, 160, 180, 21);
JPUpdateStuInfo.add(JTUpdateAddess);
JTUpdateAddess.setBounds(100, 200, 180, 21);
JCUpdateStuGender.setBackground(javax.swing.UIManager.getDefaults().getColor(
    "Button.background"));
JCUpdateStuGender.setModel(new javax.swing.DefaultComboBoxModel(new String[] { "男", "女" }));
JCUpdateStuGender.setSelectedItem(3);
JCUpdateStuGender.setToolTipText("");
JCUpdateStuGender.addActionListener(new java.awt.event.ActionListener( )
  {
      public void actionPerformed(java.awt.event.ActionEvent evt)
        {
            JCUpdateStuGenderActionPerformed(evt);
        }
  });
JPUpdateStuInfo.add(JCUpdateStuGender);
JCUpdateStuGender.setBounds(100, 120, 110, 20);
jButtonUpdateStudent.setText("修改");
jButtonUpdateStudent.addActionListener(new java.awt.event.ActionListener( )
  {
      public void actionPerformed(java.awt.event.ActionEvent evt)
        {
          jButtonUpdateStudentActionPerformed(evt);
        }
  });
JPUpdateStuInfo.add(jButtonUpdateStudent);
jButtonUpdateStudent.setBounds(60, 270, 80, 25);
JBSetNull1.setText("置空");
JBSetNull1.addActionListener(new java.awt.event.ActionListener( )
 {
    public void actionPerformed(java.awt.event.ActionEvent evt)
     {
        JBSetNull1ActionPerformed(evt);
     }
});
JPUpdateStuInfo.add(JBSetNull1);
JBSetNull1.setBounds(190, 270, 100, 25);
```

```
        getContentPane().add(JPUpdateStuInfo);
        JPUpdateStuInfo.setBounds(0, 230, 590, 360);
        java.awt.Dimension screenSize = java.awt.Toolkit.getDefaultToolkit().getScreenSize( );
        setBounds((screenSize.width-600)/2, (screenSize.height-685)/2, 600, 685);
}
```

(1) 持卡者注册

本模块是为没有饭卡的用户创建一张饭卡。当用户点击"新建持卡者信息"命令时，首先会弹出一个对话框，这里要填写与持卡者相关的信息，包括姓名、身份证号、院系和住址等。由系统管理员根据用户提交上来的申请资料，首先判断学生的这些基本信息是否与学生信息库里的基本信息一致，若一致就是在校合法持卡者，然后依次在这个对话框里输入该持卡者的其他信息，并创建一个卡ID，然后需要查找数据库来验证一下这个即将添加的卡号和数据库中已有的卡号是否重复，若不重复才可以添加，这样持卡者和饭卡信息就成功注册了。

下面就是用户点击"确定"按钮以后的实现代码：

```java
private String stuID;//存放要操作的持卡者
public Admin(java.awt.Frame parent, boolean modal)
{
    super(parent, modal);
    initComponents();
    setJPanelInvisible();
}
新建用户界面
/**
 * 核查卡号是否存在
 * @param evt
 */
private void JBCheckstuidActionPerformed(java.awt.event.ActionEvent evt)
{
    if (Fun.isNull(this.JTNewStuID))
        {
            JOptionPane.showMessageDialog(null, "请输入卡号！");
            this.JTNewStuID.setFocusable(true);
        }
    else {
            try {
                    String sqlStr = "select * from student_info where stu_num = '" +
                    this.JTNewStuID.getText( ).trim( ) + "'";
                    ResultSet rs = Fun.state.executeQuery(sqlStr);
                    if (rs.next( ))
                        {
                            JOptionPane.showMessageDialog(null, "该卡号已经存在！");
                            this.JTNewStuID.setText("");
                        }
                    else {
                        JOptionPane.showMessageDialog(null, "该卡号不存在，可以注册！");
                        }
                }
            catch (SQLException ex)
                {
                    System.out.println(ex.getMessage());
                }
        }
}
/**
 * 显示新建用户界面
 * @param evt
 */
private void jButtonNewStudentActionPerformed(java.awt.event.ActionEvent evt)
{
    if (Fun.isNull(this.JTNewStuID))
```

```
                        {
                            JOptionPane.showMessageDialog(null, "请输入卡号！");
                            this.JTNewStuID.setFocusable(true);
                        }
                    else if (Fun.isNull(this.JTStuName))
                        {
                            JOptionPane.showMessageDialog(null, "请输入姓名！");
                            this.JTStuName.setFocusable(true);
                        }
                else
                    {
                        try {
                            String sqlStr = "select * from student_info where stu_num = '" +
                            this.JTNewStuID.getText( ).trim( ) + "'";
                            ResultSet rs = Fun.state.executeQuery(sqlStr);
                            if (rs.next( ))
                                {
                                    JOptionPane.showMessageDialog(null, "该卡号已经存在！");
                                    this.JTNewStuID.setText("");
                                    this.JTStuName.setText("");
                                }
                            else
                                {
                                    String stuId, stuName, tel, address, pw;
                                    boolean stuGender;
                                    stuId = this.JTNewStuID.getText().trim();
                                    stuName = this.JTStuName.getText().trim();
                                    stuGender = this.JCStuGender.getSelectedIndex() == 0 ? true : false;
                                    tel = this.JTTel.getText().trim();
                                    address = this.JTAddess.getText().trim();
                                    pw = stuId;
                                    //新建持卡者信息
                                        String sqlInsertStu = "insert into
                                        student_info(stu_num,cardID,name,male,tel,address,pass)
                                        values('" + stuId + "','" + stuId + "','" + stuName + "'," +
                                        stuGender + ",'" + tel + "','" + address + "','" + pw + "')";
                                    //新建饭卡信息
                                    String sqlInsertCard = "insert into card_info(cardID,sum,lock,cancel)
                                    values('" + stuId + "',0,false,false)";
                                 // System.out.println(sqlInsertStu);
                                if(Fun.state.executeUpdate(sqlInsertCard)>0&& Fun.state.executeUpdate
                                (sqlInsertStu) > 0)
                                    {
                                        JOptionPane.showMessageDialog(null, "新建用户、饭卡信息成功！！");
                                        setStuNull();
                                    }
                                else
                                    {
                                        JOptionPane.showMessageDialog(null, "插入信息失败！");
                                    }
                                }
                            }
                        catch (SQLException ex)
                            {
                                System.out.println(ex.getMessage());
                            }
                    }
            }
```

（2）修改持卡者信息

由前面的详细设计，我们知道此模块只能供系统管理员使用。首先系统管理员要查找到需要修改的持卡者信息，单击"更改持卡者详细信息"按钮，把持卡者信息显示在随后弹出的对话框的对应位置上，这段代码和"查询持卡者信息"的实现代码一样，这里不再重复。找到持卡者后，对需要修改的信息进行修改，就完成了持卡者信息的修改任务。

下面给出本模块的具体代码：

```
/**
    * 显示修改用户信息界面
    * @param evt
    */
private void JBSelect_UpdateStuActionPerformed(java.awt.event.ActionEvent evt)
{
        if (checkStudent( ))
            {
                setJPanelInvisible( );
                this.JPUpdateStuInfo.setVisible(true);
                setStudentInfo( );
                this.JTUpdateStuID.setEnabled(false);
            }
}
/**
    * 修改持卡者信息
    * @param evt
    */
private void jButtonUpdateStudentActionPerformed(java.awt.event.ActionEvent evt)
    {
        if (Fun.isNull(this.JTUpdateStuName))
            {
                JOptionPane.showMessageDialog(null, "请输入姓名！");
                this.JTUpdateStuName.setFocusable(true);
            }
        else
            {
                String stuId, stuName, tel, address;
                boolean stuGender;
                stuId = this.JTUpdateStuID.getText().trim( );
                stuName = this.JTUpdateStuName.getText( ).trim( );
                stuGender = this.JCUpdateStuGender.getSelectedIndex( ) == 0 ? true : false;
                tel = this.JTUpdateTel.getText( ).trim( );
                address = this.JTUpdateAddess.getText( ).trim( );
                //修改持卡者信息表
                String sqlUpdateStu = "update student_info set name = '" + stuName + "',male = " +
                stuGender + ",tel = '" + tel + "',address ='" + address + "' where stu_num = '" + stuId + "'";
                if (Fun.update(sqlUpdateStu, true))
                    {
                        JOptionPane.showMessageDialog(null, "修改用户信息成功！！");
                        setStuNull();
                    }
                else {
                        JOptionPane.showMessageDialog(null, "修改信息失败！");
                    }
            }
        setStudentInfo( );
}
```

(3) 查询持卡者信息

本模块主要根据用户设置的查询条件来查找满足条件的持卡者，然后显示满足条件的持卡者全部信息。当用户点击了"查询用户详细信息"按钮后，符合用户检索条件的记录将全部显示在界面的列表框中。

下面就是用户点击"确定"按钮以后的实现代码：

```java
    private String stuID; //用户饭卡号
    private DefaultTableModel dtm;//数据表模型
    private ResultSet rs;//数据集
    public StuInfo(java.awt.Frame parent, boolean modal)
    {
        super(parent, modal);
        initComponents();
        this.stuID = Login.userName;
        this.JPShowConsume.setVisible(false);
        this.JPShowStuInfo.setVisible(false);
        this.JTCardInfo.setSize(580, 350);
        checkCard();
    }
/**
 * 查询用户信息
 * @param evt
 */
    private void jButton2ActionPerformed(java.awt.event.ActionEvent evt)
    {
        this.JPShowConsume.setVisible(false);
        this.JPShowStuInfo.setVisible(true);
        try
        {
            String sql = "select * from student_info where stu_num = '"+stuID+"'";//查询该卡号
            ResultSet rs = Fun.state.executeQuery(sql);
            //显示该用户详细信息
            if(rs.next( ))
            {
                id.setText(rs.getString(2));//卡ID
                name.setText(rs.getString(3));//姓名
                if(rs.getBoolean(4))//性别
                    sex.setText("男");
                else sex.setText("女");
                tel.setText(rs.getString(5));//电话
                address.setText(rs.getString(6));//住址
            }
            else
            {
                JOptionPane.showMessageDialog(null,"卡号错误！");
            }
        }
        catch(SQLException ex)
        {
            System.err.println("aq.executeQuery:"+ex.getMessage( ));
        }
    }
```

3. 饭卡信息管理模块

(1) 加锁与解锁

下面就是用户在挂失和解锁时点击"确定"按钮以后的实现代码：

```java
/**
 * 显示挂失、解挂界面
 * @param evt
 */
    private void jButton6ActionPerformed(java.awt.event.ActionEvent evt)
    {
        if (checkStudent( ))
        {
            checkCard( );//核查饭卡状态
            setJPanelInvisible();
```

```
                    this.JPLock_Unlock.setVisible(true);

                }
        }

    /**
        * 锁定卡
        * @param evt
        */
        private void JBLockCardActionPerformed(java.awt.event.ActionEvent evt)
        {
            int flag = JOptionPane.showConfirmDialog(null, "您确定要锁定卡吗？",
                        null, JOptionPane.YES_NO_OPTION);
            if(flag == 0) //确定要锁定卡
              {
                String sqlStr ="update card_info set lock = true where cardID ='"+stuID+"'";
                //修改数据表card_info 将卡锁定
                Fun.update(sqlStr,true);
              }
            checkCard( );
    }
    /**
        * 解锁卡
        * @param evt
        */
        private void JBUnLockCardActionPerformed(java.awt.event.ActionEvent evt)
        {
            String sqlStr = "update card_info set lock = false where cardID ='" + stuID + "'";
            Fun.update(sqlStr, true);
            checkCard();
        }
```

(2) 注销

当用户选中某条记录，并点击"注销"后，实现注销功能，具体的"注销"按钮的代码如下：

```
/**
    * 显示注销卡界面
    * @param evt
    */
    private void jButton5ActionPerformed(java.awt.event.ActionEvent evt)
    {
        if (checkStudent( ))
          {
            checkCard( );
            setJPanelInvisible( );
            this.JPCancelCard.setVisible(true);
          }
    }

/**
    * 注销卡
    * @param evt
    */
    private void JBCancelCardActionPerformed(java.awt.event.ActionEvent evt)
    {
        String sqlStr = "update card_info set cancel = true where cardID ='" + stuID + "'";
        Fun.update(sqlStr, true);
        checkCard( );
    }
    /**
        * 核查卡的有效性
        */
```

```
public void checkCard( )
{
    String sqlStr = "select * from card_info where lock = false and cancel = false and
    cardID = '" + stuID + "'";//核查该卡的有效性
    String sqlIsLock = "select * from card_info where lock = true and cardID = '" + stuID + "'";
    //核查该卡是否锁定
    String sqlIsCancel = "select * from card_info where cancel = true and cardID = '" + stuID + "'";
    //核查该卡是否注销
    if (Fun.getRecord(sqlStr))
      {
        this.JLShowStuCardState.setText("您的卡运行正常！");
        this.JLShowSave.setText("您的卡运行正常！");
        this.JLShowCardCancel.setText("您的卡运行正常！");
        this.JBLockCard.setEnabled(true);
        this.JBCancelCard.setEnabled(true);
        this.JBSave.setEnabled(true);
        this.JBUnLockCard.setEnabled(false);
      }
    if (Fun.getRecord(sqlIsLock))
      {
        this.JLShowStuCardState.setText("卡已经被锁定！");
        this.JLShowSave.setText("卡已经被锁定！");
        this.JLShowCardCancel.setText("卡已经被锁定！");
        this.JBLockCard.setEnabled(false);
        this.JBUnLockCard.setEnabled(true);
        this.JBSave.setEnabled(true);
      }
    if (Fun.getRecord(sqlIsCancel))
      {
        this.JLShowStuCardState.setText("卡已经被注销！");
        this.JLShowSave.setText("卡已经被注销！");
        this.JLShowCardCancel.setText("卡已经被注销！");
        this.JBLockCard.setEnabled(false);
        this.JBUnLockCard.setEnabled(false);
        this.JBCancelCard.setEnabled(false);
        this.JBSave.setEnabled(false);
      }
}
```

(3) 充值

根据详细设计，本模块的重要代码如下：

```
/**
    * 显示充值界面
    * @param evt
    */
private void jButton7ActionPerformed(java.awt.event.ActionEvent evt)
  {
      if (checkStudent( ))
  {
      checkCard( );
      setJPanelInvisible( );
      this.JPSave.setVisible(true);
  }
}
/**
    * 充值
    * @param evt
    */
private void JBSaveActionPerformed(java.awt.event.ActionEvent evt)
  {
      if (Fun.isNull(this.JTFSaveMoney))
```

```
                              {
                                  JOptionPane.showMessageDialog(null, "请输入存款金额！");
                                  this.JTFSaveMoney.setFocusable(true);
                              }
                         else {
                              try
                              {
                                  double saveMoney = Double.valueOf(this.JTFSaveMoney.getText( ));
                                  //修改数据表card_info 存款
                                  String sqlUpdateMoney = "update card_info set sum = sum +" + saveMoney + "
                                  where cardID = '" + stuID + "'";
                                  String consumetime = Fun.getCurrentTime( );
                                  //修改存款记录
                                  StringsqlUpdateLog="insertinto
                                  card_log(cardID,consumetime,consumemoney,deposit,drawdown) values('" + stuID +
                                  "','" + consumetime + "'," + saveMoney + ",true,false)";
                                  System.out.println(sqlUpdateLog);
                                  if (Fun.update(sqlUpdateMoney, true) && Fun.update(sqlUpdateLog, false))
                                      {
                                          JOptionPane.showMessageDialog(null, "操作成功！");
                                      }
                                  else
                                      {
                                          JOptionPane.showMessageDialog(null, "操作失败！");
                                      }
                              }
                         catch (Exceptione)
                          {
                              System.out.println(e.getMessage());
                              JOptionPane.showMessageDialog(null, "操作失败，请核查输入信息！");
                          }
                     }
                }
```

(4) 消费

根据前面详细设计的要求，整个子模块可以分成两个部分，分别为饭卡搜索部分和实际消费部分。

```
//消费界面初始化
private void initComponents( )
    {
        jPanel1 = new javax.swing.JPanel();
        jButton1 = new javax.swing.JButton();
        jButton2 = new javax.swing.JButton();
        jButton3 = new javax.swing.JButton();
        jButton4 = new javax.swing.JButton();
        jButton5 = new javax.swing.JButton();
        jButton6 = new javax.swing.JButton();
        jButton7 = new javax.swing.JButton();
        jButton8 = new javax.swing.JButton();
        jButton9 = new javax.swing.JButton();
        jButton10 = new javax.swing.JButton();
        jButton11 = new javax.swing.JButton();
        jButton12 = new javax.swing.JButton();
        jButton13 = new javax.swing.JButton();
        jButton14 = new javax.swing.JButton();
        jButton15 = new javax.swing.JButton();
        Now = new javax.swing.JTextField();
        jLabel1 = new javax.swing.JLabel();
        jLabel2 = new javax.swing.JLabel();
        Sum = new javax.swing.JTextField();
```

```
Jisuan = new javax.swing.JTextField();
xiaofeiB = new javax.swing.JButton();
jButton17 = new javax.swing.JButton();
jLabel3 = new javax.swing.JLabel();
jLabel4 = new javax.swing.JLabel();
jButton18 = new javax.swing.JButton();
jPanel2 = new javax.swing.JPanel();
jButton19 = new javax.swing.JButton();
jButton20 = new javax.swing.JButton();
jButton21 = new javax.swing.JButton();
jButton22 = new javax.swing.JButton();
jButton23 = new javax.swing.JButton();
jButton24 = new javax.swing.JButton();
jButton27 = new javax.swing.JButton();
jButton16 = new javax.swing.JButton();
Op = new javax.swing.JTextField();
jPanel3 = new javax.swing.JPanel();
jButton26 = new javax.swing.JButton();
XFWB = new javax.swing.JLabel();
jButton25 = new javax.swing.JButton();
XFWB1 = new javax.swing.JLabel();
DjCheck = new javax.swing.JCheckBox();
Dingjia = new javax.swing.JTextField();
setDefaultCloseOperation(javax.swing.WindowConstants.DISPOSE_ON_CLOSE);
getContentPane().setLayout(null);
jPanel1.setBorder(javax.swing.BorderFactory.createTitledBorder(""));
jPanel1.setLayout(null);
jButton1.setText("1");
jButton1.addActionListener(new java.awt.event.ActionListener()
  {
      public void actionPerformed(java.awt.event.ActionEvent evt)
         {
             jButton1ActionPerformed(evt);
         }
   });
jPanel1.add(jButton1);
jButton1.setBounds(20, 180, 50, 25);
jButton2.setText("2");
jButton2.addActionListener(new java.awt.event.ActionListener( )
  {
     public void actionPerformed(java.awt.event.ActionEvent evt)
      {
          jButton2ActionPerformed(evt);
      }
  });
jPanel1.add(jButton2);
jButton2.setBounds(70, 180, 50, 25);
jButton3.setText("3");
jButton3.addActionListener(new java.awt.event.ActionListener( )
 {
     public void actionPerformed(java.awt.event.ActionEvent evt)
      {
          jButton3ActionPerformed(evt);
      }
   });
jPanel1.add(jButton3);
jButton3.setBounds(120, 180, 50, 25);
jButton4.setText("4");
jButton4.addActionListener(new java.awt.event.ActionListener( )
  {
     public void actionPerformed(java.awt.event.ActionEvent evt)
```

```
            {
                jButton4ActionPerformed(evt);
            }
    });
    jPanel1.add(jButton4);
    jButton4.setBounds(20, 150, 50, 25);
    jButton5.setText("5");
    jButton5.addActionListener(new java.awt.event.ActionListener( )
        {
            public void actionPerformed(java.awt.event.ActionEvent evt)
                {
                    jButton5ActionPerformed(evt);
                }
    });
    jPanel1.add(jButton5);
    jButton5.setBounds(70, 150, 50, 25);
    jButton6.setText("6");
    jButton6.addActionListener(new java.awt.event.ActionListener( )
        {
            public void actionPerformed(java.awt.event.ActionEvent evt)
                {
                    jButton6ActionPerformed(evt);
                }
        });
    jPanel1.add(jButton6);
    jButton6.setBounds(120, 150, 50, 25);
    jButton7.setText("7");
    jButton7.addActionListener(new java.awt.event.ActionListener( )
        {
            public void actionPerformed(java.awt.event.ActionEvent evt)
                {
                    jButton7ActionPerformed(evt);
                }
        });
    jPanel1.add(jButton7);
    jButton7.setBounds(20, 120, 50, 25);
    jButton8.setText("8");
    jButton8.addActionListener(new java.awt.event.ActionListener( )
        {
            public void actionPerformed(java.awt.event.ActionEvent evt)
                {
                    jButton8ActionPerformed(evt);
                }
        });
    jPanel1.add(jButton8);
    jButton8.setBounds(70, 120, 50, 25)
    jButton9.setText("9");
    jButton9.addActionListener(new java.awt.event.ActionListener()
        {
            public void actionPerformed(java.awt.event.ActionEvent evt)
                {
                    jButton9ActionPerformed(evt);
                }
        });
    jPanel1.add(jButton9);
    jButton9.setBounds(120, 120, 50, 25);
    jButton10.setText("0");
    jButton10.addActionListener(new java.awt.event.ActionListener( )
        {
            public void actionPerformed(java.awt.event.ActionEvent evt)
                {
```

```
                jButton10ActionPerformed(evt);
            }
    });
jPanel1.add(jButton10);
jButton10.setBounds(20, 210, 50, 25);
jButton11.setText(".");
jPanel1.add(jButton11);
jButton11.setBounds(70, 210, 50, 25);
jButton12.setText("+");
jButton12.addActionListener(new java.awt.event.ActionListener()
    {
        public void actionPerformed(java.awt.event.ActionEvent evt)
        {
            jButton12ActionPerformed(evt);
        }
    });
jPanel1.add(jButton12);
jButton12.setBounds(180, 150, 70, 25);
jButton13.setText("-");
jButton13.addActionListener(new java.awt.event.ActionListener()
    {
        public void actionPerformed(java.awt.event.ActionEvent evt)
        {
            jButton13ActionPerformed(evt);
        }
    });
jPanel1.add(jButton13);
jButton13.setBounds(180, 180, 70, 25);
jButton14.setText("=");
jButton14.addActionListener(new java.awt.event.ActionListener( )
    {
        public void actionPerformed(java.awt.event.ActionEvent evt)
        {
            jButton14ActionPerformed(evt);
        }
    });
jPanel1.add(jButton14);
jButton14.setBounds(120, 210, 130, 25);
jButton15.setText("*");
jButton15.addActionListener(new java.awt.event.ActionListener( )
    {
        public void actionPerformed(java.awt.event.ActionEvent evt)
        {
            jButton15ActionPerformed(evt);
        }
    });
jPanel1.add(jButton15);
jButton15.setBounds(180, 120, 70, 25);
Now.setEditable(false);
Now.setText("0");
jPanel1.add(Now);
Now.setBounds(60, 60, 190, 21);
jLabel1.setText("消费");
jPanel1.add(jLabel1);
jLabel1.setBounds(10, 60, 42, 15);
jLabel2.setText("卡剩余");
jPanel1.add(jLabel2);
jLabel2.setBounds(10, 30, 50, 15);
Sum.setEditable(false);
Sum.setText("0");
jPanel1.add(Sum);
```

```
Sum.setBounds(60, 30, 190, 21);
Jisuan.setEditable(false);
jPanel1.add(Jisuan);
Jisuan.setBounds(290, 30, 50, 21);
xiaofeiB.setText("消费");
xiaofeiB.addActionListener(new java.awt.event.ActionListener()
 {
     public void actionPerformed(java.awt.event.ActionEvent evt)
      {
          xiaofeiBActionPerformed(evt);
      }
 });
jPanel1.add(xiaofeiB);
xiaofeiB.setBounds(260, 183, 120, 50);
jButton17.setText("恢复上次显示");
jButton17.addActionListener(new java.awt.event.ActionListener( )
    {
       public void actionPerformed(java.awt.event.ActionEvent evt)
        {
           jButton17ActionPerformed(evt);
        }
   });
jPanel1.add(jButton17);
jButton17.setBounds(260, 150, 120, 25);
jLabel3.setText("元");
jPanel1.add(jLabel3);
jLabel3.setBounds(260, 30, 20, 15);
jLabel4.setText("元");
jPanel1.add(jLabel4);
jLabel4.setBounds(260, 60, 20, 15);
jButton18.setText("清屏");
jButton18.addActionListener(new java.awt.event.ActionListener()
 {
     public void actionPerformed(java.awt.event.ActionEvent evt)
      {
          jButton18ActionPerformed(evt);
      }
});
jPanel1.add(jButton18);
jButton18.setBounds(260, 120, 120, 25);
jPanel2.setBorder(javax.swing.BorderFactory.createTitledBorder("常用"));
jPanel2.setLayout(null);
jButton19.setText("0.25");
jPanel2.add(jButton19);
jButton19.setBounds(30, 30, 60, 25);
jButton20.setText("0.5");
jPanel2.add(jButton20);
jButton20.setBounds(30, 60, 60, 25);
jButton21.setText("0.75");
jPanel2.add(jButton21);
jButton21.setBounds(30, 90, 60, 25);
jButton22.setText("1.2");
jPanel2.add(jButton22);
jButton22.setBounds(30, 120, 60, 25);
jButton23.setText("2.4");
jPanel2.add(jButton23);
jButton23.setBounds(30, 150, 60, 25);
jButton24.setText("5.3");
jPanel2.add(jButton24);
jButton24.setBounds(30, 180, 60, 25);
jPanel1.add(jPanel2);
```

```
jPanel2.setBounds(380, 10, 200, 220);
jButton27.setText("后退");
jButton27.addActionListener(new java.awt.event.ActionListener( )
{
    public void actionPerformed(java.awt.event.ActionEvent evt)
    {
        jButton27ActionPerformed(evt);
    }
});
jPanel1.add(jButton27);
jButton27.setBounds(180, 90, 70, 25);
jButton16.setText("关账户");
jButton16.addActionListener(new java.awt.event.ActionListener()
{
    public void actionPerformed(java.awt.event.ActionEvent evt)
    {
        jButton16ActionPerformed(evt);
    }
});
jPanel1.add(jButton16);
jButton16.setBounds(260, 90, 120, 25);
Op.setEditable(false);
jPanel1.add(Op);
Op.setBounds(310, 60, 30, 21);
getContentPane().add(jPanel1);
jPanel1.setBounds(0, 230, 590, 250);
jPanel3.setBorder(javax.swing.BorderFactory.createTitledBorder(null, "用户刷卡"));
jPanel3.setLayout(null)
jButton26.setText("查询卡余额");
jButton26.addActionListener(new java.awt.event.ActionListener()
{
    public void actionPerformed(java.awt.event.ActionEvent evt)
    {
        jButton26ActionPerformed(evt);
    }
});
jPanel3.add(jButton26);
jButton26.setBounds(20, 60, 160, 25);
XFWB.setText("消费完毕，卡剩余如下。如果要继续消费请重新刷卡！");
jPanel3.add(XFWB);
XFWB.setBounds(20, 100, 340, 15);
getContentPane().add(jPanel3);
jPanel3.setBounds(0, 50, 590, 140);
jButton25.setText("返回登录");
jButton25.addMouseListener(new java.awt.event.MouseAdapter( )
{
    public void mouseClicked(java.awt.event.MouseEvent evt)
    {
        jButton25MouseClicked(evt);
    }
});
jButton25.addActionListener(new java.awt.event.ActionListener( )
{
    public void actionPerformed(java.awt.event.ActionEvent evt)
    {
        jButton25ActionPerformed(evt);
    }
});
getContentPane().add(jButton25);
jButton25.setBounds(470, 500, 100, 25);
XFWB1.setText("欢迎光临饭卡消费界面");
```

```
getContentPane().add(XFWB1);
XFWB1.setBounds(180, 30, 140, 15);
DjCheck.setText("定价");
DjCheck.addItemListener(new java.awt.event.ItemListener( )
    {
        public void itemStateChanged(java.awt.event.ItemEvent evt)
        {
            DjCheckItemStateChanged(evt);
        }
    });
getContentPane().add(DjCheck);
DjCheck.setBounds(100, 200, 60, 23);
Dingjia.setEditable(false);
Dingjia.setText("0");
Dingjia.setEnabled(false);
getContentPane().add(Dingjia);
Dingjia.setBounds(160, 200, 80, 21);
java.awt.Dimension screenSize = java.awt.Toolkit.getDefaultToolkit().getScreenSize();
setBounds((screenSize.width-600)/2, (screenSize.height-563)/2, 600, 563);
    }
```

　　根据软件设计的要求，首先提供一个"欢迎光临饭卡消费"界面，由用户输入饭卡号，系统就开始搜索这个卡号，显示该饭卡的卡号和当前余额。这部分的重要代码如下：

```
//搜索部分
if(Ids.getText( ).equals("") )
    {//卡号输入为空
        JOptionPane.showMessageDialog(null,"卡号不能为空！");
        Ids.setFocusable(true);
    }
else{
    try{
        String sql = "select * from card_info where id = "+Ids.getText();
        ResultSet rs = Main.state.executeQuery(sql);
        if(rs.next( ))
            {//数据库中有该卡号
                if(rs.getBoolean(3)) //如果卡号被锁定
                {
                    JOptionPane.showMessageDialog(null,"卡已经被锁,如要解锁,请与管理
                    员联系,否则10日后自动注销！");
                }
                else
                {//卡号没有锁定
                    if(DjCheck.isSelected( ))
                        {
                            Sum.setText(rs.getString(2));
                                this.result=String.valueOf(Integer.parseInt(Sum.getText())-
                                Integer.parseInt(Dingjia.getText()));//求解消费余额
                                JOptionPane.showMessageDialog(null,"消费完毕,卡剩余
                                "+ result +"。如果要继续消费请在10秒内操作,之后自
                                动关闭账户");
                            Sum.setText(result);
                        }
                        else
                        {
                                Ids.setEditable(false);
                                this.jButton26.setEnabled(false);
                                this.jPanel1.setVisible(true);
                                Sum.setText(rs.getString(2));
                                jButton12.setEnabled(true);
                                jButton13.setEnabled(true);
                                jButton14.setEnabled(true);
```

```
                                        jButton15.setEnabled(true);
                                }
                        }
                }
                else
                {//数据库中找不到卡号记录
                        JOptionPane.showMessageDialog(null,"卡号错误！");
                }
        }
    catch(SQLException ex){ System.err.println("aq.executeQuery:"+ex.getMessage());
}
```

在消费后，由刷卡服务员在对应位置输入持卡者消费金额，再点击"消费"按钮，系统就自动从该持卡者的饭卡中减去饭钱，并显示当前饭卡的余额。这部分的重要代码如下：

```
//消费部分
//修改数据库，从账户中减去用户消费金额
        try{
                this.result=String.valueOf((Integer.parseInt(Sum.getText()) - Integer.parseInt(Now.getText())));
                String sql = "update card_info set sum = "+result+" where id = "+Ids.getText();
                if(Main.state.executeUpdate(sql)==0){//数据库更新失败
                        JOptionPane.showMessageDialog(null,"消费失败");
                }
                else
                {//数据库修改成功
                        this.nows =Now.getText();
                        this.sums =Sum.getText();
                        JOptionPane.showMessageDialog(null,"消费完毕，卡剩余"+ result +"。如果要继续消费请在
                        10秒内操作，之后自动关闭账户");
                        Sum.setText(result);
                }
        }
catch(SQLException ex){ System.err.println("aq.executeQuery:"+ex.getMessage());}
//加减乘部分
if(Jisuan.getText().compareTo("") == 0) //输入框为空
{
        Jisuan.setText(Now.getText());
        Now.setText("0");
}
else {
        switch(ops)
            {
                case 3://乘号
                        int a= 0;
                        a=Integer.parseInt(Jisuan.getText()) *  Integer.parseInt(Now.getText());
                        if(a>999){//最大消费额度为999元
                                JOptionPane.showMessageDialog(null,"计算量超过消费最大值！");
                        else{
                                Jisuan.setText(String.valueOf(Integer.parseInt(Jisuan.getText());
                                Integer.parseInt(Now.getText())));
                                Now.setText(Jisuan.getText());
                                }
                        break;

                case 2://加号
                        int b=0;
                        b = Integer.parseInt(Jisuan.getText()) +  Integer.parseInt(Now.getText());
                        if(b>999)
                            {
                                JOptionPane.showMessageDialog(null,"计算量超过消费最大值！");
                            }
                            else
```

```
                                {
                                    Jisuan.setText(String.valueOf(Integer.parseInt(Jisuan.getText())+
                                    Integer.parseInt(Now.getText()))));
                                    Now.setText(Jisuan.getText());
                                }
                            break;

                    case 1://减号
                        int c=1;
                        c=Integer.parseInt(Jisuan.getText()) - Integer.parseInt(Now.getText());
                        if(c>999||c<=0)
                            {
                                JOptionPane.showMessageDialog(null,"计算量超过消费有效值! ");
                            }
                        else
                            {
                                Jisuan.setText(String.valueOf(Integer.parseInt(Jisuan.getText()) ;
                                Integer.parseInt(Now.getText())));
                                Now.setText(Jisuan.getText());
                            }
                        break;
                }
        }
        ops = 0 ;
        Op.setText("=");
```

4.饭卡消费记录管理模块

(1) 修改饭卡消费记录

下面是消费记录修改的重要代码:

```
/**
    * 显示修改消费记录界面
    * @param evt
    */
    private void JBUpdateConsumeActionPerformed(java.awt.event.ActionEvent evt)
    {
        if (checkStudent( ))
            {
            String tableName = "card_log";
            String where = "where cardID = '" + stuID + "'";
            Vector<String[]> vc = new Vector<String[]>();
            String[] cols = {"饭卡号", "消费时间", "消费金额", "存入", "支出"};
            String[] values = {"cardID", "consumetime", "consumemoney", "deposit", "drawdown"};
            vc.add(cols);
            vc.add(values);
             this.JTAdminCardInfo.setModel(Fun.getDefaultTableModel(tableName, vc, where));
            setJPanelInvisible();
            this.JPSelect_UpdateCardInfo.setVisible(true);
            }
        }
```

函数类如下:

```
public static Connection conn = null;//数据连接
    public static Statement state = null;//数据声明
    /**
    * 建立数据连接
    */
    public static void odbc( )
    {
        String DBDriver = "sun.jdbc.odbc.JdbcOdbcDriver";//数据驱动
        String connectionStr="jdbc:odbc:driver
```

```
                                       ={Microsoft Access Driver (*.mdb)};
        DBQ=data\\mealcard.mdb";//连接字符串
        try
         {
            Class.forName(DBDriver);
         }
        catch (java.lang.ClassNotFoundExceptione)
         {
            System.err.println("DBconnecton:" + e.getMessage( ));
         }
        try {
            conn = DriverManager.getConnection(connectionStr, "", "");//建立一个连接
            state = conn.createStatement( );
          }
        catch (SQLException ex)
        {
            System.err.println("aq.executeQuery:" + ex.getMessage());
        }
}
/**
* 获得当前系统准确时间字符串，记录用户消费时间
* 时间格式为 YYYY-MM-DD h:M:S
*/
public static String getCurrentTime( )
 {
    String currentTime = "";
    Calendar currentDate = Calendar.getInstance();
    currentTime = currentTime + currentDate.get(Calendar.YEAR) + "-" +
    (currentDate.get(Calendar.MONTH) + 1) + "-" + currentDate.get(Calendar.DAY_OF_MONTH) + " " +
    currentDate.get(Calendar.HOUR_OF_DAY) + ":" + currentDate.get(Calendar.MINUTE) + ":" +
    currentDate.get(Calendar.SECOND);
    return currentTime;
}
/**
* 输入数据库名，数据显示字段String[]、条件
* String[0] 数据表标题字符串数组
* String[1] 数据库字段数组
* @param tableName
* @param col
* @param where
* @return
*/
public static DefaultTableModel getDefaultTableModel(String tableName,
                                    Vector<String[]> col, String where)
  {
    ResultSet rs;
    DefaultTableModel dtm;
    String[] cols = col.elementAt(0);
    String[] values = col.elementAt(1);
    String sqlStr = "select * from " + tableName + " " + where; //
rs = getResultSet(sqlStr);
dtm = new DefaultTableModel(cols, 0);
    try
      {
        String[] data = new String[values.length];//存放数据库记录
        while (rs.next( ))
          {
            for (int i = 0; i < values.length; i++)
              {
                data[i] = rs.getString(values[i]);
              }
```

```
                                dtm.addRow(data);//将该记录加入DefaultTableModel
                        }
                }
        catch (SQLException ex)
        {
                System.out.println(ex.getMessage( ));
        }
    return dtm;
}
/**
* @param sqlStr 查询字符串
* @return 返回是否有记录
*/
public static boolean getRecord(String sqlStr)
{
        boolean flag = false;
        try
        {
            ResultSet rs = Fun.state.executeQuery(sqlStr);
            flag = rs.next() ? true : false;
        }
        catch (SQLException ex)
        {
            System.out.println(ex.getMessage());
         }
            return flag;
}
/**
  * 执行数据库增加、修改、删除
  * @param sqlStr 数据库操作字符串
  * @param isWarning 是否提示用户
  * @return 操作是否成功
  */
public static boolean update(String sqlStr, boolean isWarning)
 {
        boolean flag = false;
        try
          {
            if (isWarning)
              {
                int sure = JOptionPane.showConfirmDialog(null, "您确定要进行该操作吗？",
                        null, JOptionPane.YES_NO_OPTION);
                if (sure == 0)
                {//用户提示选择是
                    flag = Fun.state.executeUpdate(sqlStr) > 0 ? true : false;
                }
                else if (sure == 1)
                {//用户提示选择否
                    flag = false;
                }
            }
        else
        {//不提示用户直接操作，返回操作是否成功
            flag = Fun.state.executeUpdate(sqlStr) > 0 ? true : false;
        }
    }
    catch (SQLException ex)
    {
        System.out.println(ex.getMessage());
    }
    return flag;
```

```
}
/**
  * 获得一个数据集
  * @param sqlStr 数据查询字符串
  * @return 该数据集
  */
public static ResultSet getResultSet(String sqlStr) {
    ResultSet rs;
        try {
            rs = Fun.state.executeQuery(sqlStr);
        }
catch (SQLException ex)
 {
    System.out.println(ex.getMessage());
 rs = null;
 }
return rs;
}
/**
  * 判断输入文本框是否为空
  * @param target 目标文本框
  * @return 是否为空
  */
public static boolean isNull(JTextField target)
  {
    return target.getText().equals("") ? true : false;
  }
```

（2）查询饭卡消费记录

该模块主要负责根据用户输入的饭卡号来查找此饭卡曾经消费的信息，并将其显示在相应的控件中。下面是当用户点击了"查询消费历史"按钮后的实现代码：

```
/**
  * 绑定消费记录数据
  */
private void CardInfoDataBind( )
  {
        String tableName = "card_log";
        String where ="where cardID = '"+stuID+"'";
        Vector<String[]> vc = new Vector<String[]>();
        String[] cols ={"饭卡号","消费时间","消费金额","存入","支出"};
        String[] values = {"cardID","consumetime","consumemoney","deposit","drawdown"};
        vc.add(cols);
        vc.add(values);
        this.JTCardInfo.setModel(Fun.getDefaultTableModel(tableName, vc, where));
  }
```

3.6 面向对象系统实现

3.6.1 概述

基于面向对象设计的模型可以采用面向对象语言实现系统，这样可以把面向对象模型自动映射为目标代码。采用面向对象技术编码实现的系统，具有以下优点：分析、设计与实现阶段的一致的表示方法，可重用性，可维护性。

目前，主流的面向对象语言有C++、Java、C#。C++的主要特点是兼容C语言、具有机器语言的高性能特征；Java的主要特点就是运行时的平台无关性；C#是一种简洁、类型安全的面向对象语言，可以使开发人员构建在 .NET Framework 上运行的各种安全、可靠的应用程序。C++语言的主流开发工具是Microsoft Visual C++ 6.0/.NET 2005/.NET 2008和Borland C++ Builder 6.0；Java的主流开发工具是Sun公司的NetBeans 6.5、Borland的JBuilder 2008、开源的Eclipse 3.3；C#的开发工具就是Microsoft Visual .NET 2005/2008。

数据库管理系统有适用于简单应用的Microsoft Access、Microsoft MSDE，适用于大型复杂应用的Oracle、DB2、Sybase，以及主流的Microsoft SQL Server。开源的数据库管理系统MySQL、PostgreSQL、FireBird也逐渐成为首选。

3.6.2 研究生培养管理系统编码

本案例是基于Web的浏览器/服务器模式的应用系统，所以采用Microsoft的 ASP.NET引擎、程序设计语言C#、开发工具Microsoft Visual Studio .NET 2005、数据库管理系统Microsoft SQL Server 2005。

本系统代码架构如图3-19和图3-20所示，系统解决方案名称为GraduateDegreeMIS，在解决方案下有4个项目：数据访问层DAL、业务逻辑层Business、用户接口层UI、网络层Web。数据访问层为业务逻辑层提供数据服务，将数据库的数据与实体映射起来，然后完成数据的增、删、改、查操作；业务逻辑层位于网络层和数据访问层之间，处理业务规则，起着承上启下的关键作用；用户接口层提供有关用户自定义控件，为网络层提供服务；网络层接收用户的请求，返回数据，为客户端提供应用程序的访问。

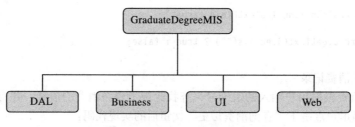

图3-19　系统代码架构逻辑结构图

图3-20　系统代码架构物理结构图

1. 数据访问层DAL

数据访问层包含3个部分：Base、Common和DataAccess，其逻辑结构图如图3-21所示。Base

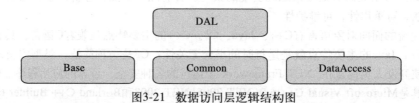

图3-21　数据访问层逻辑结构图

提供数据操作基础类，Common为DataAccess中的类提供服务，DataAccess直接服务于业务逻辑层Business。

位于Base中的数据操作基础类DataBaseOperate如下：

```csharp
using System;
using System.Data;
using System.Data.SqlClient;
using System.Collections;

namespace DAL.Base
{
public class DataBaseOperate
{
    SqlDataAdapter myODA;
    SqlConnection conn = new SqlConnection(DataConfigure.ConnectString);
    SqlCommand mySqlCommand = new SqlCommand();
    #region 连接数据库
    public void openConnection()
    {
        conn.Open();
    }
    #endregion

    #region 关闭数据库
    public void closeConnection()
    {
        conn.Close();
    }
    #endregion

    #region 执行SQL语句，把数据写到datatable
    public DataTable getDataTableByExecuteSql(string strSql)
    {
        DataTable dt = new DataTable();
        myODA = new SqlDataAdapter(strSql, conn);
        try
    {
        myODA.Fill(dt);
        return dt;
    }
    catch (Exception ex)
    {
        Console.WriteLine(ex.Message);
        return dt;
    }
    }
    #endregion

    #region 执行SQL语句，把数据写到DataSet
    public DataSet getDataSetFromExecuteSql(string strSql)
    {
        DataSet ds = new DataSet();
        myODA = new SqlDataAdapter(strSql, conn);
        try
        {
            myODA.Fill(ds);
            return ds;
        }
        catch (Exception ex)
        {
            Console.WriteLine(ex.Message);
```

```
                return ds;
        }
    }
#endregion

        #region 执行SQL语句把数据写回数据库
        public bool executeSql(string strSql)
        {
            mySqlCommand.Connection = conn;
            mySqlCommand.CommandText = strSql;
            try
            {
                mySqlCommand.ExecuteNonQuery();
                return true;
            }
            catch
            {
                return false;
            }
        }
        #endregion


    }
}
```

位于Common中的数据源配置类DataConfigure如下：

```
using System;
using System.Collections.Generic;
using System.Text;

namespace DAL.Base
{
    public class DataConfigure
    {
        #region "配置数据库路径"
            public static String ConnectString = "packet size=4096;user id=sa; "+
                "data source=localhost\\SQLEXPRESS; persist security info=True;"+
                "initial catalog=GraduateDegreeMIS;password=";
        #endregion
    }
}
```

位于DataAccess中的课程成绩实体类DBGradeList和论文评阅专家实体类DBReviewExpert
如下：

```
using System;
using System.Collections.Generic;
using System.Text;
using DAL.Base;
using System.Data;

namespace DAL.DataAccess
{
    public class DBGradeList
    {
        DataBaseOperate myDataBaseOperate;
```

```csharp
    public DBGradeList()
    {
        myDataBaseOperate = new DataBaseOperate();
    }
#region  查询表中所有信息
    public DataTable getTable()
    {
        DataTable dt = new DataTable();
        string strSql = string.Empty;
        strSql = "Select * From GradeList";
        myDataBaseOperate.openConnection();
        dt = myDataBaseOperate.getDataTableByExecuteSql(strSql);
        myDataBaseOperate.closeConnection();
        return dt;
    }
#endregion

#region  条件查询表
    public DataTable getTableByCondition(String strSelect,
                            String strWhere,String strOrderBy)
    {
        if (strOrderBy != String.Empty)
            strOrderBy += " Order by " + strOrderBy;
        DataTable dt = new DataTable();
        string strSql = string.Empty;
        strSql = "Select "+strSelect+" From GradeList"
                + strWhere + strOrderBy;
        myDataBaseOperate.openConnection();
        dt = myDataBaseOperate.getDataTableByExecuteSql(strSql);
        myDataBaseOperate.closeConnection();
        return dt;
    }
#endregion

#region  读取课程的审核状态
    public String getStatus(String strGradeListNo)
    {
        DataTable dt = new DataTable();
        string strSql = "Select status From GradeList Where gradeListNo
                    =" + strGradeListNo;
        myDataBaseOperate.openConnection();
        dt = myDataBaseOperate.getDataTableByExecuteSql(strSql);
        myDataBaseOperate.closeConnection();
        return dt.Rows[0][0].ToString();
    }
#endregion

#region  修改课程的审核状态
    public bool setStatus(String strGradeListNo,String strStatus)
    {
        bool isSucceed;
        string strSql = "update GradeList set status="+
                    strStatus +" Where gradeListNo=" + strGradeListNo;
        myDataBaseOperate.openConnection();
        isSucceed=myDataBaseOperate.executeSql(strSql);
        myDataBaseOperate.closeConnection();
        if (isSucceed)
            return true;
        else
            return false;
    }
#endregion
```

```csharp
            #region  执行SQL语句
            public void executeSql(String strSql)
            {
                myDataBaseOperate.openConnection();
                myDataBaseOperate.executeSql(strSql);
                myDataBaseOperate.closeConnection();
            }
            #endregion
        }
    }

using System;
using System.Collections.Generic;
using System.Text;
using DAL.Base;
using System.Data;
namespace DAL.DataAccess
{
    public class DBReviewExpert
    {
        DataBaseOperate myDataBaseOperate;
        public DBReviewExpert()
        {
            myDataBaseOperate = new DataBaseOperate();
        }
        #region  查询表中所有信息
        public DataTable getTable()
        {
            DataTable dt = new DataTable();
            string strSql = string.Empty;
            strSql = "Select * From ReviewExpert";
            myDataBaseOperate.openConnection();
            dt = myDataBaseOperate.getDataTableByExecuteSql(strSql);
            myDataBaseOperate.closeConnection();
            return dt;
        }
        #endregion

        #region  条件查询表
        public DataTable getTableByCondition(String strSelect,
                          String strWhere, String strOrderBy)
        {
            if (strOrderBy != String.Empty)
                strOrderBy += " Order by " + strOrderBy;
            DataTable dt = new DataTable();
            string strSql = string.Empty;
            strSql = "Select " + strSelect + " From ReviewExpert"
                    + strWhere + strOrderBy;
            myDataBaseOperate.openConnection();
            dt = myDataBaseOperate.getDataTableByExecuteSql(strSql);
            myDataBaseOperate.closeConnection();
            return dt;
        }
        #endregion

        #region  读取导师对论文评阅专家资格的审查结果
        public String getResultByTutor(String strReviewExpertNo)
        {
            DataTable dt = new DataTable();
            string strSql = "Select restultByTutor From
                          ReviewExpert Where reviewExpertNo
```

```
                                    =" + strReviewExpertNo;
        myDataBaseOperate.openConnection();
        dt = myDataBaseOperate.getDataTableByExecuteSql(strSql);
        myDataBaseOperate.closeConnection();
        return dt.Rows[0][0].ToString();
    }
#endregion

#region   读取院管理员对论文评阅专家资格的审查结果
public String getResultByDepartmentAdmin(String strReviewExpertNo)
{
    DataTable dt = new DataTable();
    string strSql = "Select
            resultByDepartmentAdmin From ReviewExpert Where reviewExpertNo
            =" + strReviewExpertNo;
    myDataBaseOperate.openConnection();
    dt = myDataBaseOperate.getDataTableByExecuteSql(strSql);
    myDataBaseOperate.closeConnection();
    return dt.Rows[0][0].ToString();
}
#endregion

#region   读取学科点负责人对论文评阅专家资格的审查结果
public String getResultBySubjectMaster(String strReviewExpertNo)
{
    DataTable dt = new DataTable();
    string strSql = "Select resultBySubjectMaster
                    From ReviewExpert Where reviewExpertNo="
                    + strReviewExpertNo;
    myDataBaseOperate.openConnection();
    dt = myDataBaseOperate.getDataTableByExecuteSql(strSql);
    myDataBaseOperate.closeConnection();
    return dt.Rows[0][0].ToString();
}
#endregion

#region   修改学科点负责人对论文评阅专家资格的审查结果
public bool setResultBySubjectMaster(String
            strReviewExpertNo, String strResultBySubjectMaster)
{
    bool isSucceed;
    string strSql = "update ReviewExpert set restultBySubjectMaster="
                    +strResultBySubjectMaster
                    + " Where reviewExpertNo=" + strReviewExpertNo;
    myDataBaseOperate.openConnection();
    isSucceed = myDataBaseOperate.executeSql(strSql);
    myDataBaseOperate.closeConnection();
    if (isSucceed)
        return true;
    else
        return false;
}
#endregion

#region   执行SQL语句
public void executeSql(String strSql)
{
    myDataBaseOperate.openConnection();
    myDataBaseOperate.executeSql(strSql);
    myDataBaseOperate.closeConnection();
}
```

```
            #endregion
    }
}
```

2. 业务逻辑层Business

下面给出业务逻辑类：DegreeApplicant、GradeList,、Thesis、Tutor、Expert、ReviewExprt、CommiteeMember。服务主要是课程成绩GradeList类的checkGrade()服务和论文评阅专家ReviewExpert类的checkQualificationBySubjectMaster()服务。

```csharp
using System;
using System.Collections.Generic;
using System.Text;
namespace Business
{
    public class DegreeApplicant
    {
        private String DegreeApplicantNo;
        private String DegreeApplicantName;
        private String Sex;
        private String Research;
        private String Department;
        public  Tutor theTutor;
        public  GradeList []theGradeList;
        public  Thesis theThesis;

        /**
         * @roseuid 4AD69D660186
         */
        public DegreeApplicant()
        {

        }
    }
}


using System;
using System.Collections.Generic;
using System.Text;
using DAL;
using DAL.DataAccess;

namespace Business
{
    public class GradeList
    {
        private String gradeListNo;
        private String courseName;
        private float grade;
        private bool status;
        public  DegreeApplicant theDegreeApplicant;
        /**
         * @roseuid 4ACDC583001F
         */
        public GradeList()
        {

        }
        /**
         * @roseuid 4A94DEE701E4
         */
        #region 导入课程成绩
```

```
        public bool importGrade()
        {
            return true;
        }
        #endregion
         /**
          * @roseuid 4A94DEEE00FA
          */
        #region 提交课程成绩
        public bool submitGrade()
        {
            return true;
        }
        #endregion
        /**
          * @roseuid 4A94DEF3038A
          */
        #region 审核课程成绩
        //
        // 摘要:
        //      根据选课编号和审核结果("审核通过"、"审核不通过"),修改审核结果
        //
        // 返回结果:
        //      是否成功审核。
        public bool checkGrade(String strGradeListNo,String strStatus)
        {
            bool isSucceed;
            DBGradeList myDBGradeList = new DBGradeList();
            String strCurrentStatus = myDBGradeList.getStatus(strGradeListNo);
            if (strCurrentStatus == "待审核")
                isSucceed=myDBGradeList.setStatus(strGradeListNo, strStatus);
            else
                return false;
            if (isSucceed)
                return true;
            else
                return false;
        }
        #endregion
    }
}

using System;
using System.Collections.Generic;
using System.Text;

namespace Business
{
    public class Thesis
    {
        private String title;
        private String keywords;
        private String theAbstract;
        private String creativeIdea;
        public  DegreeApplicant theDegreeApplicant;
        public  ReviewExpert []theReviewExpert;
        public  CommiteeMember []theCommiteeMember;

        /**
          * @roseuid 4AD6A07A035B
          */
        public Thesis()
```

```
        {

        }

        /**
         * @roseuid 4A94E2A50167
         */
        public void makeComment()
        {

        }

        /**
         * @roseuid 4A94E2EC02FD
         */
        public void submitReviewResult()
        {

        }

        /**
         * @roseuid 4A94E2F5034B
         */
        public void submitAnswerResult()
        {

        }

        /**
         * @roseuid 4A94E3FB03C8
         */
        public void checkApplication()
        {

        }
    }
}

using System;
using System.Collections.Generic;
using System.Text;

namespace Business
{
    public class Tutor
    {
        private String tutorNo;
        private String tutorName;
        private String professionalTitle;
        private String speciality;
        private String department;
        public DegreeApplicant []theDegreeApplicant;

        /**
         * @roseuid 4AD69E3B032C
         */
        public Tutor()
        {

        }
    }
```

```
        }

using System;
using System.Collections.Generic;
using System.Text;

namespace Business
{
    public class Expert
    {
        private String expertNo;
        private String expertname;
        private String professionalTitle;
        private String name;
        private String tutorType;
        private String department;

        /**
         * @roseuid 4ACDC5F900CB
         */
        public Expert()
        {

        }
    }
}

using System;
using System.Collections.Generic;
using System.Text;
using DAL;
using DAL.DataAccess;

namespace Business
{
    public class ReviewExpert : Expert
    {
        private String strReviewExpertNo;
        private String strResultByTutor;
        private String strResultByDepartmentAdmin;
        private String strResultBySubjectMaster;
        public  Thesis []theThesis;

        /**
         * @roseuid 4ACDC5D101B5
         */
        public ReviewExpert()
        {

        }

        /**
         * @roseuid 4A94DEF902BF
         */
        #region 提交论文评阅专家信息
        public bool submitPersonalInfo()
        {
            return true;
        }
```

```
#endregion
/**
 * @roseuid 4A94DF1A038A
 */
#region 研究生导师审核论文评阅专家的资格
public bool checkQualificationByTutor()
{
    return true;
}
#endregion


/**
 * @roseuid 4A94DF1D0138
 */
#region 院管理员审核论文评阅专家的资格
public bool checkQualificationByDepartmentAdmin()
{
    return true;
}
#endregion


/**
 * @roseuid 4A94DF2801F4
 */
#region 学科点负责人审核论文评阅专家的资格
//
// 摘要:
//      根据专家编号和审核结果("同意"、"不同意"),修改审核结果
//
// 返回结果:
//      是否成功审核。
public bool checkQualificationBySubjectMaster()
{
    bool isSucceed;
    DBReviewExpert myDBReviewExpert = new DBReviewExpert();
    strResultByTutor = myDBReviewExpert.getResultByTutor(strReviewExpertNo);
    strResultByDepartmentAdmin =
            myDBReviewExpert.getResultByDepartmentAdmin (strReviewExpertNo);

    if (strResultByTutor == "同意" && strResultByDepartmentAdmin=="同意")
        isSucceed = myDBReviewExpert.setResultBySubjectMaster(
                    strReviewExpertNo, strResultBySubjectMaster);
    else
        return false;
    if (isSucceed)
        return true;
    else
        return false;
}
#endregion

}
}

using System;
using System.Collections.Generic;
using System.Text;
```

```
namespace Business
{
    public class CommiteeMember : Expert
    {
        private String isChairman;
        public Thesis []theThesis;

        /**
         * @roseuid 4AD6A1160261
         */
        public CommiteeMember()
        {

        }

        /**
         * @roseuid 4A94E02801A5
         */
        public void submitPersonalInfo()
        {

        }

        /**
         * @roseuid 4A94E031007D
         */
        public void checkQualificationByTutor()
        {

        }

        /**
         * @roseuid 4A94E0450213
         */
        public void checkQualificationByDepartmentAdmin()
        {

        }

        /**
         * @roseuid 4A94E06703A9
         */
        public void checkQualificationBySubjectMaster()
        {

        }
    }
}
```

3. 用户接口层UI和网络层Web

如图3-22所示，院管理员审核课程成绩，点击"选中审查通过"按钮，就会调用类GradeList的方法checkGrade（"审核通过"）；否则，点击"选中审查不通过"按钮，就会调用类GradeList的方法checkGrade（"审核不通过"）。如图3-23所示，学科点负责人审核论文评阅专家资格，选择审查意见，点击"提交"按钮，就会调用类ReviewExpert的方法checkQualification-BySubject-Master()。

学号	姓名	专业	院系审查结果	成绩
☐ 230827197909093420	董秀珂	应用数学	待审核	成绩
☐ 340323198001032828	赵楠	应用数学	待审核	成绩
☐ 340621197304126919	赵冬	应用数学	待审核	成绩
☐ 340824198010226820	马小霞	应用数学	待审核	成绩
☐ A200602001	杨丹	基础数学	审核通过	成绩
☐ A200602002	李江宇	基础数学	待审核	成绩
☐ A200602003	蔡改普	基础数学	审核通过	成绩
☐ A200602004	张玮玮	基础数学	审核不通过	成绩
☐ A200602005	蒋秀梅	基础数学	审核不通过	成绩
☐ A200602007	石仁萍	基础数学	审核不通过	成绩

1 2 3 4 5 6 7 8 9

全部选中   选中审查通过   选中审查不通过

图3-22 院管理员审核课程成绩

图3-23 学科点负责人审核论文评阅专家资格

3.7 评价标准

对编码的评价没有一个统一的严格标准，因为没有一个编码标准可以适用于所有可能的情形。而且，过于严格的编码标准是达不到预期目标的，如果程序员不得不在这样一个框架下开发软件，软件产品的质量必然会受损。

因此，编码评价标准更多的是从整个软件工程的角度来看，和软件工程前面几个阶段一样，编码阶段的最主要目标是使后期维护更加容易。在这样的指导思想下，可以从以下几个方面来评价编码的优劣：

1）程序的正确性。这是讨论编码的其他评价标准的前提。无论你的编码技术如何娴熟，或者在编码实现的过程中用了多么先进的技巧，如果你的代码不能正确地完成它应有的功能，那么这段编码就是不合格的。需要说明的是：我们这里所说的程序的正确性不仅是指程序功能上的正确性，也包含程序性能上要达到需求说明书中的要求。

2）程序的可读性。程序的可读性又称为程序的可理解性，它是指其他人阅读本段程序的难易程度。同样一段正确的代码，程序的可读性越强，其将来的可维护性也就越好。

清晰的程序结构，良好的程序内部文档，合适的程序设计语言，都会使得程序的可读性增强。

3）程序的效率。在保证程序正确性的情况下，希望程序的效率越高越好。它也是编码阶段的一个重要评价标准。但是需要说明的是：不能以牺牲程序的清晰性和可读性来片面地追求程序的效率。

4）程序的可移植性。对于同样正确完成相同功能的两段代码，如果其中一段代码能够比较方便地移植到不同的软硬件平台，认为其可移植性更好，其编码也就更好。

5）程序的可重用性。可重用性好的程序可靠性高，同时其可维护性、可修改性也很好，因此，可重用性也是编码好坏的一个重要评价标准。

编码完全符合上面5个评价标准，代码规范，并且有自己独到的思考，评为优秀。

编码符合上面5个评价标准，代码规范，评为良好。

编码基本符合上面5个评价标准，代码基本规范，评为及格。否则不予及格。

第 4 章
软 件 测 试

4.1 概述

软件测试是保证软件质量的重要过程。软件测试起源于开发人员在开发过程中检查软件的某一功能是否可以正常使用。这时的软件测试与"调试"无异，主要是保证软件的功能已经实现。此时的软件开发项目对软件测试的投入少、介入迟，通常是软件的代码已开发完毕、产品已经基本完成时才进行测试。

1979年，Glen Ford Myers的《软件测试的艺术》给软件测试下了定义："测试是为发现错误而执行程序或者系统的过程"。Myers的工作是软件测试过程发展的里程碑。

到了20世纪80年代，软件测试不再只是一个发现错误的过程，还包含了软件质量评价的内容。软件开发人员和测试人员开始共同探讨软件工程和测试问题并制定了各类标准，包括IEEE标准、美国ANSI标准以及ISO国际标准。1983年，Bill Hetzel在《软件测试完全指南》一书中指出："软件测试是以评价一个程序或者系统属性为目标的活动，测试是对软件质量的度量"。

20世纪90年代，人们开始研发一系列的软件测试工具，以便对软件系统进行充分的测试。2002年，Rick和Stefan在《系统的软件测试》一书中对软件测试做了进一步定义："测试是为了度量和提高被测软件的质量，对测试软件进行工程设计、实施和维护的整个生命周期过程"。这些经典论著对软件测试研究的理论化和体系化产生了巨大的影响。

最近几年，软件测试技术的研究取得了飞速发展。测试专家总结了很好的测试模型，如V模型、W模型等；在测试过程改进方面提出了TMM（Testing Maturity Model，测试成熟度模型）的概念；研发了许多优秀的软件测试工具，用于单元测试、自动化测试、负载压力测试以及测试管理等。

虽然软件测试技术的发展很快，但是其发展速度仍落后于软件开发技术的发展速度，使得软件测试目前仍面临着很大的挑战，主要体现在以下几个方面：

1）由于目前软件广泛应用于国防现代化、社会信息化和国民经济信息化领域中，而且软件的作用越来越重要，因此保证软件的安全性和可靠性是软件的主要问题。

2）软件规模越来越大，功能越来越复杂，测试任务越来越繁重，进行充分而有效的测试成为难题。

3）面向对象的开发技术越来越普及，但是面向对象的测试技术却刚刚起步；对于分布式系统，整体性能还不能进行很好的测试；对于实时系统来说，缺乏有效的测试手段。涉及系统配置的硬件测试也需充分考虑。

4.1.1 软件测试的目的

尽管人们在开发软件的过程中使用了许多保证软件质量的方法和技术，但开发出的软件中还会隐藏许多错误和缺陷，规模大、复杂性高的软件更是如此。因此，严格的软件测试对于保证软件质量具有重要作用。

测试的根本目的就是尽可能早、尽可能多地发现缺陷。这里的缺陷是一种泛称，它可以指功能的错误，也可以指性能低下、易用性差等。因此，测试是一种"破坏性"行为。测试的目的是发现程序中的错误，是为了证明程序有错，而不是证明程序无错。也就是说，软件测试是为了"证伪"而非"证真"。把证明程序无错当作测试目的不仅是不正确的，也是完全做不到的，而且对做好测试没有任何益处，甚至是十分有害的。软件测试要设法使软件发生故障，暴露软件错误。能够发现错误的测试是成功的测试，否则就是失败的测试。

可从界面格式、模块功能、查询统计、工作流、数据存储和性能等多个角度对软件进行测试；应充分进行白盒测试和黑盒测试；运用边界值、等价类划分法、因果图、状态图、大纲法等测试方法设计高效测试用例；使用LoadRunner、WinRunner等测试工具。要充分考虑软件运行环境、硬件系统、系统运行、并发数、数据量、查询记录总数、查询结果及录入等所有要求，以便更快、更早地将软件产品或软件系统中所有的问题找出来，并促进系统分析人员、设计人员和程序员尽快地解决这些问题。

4.1.2 软件测试的步骤

现在的软件测试工作开始于软件开发的用户需求提出阶段，它从用户需求验证开始，具体步骤为：

1）评定开发方案和状态：这是评估软件系统的先决条件。测试人员需要质疑软件开发方案的完整性和正确性，并对软件项目计划的完整性及其延伸进行定义。测试人员要估计出测试软件系统所需要的资源数量。这样，就从整体上把握了软件系统的规模和内容。

2）形成测试计划：形成符合软件开发过程模式的测试计划。所有的测试计划的结构应该是一致的，内容则取决于测试人员对开发中项目的感知程度。高水平的测试人员能做出较为完善的测试计划。

3）测试软件的需求说明：不完整的、不正确的或不一致的需求都会导致软件开发失败。 在需求收集阶段，不能正确说明软件需求，会明显地增加开发费用。测试人员通过查证，一定要保证需求说明是正确的、完整的，并且不会有冲突。

4）测试软件的设计：测试人员要查证软件的外部和内部设计，测试设计是否能完成需求说明的目标以及能否在指定的硬件上起作用。

5）软件开发过程中的测试：根据内部设计文档选择的软件开发方法决定着测试的类型和范围。软件构建变得更加自动化，但是瀑布型的开发模式容易产生错误，应该发现这些错误。经验表明，在构建阶段发现问题会比在动态测试过程中发现问题节省很多成本。

6）执行测试计划并记录错误：这个阶段包括静态和动态测试代码，按照测试计划中指定的步骤和方法，使用工具验证可执行代码是否符合规定的软件需求和设计的结构化规范。

7）可接受性测试：让使用者操作其所需功能后评估软件的适用性和可用性。这样能测试出使用者认为软件应该实现什么功能，与需求文档中说明的软件应该实现什么功能形成对照。

8）报告测试结果：测试报告是一个持续的过程，可口头表达也可记录下来。缺陷和涉及的问题要向相应的小组报告，并且报告要易于理解。这样就能以最低的可能成本修正问题。

9）测试软件变化：这是面向软件需求变更而进行的测试，通常发生在软件安装使用后的维护过程。相关概念随着整个执行过程而改变，任何时候需求改变了，测试计划都要相应改变，并且这些改变对于整个软件的影响也要测试和评估。

10）评估测试效率：测试改进最好在测试任务的最后阶段评估测试效率后完成。这个评估首先应该由测试人员完成，同时也要包括开发人员、软件使用者和专业质量担保人。

软件测试工作的总体流程图如图4-1所示，需求阶段的测试流程图如图4-2所示，设计与编码阶段的测试流程图如图4-3所示，系统验收阶段的测试流程图如图4-4所示。

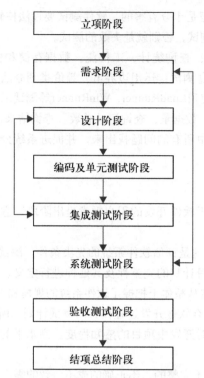

图4-1 软件测试工作的总体流程图

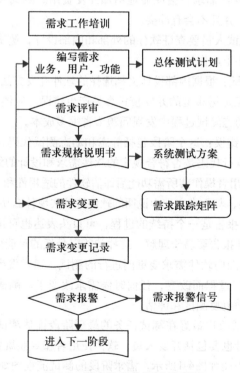

图4-2 需求阶段的测试流程图

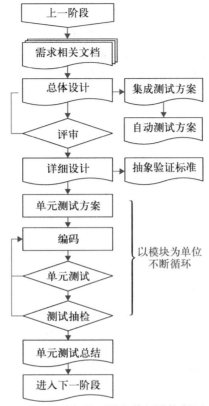

图4-3　设计与编码阶段的测试流程图

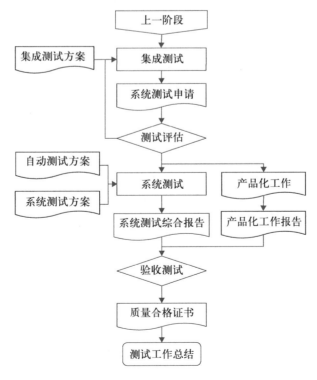

图4-4　系统验收阶段的测试流程图

4.2　期刊管理系统测试

本节的目标是详细描述对期刊管理系统进行软件测试的过程，所测试的功能均来自于期刊管理系统的需求规格说明书。也就是说，在期刊管理系统需求规格说明书中列出的系统功能和性能都需要进行完整的测试，其目标是尽可能多地发现待测系统中所有的错误，对于测试过程中发现的所有缺陷都需要先确认，再尽可能改正。

4.2.1　概述

1. 期刊管理系统概述

本系统的主要功能包括：期刊目录的管理、入库期刊的管理、期刊借阅者（即读者）的管理、期刊借还的管理以及系统使用者的管理。

2. 系统的测试计划

系统的测试从需求分析阶段就要开始考虑，在总体设计、详细设计中不断地对测试计划进行补充和完善。对于设计中的每个具体功能的实现，都要考虑到其测试用例的设计。当进入到编码实现阶段后，每一个模块都需要进行单元测试，只有在通过了单元测试后，才能进行系统的集成测试。在所有的集成测试（包括模块测试、系统测试）都完成以后，方可在用户参与下进行验收测试。只有通过了用户的验收测试后，系统才能交给最终的用户。

在系统项目及其所属的各个模块的编制与开发期间，要进行各种测试活动，准确记录、及时分析并妥善保存有关这些测试的记录，是确保系统运行的重要条件。在系统测试中，应有专人负责收集、汇总与保存有关系统测试的记录。具体如下：

1）需求分析阶段列出的系统的每个功能都要求是"可测试"的。

2）设计阶段每个具体功能的实现都要考虑到其测试用例的设计。

3）编码实现阶段对每个模块做单元测试，然后做集成测试。

4）最后和用户一起做验收测试。

系统测试是为了验证各阶段所完成的工作是否满足需求分析和详细设计要求，识别出期望的结果和真正结果之间的差别，以便修正系统设计和代码实现中的潜在错误，保证系统运行的正确性和功能完备性，提高系统运行的性能。

3. 测试人员安排

本系统总共需要4名测试人员，包括：

• 测试负责人1人：负责整个系统测试的总体控制。

• 单元测试人员2人：主要负责进行有关单元测试，并配合其他人员进行集成测试。

• 集成测试人员1人：负责系统的集成测试。

针对系统的规模和前期的成本效益分析中对于成本的控制要求，上述测试人员的具体安排如下：系统的需求工程师扮演测试负责人的角色，负责对测试的总体把握；每一个模块的编码者负责自己模块的单元测试；另外一名专门的软件测试工程师负责系统的集成测试并配合测试负责人的工作。

4.2.2　测试方法和步骤

1. 系统的测试方法

考虑到各种因素和条件的限制，对期刊管理系统，采用黑盒测试方案，即根据软件所需要的输入数据的格式以及应该完成的功能，设计一些合法的测试用例和不合法的测试用例，特别是根据边界条件设计一些边界测试用例，以检查系统是否能正确地完成预期功能，得到希望的输出；或者是对不合法的输入和操作能够正确地识别和防御。对个别重要的模块辅以白盒测试，以保证系统的正确性。

2. 系统的测试步骤

先分别进行单元测试，再进行集成测试，遵循自底向上的策略。对于每一个测试用例都要考虑到合法和非法的测试情况。

4.2.3 测试过程

1. 系统的测试内容

根据前面的需求分析的功能描述，本系统主要有系统登录、读者管理、期刊管理和借阅管理四个部分，所以系统的测试主要围绕着这些模块展开。

测试1：系统登录测试

测试系统的登录界面是否正确、合理。对于合法的用户是否能够转入正确的界面，对于非法的用户能否进行正确的处理。

测试2：读者管理测试

根据前面的详细设计，可知该部分共有3个模块，因此需要对这3个模块先分别进行单元测试，即测试"添加用户"、"修改用户信息"，"删除用户"，然后再进行集成测试。

测试2.1：添加用户功能测试

首先需要测试当用户填写了正确的用户信息后，能否成功提交；还要测试当用户提交那些含有错误的信息时能否被拒绝，并正确地指出出错的位置。

测试2.2：修改用户信息功能测试

首先需要测试是不是只有允许修改的字段才能修改，对于不能修改的字段是不允许修改的；对于允许修改的字段，先给正确的修改值，看能否正确提交，再给错误的修改值，看能否被拒绝，并给出正确的提示。

测试2.3：删除用户功能测试

要测试当用户确实要删除后，该记录是否真的被删除，以及当用户放弃删除时，该记录是否还在。

测试3：期刊管理测试

根据详细设计，可知该模块有4个子模块，因此需要对这4个子模块先分别进行单元测试，即测试"添加期刊"、"修改期刊信息"、"删除期刊"、"添加库存期刊"，然后再进行集成测试。

测试3.1：添加期刊功能测试

需要测试当期刊的信息（期刊号、期刊名称、出版周期等）输入不完整时，系统是否能够给出正确的提示；还要测试目前输入的期刊信息在数据库中已存在时，能否给出正确响应，并给出提示；最后需要测试当输入一个正确的新期刊信息时，能否成功提交。

测试3.2：修改期刊信息功能测试

测试系统能否正确列出所要修改的期刊目录信息，再测试用户完成信息修改后，能否成功提交。

测试3.3：删除期刊功能测试

需要测试待删除期刊填写不完整时，系统能否给出相应提示；还要测试当用户选中了一条记录进行删除时，能否给出"是否确定删除"的提示，并且分别点击"确认"和"取消按钮"能够进行正确的处理。

测试3.4：添加库存期刊功能测试

需要测试当期刊的信息（期刊号、年份、期号、数量等）输入不完整时，系统是否能够给出正确的提示；还要测试目前输入的期刊信息在数据库中已存在时，能否给出正确响应，并给出提示；最后需要测试当输入一个正确的新期刊信息时，能否成功提交。

测试4：借阅管理测试

根据详细设计，借阅管理功能有3个子模块，因此需要对这3个子模块先分别进行单元测试，即测试"借阅期刊模块"、"归还期刊模块"、"查询借阅信息模块"，然后再进行集成测试。

测试4.1：借阅期刊模块测试

首先需要测试输入用户的合法性，当输入错误的用户名时，能否给出相应的提示；接着需要测试输入错误的期刊信息，能否给出相应的提示；还需要测试当同时给出正确的用户名和期刊信息时，能否正确地处理借期刊。

测试4.2：归还期刊模块测试

要测试当给出一个合法但是没有借出的期刊信息以及不合法的期刊信息时，能否给出正确的提示，当用户点击了"归还"按钮后，测试对于各个记录是否做了正确的处理。

测试4.3：查询借阅信息测试

需要测试：当用户设置的两个条件——"用户名"和"期刊信息"都为空时，能否正确处理，并将相应的结果显示在控件中；当其中一部分为空时，能否正确处理并显示结果；当两个都不为空时，能否正确处理并显示结果。

2. 系统的单元测试

对于期刊管理系统的单元测试，可采用的方法是黑盒测试技术，主要是以等价类划分为主，并辅以边界值分析法，力图发现系统中尽可能多的错误。这里以归还期刊模块为例阐述期刊管理系统的单元测试。

测试4.2：归还期刊模块测试用例的设计

首先需要测试输入正确的用户名，能否正确显示该用户的信息，以及当输入错误的用户名时，能否给出相应的提示；接着需要测试输入正确的期刊号，能否正确显示该期刊信息，以及当输入错误的期刊号时，能否给出相应的提示；还需要测试当同时给出正确的用户名和期刊号时，能否进行正确地进行归还期刊处理，即用户所借期刊是否填入归还日期，该期刊是否重新进入可流通状态。

（1）等价类的划分

这里主要包含对于有效等价类的划分以及无效等价类的划分。

有效的输入等价类有：

    A 有效的用户名

    B 有效的期刊信息

有效的输出等价类有：

    Z 成功的归还

无效的输入等价类有：

    a 无效的用户名

    b 无效的期刊信息（无此期刊）

    c 有效的期刊信息但该期刊未被借出

无效的输出等价类有：

    x 提示用户不存在

    y 提示无效的期刊

    z 提示用户未借此期刊

（2）设计覆盖等价类的测试用例

对于有效等价类，希望设计的测试用例覆盖的等价类越多越好；对于无效等价类，可为每一个类设计一个测试用例。具体的测试用例如表4-1所示。

表4-1 归还期刊模块单元测试的测试用例

有效性	输入		输出	覆盖的等价类
	用户名	期刊		
有效	Wang	计算机工程与应用，2008，5	成功归还	A，B，Z
无效	Ok	计算机工程，2007，3	用户不存在	a，x
无效	Wang	计算学报，2006，2	无效期刊	b，y
无效	Wang	计算机学报，2008，4	用户未借此期刊	c，z

3. 系统的集成测试

通过了单元测试后，便可进行系统的集成测试，一般采用自底向上集成的方法。限于篇幅，不能把每一个模块的集成测试都罗列出来，下面以借阅管理模块为例阐述期刊管理系统的集成测试。

测试4：借阅管理模块的集成测试

采用自顶向下集成测试策略，并按深度优先方法，依次结合有关模块，具体的步骤如下：

1）集成系统登录模块。

2）集成密码修改模块，先运行登录模块，成功测试后，将密码修改模块集成起来，修改密码后，再运行登录模块。

3）集成添加用户模块，分别将用户"zheng"和"huang"添加到用户表中。

4）集成添加期刊目录模块到系统进行测试，如将"计算机学报"、"软件学报"分别添加到期刊目录中。

5）集成期刊登记模块，登记一本期刊信息，分别将"计算机学报 2009年 第8期"、"软件学报 2009年 第9期"登记到数据库中。

6）集成借阅模块，完成将"计算机学报 2009年 第8期"借给读者"zheng"的处理，将"软件学报 2009年 第9期"借给读者"huang"的处理。

7）集成归还模块，完成将读者"zheng"所借的"计算机学报 2009年 第8期"归还。

8）集成查询模块，分别集成查询期刊的库存、期刊的去向、读者的借阅信息等查询模块。

4. 系统测试与回归测试

完成了各个模块的测试后，要进行系统测试。也就是说，要把系统的所有模块集成在一起进行全面测试，还要考虑软件兼容和硬件的配置问题。

在系统测试的任何一个阶段，只要发现了错误，就要尽可能及时更正。更正后还要检验已经发现的缺陷有没有被正确地修改和修改过程中有没有引发新的缺陷，即回归测试。另外，每当一个新的模块被当作集成测试的一部分加进来的时候，软件环境都会发生改变，即建立起新的数据流路径，还有可能激活了新的控制逻辑。这些改变可能会使原本工作得很正常的功能产生错误。因此在集成测试策略的环境中，要进行回归测试，就是对部分已通过测试的功能要再次进行测试，以保证系统在新环境下能正常工作。

4.3 图书管理系统测试

本节的目标是详细描述对图书管理系统进行软件测试的过程，所测试的功能均来自于图书管理系统的需求规格说明书。也就是说，在图书管理系统需求规格说明书中列出的系统功能和性能都需要进行完整的测试，其目标是尽可能多地发现待测系统中所有的错误，对于测试过程中发现的所有缺陷都需要先确认，再尽可能改正。

4.3.1 概述

1. 图书管理系统概述

本系统的主要功能包括：入库图书的管理、图书借阅卡（即借书者）的管理、图书借还的管理以及系统使用者的管理。

2. 系统的测试计划

测试计划的制定原则与4.2.1节相同，这里不再重复了。

3. 测试人员安排

本系统总共需要7名测试人员，包括：

- 测试负责人1人：负责整个系统测试的总体把握。
- 单元测试人员5人：主要负责进行各个单元测试，并配合其他人员进行集成测试。
- 集成测试人员1人：负责系统的集成测试。

人员职责与4.2.1节相同，这里不再重复了。

4.3.2 测试方法和步骤

1. 系统的测试方法

针对本系统各个模块的功能集中于对数据库的处理以及对用户交互界面的设计，系统内部并没有涉及复杂的算法和数据结构，因此制定的测试方法是以注重测试功能的黑盒测试为主，如果需要的话，可以对个别重要的模块辅以白盒测试，以保证系统的正确性。

2. 系统的测试步骤

先进行单元测试，再进行集成测试，遵循自底向上的策略。对于每一个测试用例都要考虑到合法和非法的测试情况。

4.3.3 测试过程

1. 系统的测试内容

根据前面的需求分析的功能描述，本系统主要有系统登录、借阅者管理、图书管理、借阅管理、基本信息管理五个部分，所以系统的测试主要围绕着这些模块展开。需要说明的是，在前面的编码中，为了使系统具有更好的交互性，在上述的每个模块里设置了相应的出错处理，对于这些出错处理部分，也要给出相应的测试，这部分的测试可放在各个子模块的测试里。

测试1：系统登录测试

测试系统的登录界面是否正确、合理。对于合法的用户是否能够转入正确的界面，对于非法的用户能否进行正确的处理。

测试2：借阅者管理测试

根据前面的详细设计，可知该模块共有4个子模块，因此需要对这4个子模块先分别进行单元测试，即测试"添加借阅者"、"修改借阅者"、"删除借阅者"、"查询借阅者"，然后再进行集成测试。

测试2.1：添加借阅者测试

首先需要测试当用户填写了正确的借阅者信息后，能否成功提交；还要测试当用户提交那些含有错误的信息时，能否被拒绝，并正确地指出出错的位置。

测试2.2：修改借阅者测试

首先需要测试是不是只有允许修改的字段才能修改，对于不能修改的字段是不允许修改的；对于允许修改的字段，先给正确的修改值，看能否正确提交，再给错误的修改值，看能否被拒绝，并给出正确的提示。

测试2.3：删除借阅者测试

要测试当用户确实要删除后，该记录是否真的被删除，以及当用户放弃删除时，该记录是否还在。

测试2.4：查询借阅者测试

首先需要测试当输入一个合法的条件时，能否给出满足条件的借阅者；其次需要测试当输入一个非法的条件时，能否给出正确的提示。

需要说明的是，在"修改借阅者测试"、"删除借阅者测试"中，都可能要先调用"查询借阅者"来找到指定的借阅者，对于这些，在"修改"和"删除"中不予测试，而是把它放在"查询"中测试。在下面的其他测试中，也是类似，以后不再重复说明。

测试3：图书管理测试

根据前面的详细设计，可知该模块也有4个子模块，因此需要对这4个子模块先分别进行单元测试，即测试"添加图书"、"修改图书"、"删除图书"、"查询图书"，然后再进行集成测试。

测试3.1：添加图书测试

首先需要测试当某些该填的信息没有输入时，系统是否能够给出正确的提示；还需要测试当所有信息都填入但是新输入的图书号在后台表中已有时，能否给出正确的提示；最后需要测试当输入一个正确的记录时，能否成功提交。

测试3.2：修改图书测试

需要测试：当用户没有点击任何记录时，系统能否给出相应的提示；当用户选择了某条记录时，能否将满足条件的记录正确地显示在相应的编辑框中；用户修改后，能否成功提交。

测试3.3：删除图书测试

首先需要测试当用户没有选中任何记录时，系统能否给出相应提示；还要测试当用户选中了一条记录进行删除时，能否给出"是否确定删除"的提示，并且分别点击"确定"和"取消"能够进行正确的处理。

测试3.4：查询图书测试

首先需要测试当"图书类型"和"图书号"都不为空时，系统能否给出正确的处理；还需要测试当其中一个为空时，能否给出正确处理；最后还要测试当二者都不为空时，能否给出正确的处理。

测试4：借阅管理测试

根据前面的详细设计，可知该模块也有4个子模块，因此需要对这4个子模块先分别进行单元测试，即测试"借书"、"还书"、"删除借还信息"、"查询借还信息"，然后再进行集成测试。

测试4.1：借书测试

首先需要测试输入正确的借阅卡号，能否正确显示该借阅卡的信息，以及当输入错误的借阅卡号时，能否给出相应的提示；接着需要测试输入正确的图书号，能否正确显示该图书的信息，以及当输入错误的图书号时，能否给出相应的提示；最后需要测试当同时给出正确的借阅卡号和图书号时，能否进行正确的借书处理（包括可以借书以及不能借书都要测试）。

测试4.2：还书测试

首先需要测试当输入一个合法且已借出的图书号时，界面控件能否给出正确的图书信息，还需要测试当给出一个合法但是没有借出的图书以及不合法的图书号时，能否给出正确的提示。对于一个正确的输入，还要分别测试超期和没有超期的情况，对于超期的情况还要测试能否正确地计算罚款值。当用户点击了"归还"按钮后，测试对于各个记录是否做了正确的处理。最后还要测试当用户点击了"放弃"按钮时，交互界面是否清空。

测试4.3：删除借还信息测试

首先需要测试当需要删除的借还记录中的借阅卡号在"借阅卡"中有对应记录时，此时不能删除，并要给出正确的提示信息，还要测试当需要删除的借还记录中的借阅卡号在"借阅卡"中没有对应记录时，在删除时能否给出相应提示，当用户点击"确定"时能否正确删除，当用户点击"取消"时，记录应该还在。

测试4.4：查询借还信息测试

需要测试：当用户设置的两个条件——"借阅卡号"和"图书号"都为空时，能否正确处理，并将相应的结果显示在控件中；当其中一个为空时，能否正确处理并显示结果；当两个都不为空时，能否正确处理并显示结果。

测试5：基本信息管理测试

它主要包含对"借阅者类别信息管理"、"图书类别信息管理"和"用户管理"3个子模块的测试，每个子模块也分别有"添加"、"删除"、"修改"、"查询"4个更细的子模块，这些测试都和上面的"借阅者管理测试"的4个子测试完全类似，这里就不再赘述。

2. 系统的单元测试

从上面可以看出，本系统需要测试的模块较多，而很多模块的测试内容比较相似。对于单元测试，仅以系统借书管理为例，详细地说明如何设计测试用例。对于其他模块，读者可类似地自行设计。

对于每个单元测试，可采用的方法是黑盒测试。更具体地说，采取以等价类划分为主，辅以边界值分析法，力图发现系统中的每一个错误。

测试4.1：借书测试用例的设计

(1) 等价类的划分

这里主要包含对于有效等价类的划分以及无效等价类的划分

有效的输入等价类有：

  A 有效的借阅卡号且未被挂失的借阅卡号，而且借书数目没有超过该卡所能借的最大数目

  B 有效的图书号且该图书未被借出

有效的输出等价类有：

  Z 成功的借阅

无效的输入等价类有：

  b 无效的借阅卡号

  c 有效的借阅卡号但被挂失的借阅卡号

  d 有效的借阅卡号且未被挂失的借阅卡号，但借书数目超过该卡所能借的最大数目

  e 无效的图书号

  f 有效的图书号但该图书已经被借出

无效的输出等价类有：

  z 提示借阅卡无效

  y 提示借阅卡被挂失

  x 提示借阅卡借书数额已满

  w 提示图书号无效

  v 提示该图书已经被借出

(2) 设计覆盖等价类的测试用例

对于有效等价类，希望设计的测试用例覆盖的等价类越多越好；对于无效等价类，为每一个设计一个测试用例，如表4-2所示。

表4-2 设计的测试用例

有效性	输入	输出	覆盖的等价类
有效	A, B	Z	A, B, Z
无效	b	z	b, z
无效	c	y	c, y
无效	d	x	d, x
无效	e	w	e, w
无效	f	v	f, v

3. 系统的集成测试

通过了单元测试后，便可进行系统的集成测试，一般采用自底向上集成的方法。下面以借阅管理模块为例阐述图书管理系统的集成测试。

测试4：借阅管理模块的集成测试

在测试4.1借书、测试4.2还书、测试4.3删除借还信息、测试4.4查询借还信息四个子模块的单元测试完成以后，就可以进行"借阅管理"模块的集成测试。这里主要测试的是各个模块之间的接口，以及涉及的一些全局变量。其具体的设计步骤如下：

1）利用模块4.1完成某个借阅卡的一次借书，然后调用模块4.4来看看这次借书行为能否查询到。如果没有查询到则发现错误，否则进入下一步。

2）接着对这次借书行为调用模块4.2进行还书，如果可以进入下一步，否则发现错误。

3）调用模块4.4查询上述还书行为，如果查询到进入下一步，否则发现错误。

4）调用模块4.3 删除上述借还记录，看看能否给出正确提示，如果给出则进入下一步，否则发现错误。

5）修改借阅卡的相关字段，以满足被删除的条件，再次调用模块4.3对借还记录进行删除，如果可以删除则此次测试成功，否则发现错误。

4. 系统测试与回归测试

同前面4.2.3节的"4.系统测试与回归测试"，这里不再赘述。

4.4 网上商城管理系统测试

本节的目标是详细描述对网上商城管理系统进行软件测试的过程，所测试的功能均来自于网上商城管理系统的需求规格说明书。也就是说，在网上商城管理系统需求规格说明书中列出的系统功能和性能都需要进行完整的测试，其目标是尽可能多地发现待测系统中所有的错误，对于测试过程中发现的所有缺陷都需要先确认，再尽可能改正。

4.4.1 概述

1. 网上商城管理系统概述

本系统从总体上分为会员信息的管理、商品信息的管理、订单信息的管理和用户登录四个功能模块。

2. 系统的测试计划

测试计划的制定原则与4.2.1节相同，这里不再重复了。

3. 测试人员安排

本系统总共需要5名测试人员，包括：

• 测试负责人1人：主要从总体上负责整个系统测试。

• 单元测试人员3人：主要负责对三大模块进行单元测试，并配合其他人员进行集成测试。

• 集成测试人员1人：负责系统的集成测试。

人员职责与4.2.1节相同，这里不再重复了。

4.4.2 测试方法和步骤

1. 系统的测试方法

考虑到各种因素和条件的限制，对网上商城管理系统采用黑盒测试方案，即根据软件所需要的输入数据的格式以及应该完成的功能，设计一些合法的测试用例和不合法的测试用例，特别是根据边界条件设计一些边界测试用例，以检查系统是否能正确地完成预期功能，得到希望的输出；或者是对不合法的输入和操作能够正确地识别和防御。对个别重要的模块辅以白盒测试，以保证系统的正确性。

2. 系统的测试步骤

先分别进行单元测试，再进行集成测试，遵循自底向上的策略。对于每一个测试用例都要考虑到合法和非法的测试情况。

4.4.3 测试过程

1. 系统的测试内容

根据前面的需求分析的功能描述，本系统主要涉及对会员信息的管理、商品信息的管理、订单信息的管理以及用户登录四个部分，下面就围绕着这些模块进行系统的测试。

测试1：会员信息管理测试

主要针对会员注册、会员信息修改、删除会员和检索会员子模块进行测试。先进行单元测试再进行集成测试。

测试1.1：会员注册模块测试

测试系统的注册模块是否正确、合理。若注册成功，应给出提示并可转入相应的界面；否则应根据出错原因给出提示。

测试1.2：会员信息修改模块测试

测试系统的会员信息修改模块是否正确、合理。若信息修改成功，应给出提示并可转入相应的界面；否则应根据出错原因给出提示。

测试1.3：删除会员模块测试

测试系统的删除会员模块是否正确、合理。管理员进行会员删除，若删除成功，应给出提示并可转入相应的界面；否则应根据出错原因给出提示。

测试1.4：检索会员模块测试

测试系统的检索会员模块是否正确、合理。管理员进行会员检索，若检索成功，应给出提示并可转入相应的界面；否则应根据出错原因给出提示。

测试2：商品信息管理测试

主要针对商品录入、信息修改、删除商品和检索商品子模块进行测试。先进行单元测试再进行集成测试。

测试2.1：商品录入模块测试

测试系统的商品录入模块是否正确、合理。管理员进行商品录入，若录入成功，应给出提示并可转入相应的界面；否则应根据出错原因给出提示。

测试2.2：信息修改模块测试

测试系统的信息修改模块是否正确、合理。管理员进行商品修改，若修改成功，应给出提示并可转入相应的界面；否则应根据出错原因给出提示。

测试2.3：删除商品模块测试

测试系统的删除商品模块是否正确、合理。管理员进行商品删除。若删除成功，应给出提示并可转入相应的界面；否则应根据出错原因给出提示。

测试2.4：检索商品模块测试

测试系统的检索商品模块是否正确、合理。若检索成功，应给出提示并可转入相应的界面；否则应根据出错原因给出提示。

测试3：订单信息管理测试

主要针对确认订单、查看订单、修改订单和完成订单子模块进行测试。先进行单元测试再进行集成测试。

测试3.1：确认订单模块测试

测试系统的确认订单模块是否正确、合理。若录入成功，应给出提示并可转入相应的界面；否则应根据出错原因给出提示。

测试3.2：查看订单模块测试

测试系统的查看订单模块是否正确、合理。若查看成功，应给出提示并可转入相应的界面；否则应根据出错原因给出提示。

测试3.3：修改订单模块测试

测试系统的修改订单模块是否正确、合理。若修改成功，应给出提示并可转入相应的界面；否则应根据出错原因给出提示。

测试3.4：完成订单模块测试

测试系统的完成订单模块是否正确、合理。若完成订单，应给出提示并可转入相应的界面；否则应根据出错原因给出提示。

测试4：用户登录模块测试

测试系统的用户登录模块是否正确、合理。若登录成功，应给出提示并可转入相应的界面；否则应根据出错原因给出提示。

2. 系统的单元测试

对于网上商城管理系统的单元测试，可采用的方法是黑盒测试技术，主要是以等价类划分为主，并辅以边界值分析法，力图发现系统中尽可能多的错误。下面以会员注册模块的单元测试为例，详细地说明如何设计测试用例。

测试1.1：会员注册模块测试用例的设计

用户填写会员姓名、会员密码、确认密码、会员QQ、真实姓名、家庭住址、联系电话并选择会员性别。如某项未填写就提交，则出现"*"给予提示。如用户的输入不符合系统要求，则给出相应出错提示；提交成功后，显示出"欢迎加入网上商城！"并出现"转到首页"的链接。

（1）等价类的划分

这里每个输入项主要包含对于有效等价类的划分以及无效等价类的划分。

有效的输入等价类有：

    A 由大小写字母、数字或下划线构成，6~16位的会员姓名

    B 由大小写字母、数字或下划线构成，6~16位的会员密码

    C 由数字构成，4~15位的会员QQ

    D 50位以下的真实姓名

    E 200位以下的家庭住址

    F 由数字构成，6~13位的联系电话

有效的输出等价类有：

    Z 显示出"欢迎加入网上商城！"并出现"转到首页"的链接

无效的输入等价类有：

  a 无效的会员姓名

  b 无效的会员密码

  c 无效的会员QQ

  d 无效的真实姓名

  e 无效的家庭住址

  f 无效的联系电话

  g 会员密码与确认密码不一致

无效的输出等价类有：

  z1 会员姓名只能为大小写字母、数字或下划线，6～16位！

  z2 会员密码只能为大小写字母、数字或下划线，6～16位！

  z3 会员QQ只能由数字构成，4～15位！

  z4 真实姓名只能在50字以下！

  z5 家庭住址只能在200字以下！

  z6 联系电话只能为数字，4～15位！

  z7 会员密码应与确认密码一致！

（2）设计覆盖等价类的测试用例

有效等价类的测试用例如表4-3所示。

表4-3　有效等价类的测试用例

测试数据	期望结果	实际结果	覆盖范围
Gonewithwind 987654321 987654321 301021458 程致远 合肥市龙河路10号 13905516542	输入有效，显示出"欢迎加入网上商城！"并出现"转到首页"的链接	与期望结果相符	A, B, C, D, E, F

无效等价类的测试用例如表4-4所示。

表4-4　无效等价类的测试用例

测试数据		期望结果	实际结果	覆盖范围
会员姓名	未输入密码	输入无效	与期望结果相符	z1
会员密码	123	输入无效	与期望结果相符	z2
确认密码	987654321/123456789	输入无效	与期望结果相符	z7
会员QQ	2153647jjk	输入无效	与期望结果相符	z3
真实姓名	（超过50字）	输入无效	与期望结果相符	z4
家庭住址	（超过200字）	输入无效	与期望结果相符	z5
联系电话	33Rh456	输入无效	与期望结果相符	z6

3. 系统的集成测试

通过了单元测试后，便可进行系统的集成测试，一般采用自底向上集成的方法。下面以商品信息管理模块为例阐述网上商城管理系统的集成测试。

测试2：商品信息管理模块的集成测试

在商品信息管理中，需要管理员成功登录，再进行商品录入、信息修改、删除商品和检索商品子模块。这里进行用户登录模块与删除商品模块的集成测试，具体设计步骤如下：

1）利用模块4进行管理员登录。如管理员登录成功，则转到下一步；否则回到模块4进行单元测试。

2）利用模块2.4检索待删除商品信息。如检索到待删除商品，则转到下一步；否则回到模块2.4进行单元测试。

3）利用模块2.3删除商品。如删除商品成功，则转到下一步；否则回到模块2.3进行单元测试。

4）利用模块2.4检索待删除商品信息。如未检索到待删除商品，说明删除成功；否则删除失败，回到模块2.4进行单元测试。

4. 系统测试与回归测试

同前面4.2.3节的"4.系统测试与回归测试"，这里不再赘述。

4.5 饭卡管理系统测试

本节的目标是详细描述对饭卡管理系统进行软件测试的过程，所测试的功能均来自于饭卡管理系统的需求规格说明书。也就是说，在饭卡管理系统需求规格说明书中列出的系统功能和性能都需要进行完整的测试，其目标是尽可能多地发现待测系统中所有的错误，对于测试过程中发现的所有缺陷都需要先确认，再尽可能改正。

4.5.1 概述

1. 饭卡管理系统概述

本系统从总体上分为系统用户登录、持卡者信息管理、饭卡信息管理和饭卡消费记录管理四个模块，因此需要对这四个模块分别进行测试。由于这四个模块所包含的低层次功能模块是重叠的，因此在设计测试用例的时候应该选择有代表性的测试用例，这样就可以用最小的工作量完成对整个系统的测试。

2. 系统的测试计划

测试计划的制定原则与4.2.1节相同，这里不再重复了。

3. 测试人员安排

本系统总共需要6名测试人员，包括：

• 测试负责人1人：主要从总体上负责整个系统测试。

• 单元测试人员4人：主要负责对四个大模块进行单元测试，并配合其他人员进行集成测试。

• 集成测试人员1人：负责系统的集成测试。

人员职责与4.2.1节相同，这里不再重复了。

4.5.2 测试方法和步骤

1. 系统的测试方法

考虑到各种因素和条件的限制，对饭卡管理系统采用黑盒测试方案，即根据软件所需要的输入数据的格式以及应该完成的功能，设计一些合法的测试用例和不合法的测试用例，特别是根据边界条件设计一些边界测试用例，以检查系统是否能正确地完成预期功能，得到希望的输出；或者是对不合法的输入和操作能够正确地识别和防御。对个别重要的模块辅以白盒测试，以保证系统的正确性。

2. 系统的测试步骤

先分别进行单元测试，再进行集成测试，遵循自底向上的策略。对于每一个测试用例都要考虑到合法和非法的测试情况。

4.5.3 测试过程

1. 系统的测试内容

根据前面的需求分析的功能描述，本系统主要有系统用户登录、持卡者信息管理、饭卡信息管理和饭卡消费记录管理四个部分，下面就围绕着这些模块进行系统的测试。

测试1：用户登录模块测试

测试系统的登录界面是否正确、合理。若是合法用户，能否转入相应的界面；若是非法用户，能否进行正确的处理。

测试2：持卡者信息管理测试

根据前面的详细设计，可知该模块共有3个子模块，因此需要对这3个子模块先分别进行单元测试，即测试"持卡者注册"、"修改持卡者信息"和"查询持卡者信息"，然后再进行集成测试。

测试2.1：持卡者注册测试

测试对于能否办卡的用户是否都能给出相应正确的提示；测试能办卡的用户的卡号是否唯一；测试能办卡的用户所有字段的填写是否正确。

测试2.2：修改持卡者信息测试

首先需要测试是不是只有允许修改的字段才能修改，对于不能修改的字段是不允许修改的；对于允许修改的字段，先给正确的修改值，看能否正确提交，再给错误的修改值，看能否被拒绝，并给出正确的提示。

测试2.3：查询持卡者信息测试

首先需要测试当输入一个合法的条件时，能否给出满足条件的持卡者；其次需要测试对每个满足条件的持卡者能否显示其所有的信息；最后测试当输入一个非法的条件时，能否给出正确的提示。

需要说明的是，在"修改持卡者信息测试"中，可能要先调用"查询持卡者信息测试"来找到需要处理的对象，考虑将这部分放在"查询"中测试。在下面的其他测试中都是类似的，以后不再重复说明。

测试3：饭卡信息管理测试

根据前面的详细设计，可知该模块有4个子模块，因此需要对这4个子模块先分别进行单元测试，即测试"加锁与解锁"、"注销"、"充值"和"消费"，然后再进行集成测试。

测试3.1：加锁与解锁测试

首先测试当"卡号"为空，即没有选中要处理的饭卡时，系统能否给出相应提示；其次需要测试当选中要处理的饭卡卡号，再选择"挂失"时，能否给出"您确定要锁定卡吗"的提示，再选择"解挂"时，能否给出相应的提示；最后需要测试分别点击"确定"和"取消"时，系统能否做出相应的正确处理。

测试3.2：注销测试

首先需要测试当用户没有选中要注销的卡号时，系统能否给出相应提示；其次需要测试当用户选中了某个卡号进行注销时，分别点击"确定"或"取消"系统能否做出正确的处理。

测试3.3：充值测试

首先需要测试当用户刷卡，相应的位置未显示相应的记录时，系统能否给出相应的提示；其次需要测试当用户输入要充的金额并点击"充值"按钮时，系统能否给出"您确定要进行该操作吗？"的提示；再次需要测试随后分别点击"是"或"否"，系统能否做出正确的处理；最后需要测试在充入金额后，系统所计算的卡上余额是否正确。

测试3.4：消费测试

首先需要测试当用户刷卡，相应的位置未显示相应的记录时，系统能否给出相应的提示；其次需要测试当刷卡服务员输入持卡者消费的金额并点击"消费"按钮时，系统能否给出"需要继续消费吗？"的提示；再次需要测试随后分别点击"是"或"否"，系统能否做出正确的处理；最后需要测试在输入消费金额后，系统所计算的卡上余额是否正确。

测试4：饭卡消费记录管理测试

根据前面的详细设计，可知该模块有两个子模块，因此需要对这两个子模块先分别进行单元测试，即测试"查询饭卡消费记录"和"修改饭卡消费记录"，然后再进行集成测试。

测试4.1：查询饭卡消费记录测试

首先需要测试当用户刷卡，相应的位置未显示相应的记录时，系统能否正确处理；其次需要测试若刷卡有显示，系统是否将相应的结果显示在控件中；还要测试若对应位置的结果显示有误，系统能否正确处理。

测试4.2：修改饭卡消费记录测试

需要测试：是不是只有允许修改的字段才能修改；对于不能修改的字段，系统是否做出禁止修改的提示；对于允许修改的字段，先给正确的修改值，看能否正确提交，再给错误的修改值，看能否被拒绝，并给出正确的提示。

2. 系统的单元测试

对于饭卡管理系统的单元测试，可采用的方法是黑盒测试技术，主要是以等价类划分为主，并辅以边界值分析法，力图发现系统中尽可能多的错误。下面以用户登录模块的单元测试为例，详细地说明如何设计测试用例。

测试1：用户登录模块测试用例的设计

用户输入密码错误或用户未输入密码，则提示用户"输入密码错误，请重试！"；输入密码正确则进入系统。

（1）等价类的划分

这里主要包含对于有效等价类的划分以及无效等价类的划分。

有效的输入等价类有：

    A 注册用户名

    B 与用户名匹配的密码

有效的输出等价类有：

    Z 进入系统

无效的输入等价类有：

    a 无效的用户名

    b 无效的密码

    c 用户名与密码不匹配

无效的输出等价类有：

    x 输入密码错误， 请重试！

（2）设计覆盖等价类的测试用例

有效等价类的测试用例如表4-5所示。

表4-5　有效等价类的测试用例

测试数据	期望结果	实际结果	覆盖范围
Super/super	输入有效，进入系统管理员管理权限界面	与期望结果相符	A，x
manage/manager	输入有效，进入用户管理权限界面	与期望结果相符	A，x

无效等价类的测试用例如表4-6所示。

表4-6　无效等价类的测试用例

测试数据	期望结果	实际结果	覆盖范围
/	输入无效	与期望结果相符	a, b, c
34f/	输入无效	与期望结果相符	a, b, c
Super/	输入无效	与期望结果相符	b, c
/ Super	输入无效	与期望结果相符	a, c
01234567890/vvv	输入无效	与期望结果相符	a, b, c

3．系统的集成测试

通过了单元测试后，可进行系统的集成测试。集成测试主要包含模块测试和系统测试。首先要进行模块测试，然后再进行系统的集成测试。无论哪种集成测试，都可采用自底向上的方法。

下面以持卡者信息管理模块为例说明饭卡管理系统的集成测试。

测试2：持卡者信息管理模块的集成测试

在2.1持卡者注册、2.2修改持卡者信息、2.3 查询持卡者信息三个子模块的单元测试完成以后，就可以进行"持卡者信息管理"模块的集成测试。这里需要测试三个模块之间的接口，以及涉及的一些全局变量。具体的设计步骤如下：

1）利用模块2.1完成某个申请者的饭卡注册任务，然后调用模块2.3来看看这次注册的持卡者信息能否查询到。如果没有查询到则发现错误，否则进入下一步。

2）如果在查询的过程中发现此持卡者的某项记录有误，调用模块2.2来修改这个不正确的记录以完善此持卡者的信息，如果可以进入下一步，否则发现错误。

3）调用2.3查询上面所说的持卡者，看看是否修改了该持卡者不正确的记录，如果是，并且该持卡者再无其余不正确的记录则此次测试成功，否则发现错误，立即回到第二步继续测试。

4．系统测试与回归测试

同前面4.2.3节的"4.系统测试与回归测试"，这里不再赘述。

4.6　面向对象测试

4.6.1　概述

传统测试从单元测试开始，逐步进行集成测试、系统测试和确认测试。面向对象测试包括面向对象分析测试、面向对象设计测试、面向对象实现测试、面向对象单元测试、面向对象集成测试和面向对象系统测试。面向对象分析测试主要测试对象、结构、主题、对象的属性和对象实例关联、对象的服务和消息关联；面向对象设计测试主要测试类、类层次结构、类库的支持；面向对象实现测试主要测试类的功能、数据封装；面向对象单元测试主要测试类的操作；面向对象集成测试采用基于线程和基于使用的两种测试进行集成，逐步构造整个系统；面向对象系统测试参照系统分析结果测试是否满足用户需求。

面向对象实现具有封装、继承和多态等机制，给面向对象测试带来了新的特点，增加了一定的难度。面向对象测试从基于类和对象的单元测试开始，经过基于线程或使用的集成测试，最后进行基于动态模型和功能模型的确认测试。

4.6.2 研究生培养管理系统测试

根据前面的需求分析的功能描述，主要有以下参与者：学位申请人、研究生导师、院管理员、学科点负责人、校管理员，所有的测试都围绕这些参与者用例展开，下面主要以学位申请人为例。

测试1：系统登录测试

测试系统的登录界面是否正确、合理。对于合法的用户是否能够转入正确的界面，对于非法的用户能否进行正确的处理。

测试2：申请基本信息测试

填写正确的信息，能提交到数据库，则给予提示；否则提示错误的信息。

测试3：课程学习信息测试

能提交成绩审核，则显示目前的状态；否则给予错误提示。

测试4：学位论文信息测试

填写正确的论文信息，能提交到数据库，则给予提示；否则提示错误的信息。

测试5：评阅专家信息测试

填写正确的评阅专家信息，能提交到数据库，则给予提示；否则提示错误的信息。

测试6：答辩委员信息测试

填写正确的答辩委员信息，能提交到数据库，则给予提示；否则提示错误的信息。

测试7：录入论文结果测试

填写了正确的论文评阅和答辩信息，能提交到数据库，则给予提示；否则提示错误的信息。

测试8：论文评阅结果测试

能正确显示录入的论文评阅的结果；否则提示错误的信息或者跳转到错误页面。

测试9：论文答辩情况测试

能正确显示录入的论文答辩情况；否则提示错误的信息或者跳转到错误页面。

1. 系统的单元测试

系统登录界面如图4-5所示。

图4-5 登录界面

（1）等价类的划分

测试1：系统登录测试

有效的输入等价类有：

    A 有效的用户名

    B 有效的密码

    C 正确的验证码

D 正确的用户类型

无效的输入等价类有：

　　a不存在的用户名

　　b 错误的密码

　　c错误的验证码

　　d错误的用户类型

有效的输出等价类有：

　　O 成功登录

无效的输出等价类有：

　　X 提示用户名不存在

　　Y 提示密码错误

　　Z 提示验证码错误

测试用例如表4-7所示。

（2）边界值分析法

经验表明，很多系统在处理边界情况时最容易出现问题，因此在很多黑盒测试方案中总是在原有的等价类划分的基础上辅以边界值分析法，本系统的测试也不例外。

表4-7　测试用例

是否有效	输入	输出
有效	A,B,C,D	O
无效	A,b,D	Y
无效	A,B,c,D	Z
无效	A,B,C,d	X
无效	a,_,_,_	X

注："－"表示任意取值。

测试4：学位论文信息测试

首先测试申请人填写了正确的论文信息，能否提交到数据库，并给予提示；其次，还要测试错误的信息能否被拒绝，并给予提示。

如图4-6所示，在学位论文信息中填写发表的各类论文数时，就要考虑到边界值的情况，如大于0、小于0、等于0等各类边界情况。

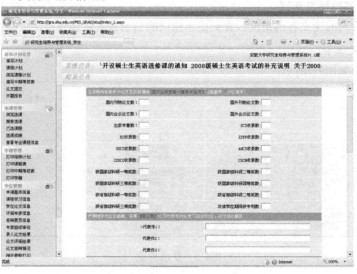

图4-6　论文信息填写界面

2. 系统的集成测试

（1）多类测试

根据系统中多个类之间的协作关系生成随机的测试用例。类DegreeApplicant、Department-Admin、UniversityAdmin、GradeList之间的协作关系如图4-7所示。

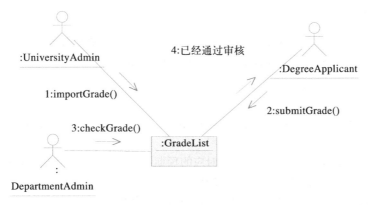

图4-7 类DegreeApplicant、DepartmentAdmin等之间的协作关系

下面给一个多类的随机测试用例,考虑类GradeList相对于类UniversityAdmin的操作序列:importGrade,测试用例为importGrade。进一步考虑测试中涉及的协作者,GradeList还和类DegreeApplicant、DepartmentAdmin协作,以执行submitGrade、checkGrade,新测试用例为importGrade.submitGrade.checkGrade。

(2)从动态模型导出测试用例图

ReviewExpert类的状态转换图如图4-8所示。

设计出的测试用例应该覆盖所有的状态,也就是说,操作序列应该是遍历类ReviewExpert中对象的所有状态:

测试用例s1:submitPersonalInfo. checkQualificationByTutor. checkQualificationByDepartmentAdmin. checkQualificationBySubjectMaster.close。

图4-8 ReviewExpert类的状态转换图

测试用例s2:submitPersonalInfo. checkQualificationByTutor. checkQualificationByTutor. checkQualificationByDepartmentAdmin. checkQualificationBySubjectMaster.close。

测试用例s3:submitPersonalInfo. checkQualificationByTutor. checkQualificationByDepartmentAdmin. checkQualificationByTutor. checkQualificationByDepartmentAdmin. CheckQualficationBySubjectMaster.close。

还可以导出更多的测试用例,以保证该类的所有行为都被适当测试。

3.回归测试与系统测试

同前面4.2.3节的"4.系统测试与回归测试",这里不再赘述。

4.7 评价标准

软件测试过程与软件开发过程交错进行。开发的软件需要进行测试，一旦测试出软件缺陷，开发人员就需对软件进行修改，修改后的软件还要重新测试。

1. 软件测试的基本原则

软件测试的基本原则如下：

1）将软件测试贯穿于软件开发的各个阶段中，在开发过程中尽早地发现和预防错误，杜绝隐患，提高软件质量。

2）测试用例必须包含输入数据和与之对应的预期输出结果，测试用例必须精心设计。

3）测试时应避免开发者检查自己设计的程序。

4）设计测试用例时，应包括合理的与不合理的输入条件。

5）充分注意测试中出现的错误群集现象。若发现错误数目较多，则残存的错误数目可能也较多。这种错误出现的群集现象，已为许多程序测试实践所证实。

6）严格执行测试计划，以软件需求说明书为基准设计测试用例，排除测试的随意性。

7）对每一个测试结果做全面检查，不能遗漏错误出现的征兆，软件修改后要进行回归测试，即用修改前测试过的测试用例进行测试，再用新的测试用例测试。

8）妥善保存测试计划、测试用例、出错统计数据和最终分析报告，为软件的维护提供方便。

2. 软件测试的标准

组织者在指定范围内选择软件测试遵循的标准，并结合本软件系统的具体要求，将它们贯彻到整个软件测试的计划、实现和管理过程之中。根据标准，需要明确的内容包括：测试阶段和测试文档类型。

从三个角度来划分测试阶段：面向测试操作类型的阶段划分、面向测试操作对象的阶段划分和面向测试实施者的阶段划分。测试操作类型包括调试、集成、确认、验证、组装、验收和操作等。测试操作对象可以是单元、部件、配置项、模块和系统等。测试实施者可以是开发者、测试者、使用者和验收者等。各类标准从不同角度定义了测试评审的阶段，测试组织者可以在符合所选标准的同时，结合多个划分因素规定本系统的测试阶段。

各标准规定的测试文档类型不尽相同，例如，国标《软件产品开发文件编制指南》规定了两类测试文档：测试计划和测试分析报告；国标《计算机软件测试文件编制规范》定义了八类测试文档：测试计划、测试设计说明、测试用例说明、测试规程说明、测试项传递报告、测试日志、测试事件报告和测试总结报告；《软件工程化技术文件》定义了三类测试文档：测试计划、测试说明和测试报告，这种规定较易操作。因为太少的测试文档类型不利于有步骤、有层次地定义测试内容，也不利于测试用例和测试规程的良好表达，太多的测试文档类型易使测试组织陷入到繁杂的文档规范和编制中去，因而第三种定义较为适中。其中，测试计划在系统分析/设计阶段提交，着重定义测试的资源、范围、内容、安排、通过准则等；测试说明在测试计划明确后开始编制，针对软件需求和设计要求具体定义测试用例和测试规程；测试报告分析和总结测试结果，测试日志是其必要附件。

3. 回归测试的准则

回归测试是指修改了先前测试中发现的问题，重新进行测试以确认修改没有引入新的错误或导致其他代码产生错误。软件测试的全部或部分暂停以及再启动时必须进行重复测试，其测试准则为：

1）软件系统在进行系统测试过程中，发现一、二级缺陷数目达到项目质量管理目标要求，测试暂停返回开发。

2）软件项目在其开发生命周期内出现重大估算和进度偏差，需暂停或终止时，测试应随之暂停或终止，并备份暂停或终止点数据。

3）如有新的需求，变更过大，测试活动应暂停，待原测试计划和测试用例修改后，再重新执行测试。

4）若开发暂停，则相应测试也应暂停，并备份暂停点数据。

5）所有功能和性能测试用例100%执行完成。

此外，测试是有成本的。当在较长的时间内只发现了较少的缺陷时，在产品质量要求不是十分严格的情况下，即可以停止测试，软件产品也可以交付使用了。

4. 测试结束的条件

在软件消亡之前，如果没有测试的结束点，那么软件测试就永无休止，永远不可能结束。软件测试的结束点要依据具体情况来制定，不能一概而论。测试结束点由以下几个条件决定：

1）基于"测试阶段"的原则：每个软件的测试一般都要经过单元测试、集成测试、系统测试这几个阶段。可以分别对单元测试、集成测试和系统测试制定详细的测试结束点。每个测试阶段符合结束标准后，再进行后面一个阶段的测试。例如，对于单元测试，要求测试结束点必须满足"核心代码100%经过代码评审"、"功能覆盖率达到100%"、"代码行覆盖率不低于80%"、"不存在A、B类缺陷"、"所有发现缺陷至少60%都纳入缺陷追踪系统且各级缺陷修复率达到标准"等。

2）基于"测试用例"的原则：测试人员设计测试用例，请项目组成员参与评审，测试用例一旦评审通过，后面测试时就可以作为测试结束的一个参考标准。例如，在测试过程中，如果发现测试用例通过率太低，可以拒绝继续测试，待开发人员修复后再继续。功能性测试用例通过率达到100%、非功能性测试用例达到95%以上，即可正常结束测试。但是使用该原则作为测试结束点时，把握好测试用例的质量非常关键。

3）基于"缺陷收敛趋势"的原则：软件测试的生命周期中随着测试时间的推移，测试发现的缺陷图线首先呈逐渐上升趋势，然后测试到一定阶段，缺陷又呈下降趋势，直到发现的缺陷几乎为零或很难发现缺陷为止。可以通过缺陷的趋势图线的走向来确定测试是否可以结束，这也是一个判定标准。

4）基于"缺陷修复率"的原则：软件缺陷在测试生命周期中分成几个严重等级，分别是：严重错误、主要错误、次要错误、一般错误、较小错误和测试建议。在确定测试结束点时，严重错误和主要错误的缺陷修复率必须达到100%，不允许存在功能性的错误；次要错误和一般错误的缺陷修复率必须达到85%以上，允许存在少量功能缺陷，后面版本解决；对于较小错误的缺陷修复率最好达到60%～70%以上；对于测试建议的问题，可以暂时不用修改。

5）基于"验收测试"的原则：对于一般的软件项目，最好测试到一定阶段，达到或接近测试部门指定的标准后，就递交用户做验收测试。如果通过用户的验收测试，就可以立即终止测试部门的测试；如果客户在进行验收测试时发现了部分缺陷，就可以针对性地修改缺陷，验证通过后递交客户，相应测试也可以结束。

6）基于"覆盖率"的原则：对于测试"覆盖率"的原则，只要测试用例覆盖了客户提出的全部软件需求（包括行业隐性需求、功能需求和性能需求等），并且测试用例执行的覆盖率达到100%，基本上就可以结束测试。例如，对于单元测试，"语句覆盖率最低不能小于80%"、"测试用例执行覆盖率应达到100%"和"测试需求覆盖率应达到100%"都可以作为结束确定点。如果你不放心，非得要看看测试用例的执行效果，检查是否有用例被漏执行的情况，也可以对常用的功能进行"抽样测试"和"随机测试"。对于覆盖率，在单元测试、集成测试和系统测试各个阶段都不能忽略。

7）基于"项目计划"的原则：大多数情况下，每个项目从开始就要编写开发和测试的计划，相应地在测试计划中也会对应每个里程碑，对测试进度和测试结束点做一个限制。一般来说都要和项目组成员（开发人员、管理人员、测试人员、市场人员、销售人员）达成共识，团队集体同意后制定一个标准结束点。如果项目的某个环节延迟了，测试时间就相应缩短。大多数情况下是所有规定的测试内容和回归测试都已经运行完成，就可以作为一个结束点。很多不规范的软件公司都是把项目计划作为一个测试结束点，这样做测试风险较大，软件质量很难得到保证。

8）基于"缺陷度量"的原则：对已经发现的缺陷，可以运用常用的缺陷分析技术和缺陷分析工具，用图表统计出来，方便查阅，分时间段对缺陷进行度量。也可以把"测试期缺陷密度"和"运行期缺陷密度"作为一个结束点。当然，最合适的测试结束的准则应该是"缺陷数控制在一个可以接受的范围内"。例如，一万行代码最多允许存在多少个什么严重等级的错误，这样比较好量化实施，因而成为测试缺陷度量的主流。

9）基于"质量成本"的原则：一个软件往往要在"质量/成本/进度"三方面取得平衡后停止。至于这三方面哪一项占主要地位，要看具体的软件。例如，对于人命关天的航天航空软件，质量是最重要的。即使多一点成本，推迟一下进度，也要在保证较高质量以后才能终止测试，发布版本。如果是一般的常用软件，由于利益和市场的原因，即使有bug，有时也必须先推出产品。一般来说，最主要的参考依据是"把找到缺陷耗费的代价和这个缺陷可能导致的损失做一个均衡"。具体操作的时候，可以根据公司的实际情况来定义什么样的情况下算是"测试花费的代价最划算、最合理"，同时保证公司利益最大化。如果找到bug的成本比用户发现bug的成本还高，也可以终止测试。

10）基于"测试行业经验"的原则：很多情况下，测试行业的一些经验可以为测试提供一些借鉴。例如，测试人员对行业业务的熟悉程度、测试人员的工作能力、测试的工作效率等都会影响整个测试计划的执行。如果一个测试团队中每个人都没有项目行业经验，这时拿到一个新的项目，自然不知从何处开始，测试质量自然不会很高。因此，测试者的经验对确认测试执行和结束点会起到关键性的作用。

测试过程完全符合测试原则和测试标准，完全达到预期的测试结束条件，评为优秀。

测试过程符合测试原则和测试标准，达到预期的测试结束条件，评为良好。

测试过程基本符合测试原则和测试标准，基本达到预期的测试结束条件，评为及格。否则不予及格。

第 5 章
软 件 维 护

5.1 概述

软件产品经验收后,交到用户手中。软件的生命周期就进入了运行和维护阶段。软件维护是软件生命周期中的最后一个阶段,也是持续时间最长、花费代价最大的阶段,其基本任务是保证软件可以在一个相当长的时期内正常运行。

软件维护的工作量非常大,大型软件的维护成本甚至可能超过开发成本的4倍。许多软件开发组织将70%以上的人力用于维护已开发出来的软件。随着这些软件数量和使用时间的延长,需要投入的人力和物力进一步增加。甚至有的软件开发组织慢慢地转型成软件运行维护组织。

因此,应充分认识软件维护的重要性,在软件开发阶段就要考虑和提高软件的可维护性,从而减少维护的难度和成本,延长软件的生命周期,最大限度地发挥软件的效益。

5.1.1 软件维护类型

软件维护就是在软件交付用户使用之后,为了保证软件能够在一个相当时期内正常运行,对软件进行修改的过程。软件维护过程本质上是修改软件缺陷或部分地变更软件定义、设计和实现的过程。

按照软件修改的迫切性,软件维护通常包括4种类型:改正性维护、完善性维护、适应性维护和预防性维护。

改正性维护是为了修改系统运行中出现的错误。在软件开发过程中,软件测试不可能发现软件系统中所有的软件缺陷,一些潜在的缺陷在特定使用过程中会渐渐地暴露出来。当这些缺陷影响到软件的正常运行时,就需要对软件进行修改或修复。对这些缺陷进行分析、定位、纠错、调试和回归测试的过程就是改正性维护。引发改正性维护的主要原因是设计缺陷和编码缺陷。这类维护主要存在于软件运行的初期,约占整个维护工作的20%。

完善性维护是为了满足用户使用软件过程中提出的新增功能或改进功能要求。随着软件使用时间的延长,用户对软件可能会提出一些新的需求,如增加少量软件的功能或提高软件的性能。完善性维护是一种有计划的软件"再开发"过程,有必要按照软件开发的全过程进行实施,即从需求分析开始,进行概要设计、详细设计,再进行编码和测试。完善性维护可能会引入新的缺陷,进行时应格外慎重。引发完善性维护的主要原因是用户未使用软件前对需求不明确或表达不准确所导致的软件功能和性能的缺失。完善性维护是对软件功能和性能的补充。这类维护主要存在于软件运行的中期,约占整个维护工作的50%。

适应性维护是为了适应新的环境而修改软件。随着软件运行时间的延长,计算机软件和硬件技术也在飞速地发展。在新的软件和新的硬件不断推陈出新的情况下,原来正常运行的软件可能需要在新的软硬件环境运行。当软件的兼容性或可移植性不足以适应新的环境时就需要进行适应性维护,以延长软件的生命周期。引发适应性维护的主要原因是软件的外部环境的变化。这类维护主要存在于软件运行的中后期,约占整个维护工作的25%。

预防性维护是软件产品交付后进行的修改,以便在软件产品中的潜在错误成为实际错误前,检测和更正它们。随着软件的运行,软件系统中部分功能和性能出现衰减的迹象。为避免由此可能引发的软件问题,需要对软件进行优化或更新,以维持或提高软件可持续使用的能力,或者采用较先进的技术对软件进行更新。引发预防性维护的主要原因是软件使用过程中功能或性能的损耗。这类维护主要存在于软件运行的中后期,约占整个维护工作的5%。

本章中的案例都是为新增功能或者改进某一功能而进行的完善性维护。

5.1.2 软件维护过程

通常,对于每个不同的软件进行维护,都要有专门的或非正式的维护小组。当然,对于软件开发组织而言,也可能针对不同的维护类型存在一个维护小组维护特定的几个软件的现象。不同类型的维护活动的频繁度和工作量差异较大,所涉及的人员和维护成本不能一概而论。

一般来说,任何一次维护活动都是从软件出现异常或相关迹象开始的。用户提供软件问题产生的过程和状态,提交软件问题报告。维护人员根据问题报告,分析问题出现的原因,提交软件维护申请。

针对维护申请,相关管理人员应与用户反复协商,确认问题产生的影响,用户希望达到的维护结果;与维护人员确定维护的类型和工作量。如有必要,还需要进行维护的可行性和必要性论证。

一旦确定进行维护,则视维护的类型,确定维护的内容和操作的步骤。对于改正性维护,必须清楚产生问题的情况,包括输入数据、错误清单及其他相关材料。在充分考虑所有涉及因素后,提出解决方案。维护活动对软件的需求说明、设计及源程序等会进行变更,要充分考虑到这些修改的影响。修改后的回归测试必不可少。最后要对维护的结果进行评审。所有的工作都要以文档的形式记录下来。如果确定申请的是适应性维护、完善性维护或是预防性维护,则所有工作要从用户需要提交的修改说明书开始。按照用户希望的修改内容,结合现有的软件,进行分析、设计、实现和测试。这需要按照软件开发的全周期工作方式进行。

对于不同的类型,进行维护的人员、工作量和成本差异很大。如何进行维护应主要依照用户的需求进行。

5.2 期刊管理系统维护

5.2.1 软件维护

软件系统维护阶段的关键任务是,通过各种必要的维护活动使系统持久地满足用户的需要。

期刊管理系统软件维护通常有4类维护活动:改正性维护,也就是诊断和改正期刊管理系统在使用过程中发现的软件错误;完善性维护,即根据用户的要求改进或扩充期刊管理系统使它更完善;适应性维护,即修改期刊管理系统软件以适应环境的变化;预防性维护,即修改期刊管理系统为将来的维护活动预先做准备,预防性维护活动比较少,前三种维护活动较多。期刊管理系统维护过程如图5-1所示。

在期刊管理系统投入运行后,由于该系统开发时测试得不彻底或不完全,在运行阶段会暴露一些开发时未能测试出来的错误,例如,当出现数据更新错误、查询结果不一致等问题时就要进行改正性维护。

期刊管理系统投入运行后,用户往往会对该系统提出新的功能与性能要求。为了满足这些要求,需要修改或再开发软件,以扩充软件功能、增强软件性能、改进加工效率。这种情况下就要对期刊管理系统进行完善性维护。完善性维护是有计划、有步骤的一种再开发活动,例如,改善期刊管理系统用户界面,改善处

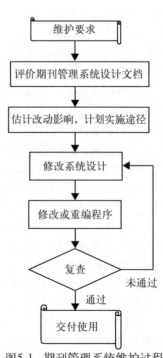

图5-1 期刊管理系统维护过程

理和查询效率，增加联机帮助功能等。

期刊管理系统所需的外部环境或数据环境可能会更新和升级，如操作系统或数据库系统的更换等。为了使该软件系统适应这种变化，需要对期刊管理系统软件进行相应的修改，这种情况下就要对期刊管理系统进行适应性维护。例如，期刊管理系统中数据库使用的是Access，将来当数据量越来越大时，系统数据存储的安全性、查询效率可能会遇到问题，可以将该数据库移植到Oracle、Sybase等数据库中，这时就要修改数据库表和有关数据操纵语句，进行适应性维护。

在期刊管理系统中可以将维护阶段进一步划分成更小的阶段，每一项维护活动都应该经过提出维护要求（或报告问题）、分析维护要求、提出维护方案、审批维护方案、确定维护计划、修改软件设计、修改程序、测试程序、复查验收等一系列步骤，因此实质上是经历了一次压缩和简化了的软件定义和开发的全过程。

用户填写维护申请报告，提供错误情况说明（输入数据、错误清单等），或修改说明书等。维护人员提出软件修改报告，内容有：

1）所需修改变动的性质。

2）申请修改的优先级。

3）为满足某个维护申请报告所需的工作量。

4）预计修改后的状况。

用户提出期刊管理系统维护要求后，系统维护管理员分析维护的类型，估计错误的严重程度和维护的优先级，分析维护问题，分配维护人员任务，维护人员进一步分析问题，制定维护计划，完成维护任务，修改软件文档，得到新的软件配置，进行维护后的复审。

5.2.2 系统备份

为防止不能预料的系统故障或用户不小心的非法操作，必须对系统进行定期的安全备份。除了对全系统进行每月一次的备份外，还应对修改过的数据进行每周一次的备份。同时，应该将修改过的重要系统文件存放在不同的服务器上，以便出现系统崩溃时（通常是硬盘出错），可及时地将系统恢复到正常状态。

第一种方法是对于期刊管理系统的Access数据库，可以用File.Copy实现把*.mdb拷贝到指定路径下。

```
/// 备份数据库, mdb1为源数据库绝对路径, mdb2为目标数据库绝对路径
public void Backup( string mdb1, string mdb2 )
{
    if( !File.Exists(mdb1) )
    {
        throw new Exception("源数据库不存在");
    }
    try
    {
        File.Copy( mdb1, mdb2, true );
    }
    catch( IOException ixp )
    {
        throw new Exception(ixp.ToString());
    }
}

///恢复数据库,mdb1为备份数据库绝对路径,mdb2为当前数据库绝对路径
public void Recover( string mdb1, string mdb2 )
{
    if( !File.Exists(mdb1) )
    {
```

```
            throw new Exception("备份数据库不存在");
        }
            try
        {
        File.Copy( mdb1, mdb2, true );
        }
        catch( IOException ixp )
        {
        throw new Exception(ixp.ToString());
        }
    }
}
```

第二种方法是采用Access导出/导入文本的方法，因为有些病毒专门破坏Office文件，这样做可以使期刊管理系统的.mdb文件免遭破坏，这种方法更安全。另外，还可以编写导入和导出的接口，通过程序完成Access导出/导入文本。

5.3　图书管理系统维护

在本系统中，系统维护主要是对于数据的管理，更具体地说就是对数据库的备份和恢复。它主要是为了防止由于机器的软硬件故障，导致输入数据的丢失或损坏，故系统设置了此模块。系统维护的结构图如图5-2所示。

根据要求，系统每隔3个月备份一次，可以考虑用磁带备份。考虑存储空间的限制，对于历史的借阅记录最多只保留10年。系统在需要的时候（比如系统瘫痪后）进行数据的恢复。下面将分别介绍"数据库的备份"和"数据库的恢复"。

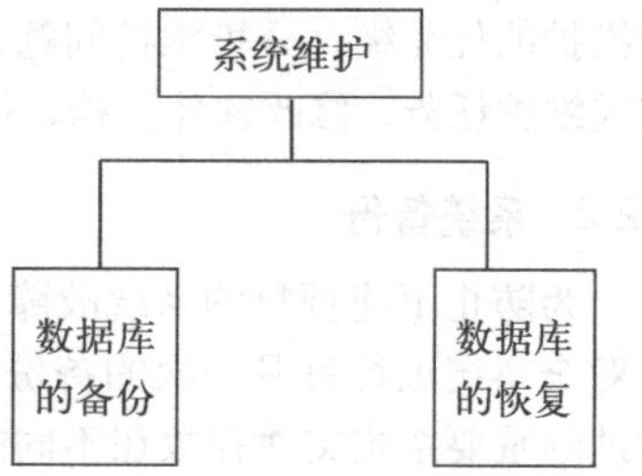

1. 数据库的备份
其处理的IPO图如下：
输入：需要备份的数据库表
处理：

图5-2　图书管理系统的维护结构图

1）提示用户是否需要完成数据库的备份，如果用户确认转向2），否则转向5）
2）判断需要备份的数据库文件是否存在，如果数据库文件存在，转向3），否则转向4）
3）将数据库文件复制到相应的备份目录中，并更改其扩展名为.bak
4）提示用户其数据库文件不存在
5）取消备份操作
输出：数据库的备份文件

步骤2）如何判断需要备份的数据库是否存在呢？可以利用Dir函数查找备份的文件是否存在。Dir函数返回一个CString类型的值，用以表示文件名，如果该值不空，则文件存在；否则文件不存在。如果文件存在，那么步骤3）使用CopyFile函数将文件列表中的*.mdb文件备份到指定位置。为了区分备份数据库文件和原数据库文件，我们将数据库的后缀名改为*.bak。

最后给一点建议：为了以后恢复指定日期的数据库备份文件，建议将备份文件名加上当前系统日期。

数据库备份的具体实现如下：

```
//数据库备份的代码
{
    if (MessageBox("你是否真的确定要备份数据库？",MB_OKCANCEL)==IDCANCEL)
    {
```

```
    return;
  }
  if (CopyFile(".\Library.mdb",".\Library.bak",false))
  then   MessageBox("数据库备份成功！",MB_OK);
  else   MessageBox("数据库备份失败！",MB_OK);
}
```

2. 数据库的恢复

其处理的过程是备份过程的逆过程，其IPO图如下：

输入：数据库的备份文件

处理：

1）提示用户是否需要完成数据库的恢复操作，如果用户确认转向2），否则转向3）

2）用数据库备份文件覆盖数据库表文件

3）取消恢复操作

输出：数据库表

数据库恢复的具体实现如下：

```
//数据库恢复的代码
{
  if (MessageBox("还原数据库将要覆盖原有的数据库，你是否真的确定还要继续？",MB_OKCANCEL)==IDCANCEL)
  {
    return;
  }
  if (CopyFile(".\Library.bak",".\Library.mdb",false))
   then   MessageBox("数据库还原成功！",MB_OK);
  else   MessageBox("数据库还原失败！",MB_OK);
}
```

5.4 网上商城管理系统维护

网站维护是指网络营销体系中一切与网站后期运作有关的维护工作。网站必须经常性进行更新维护才能保证网站的生命力。因此，网站运营维护的好坏在很大程度上会直接影响顾客是否对企业产生良好的印象。

网站维护的目的是为了让网站能够长期稳定地在Internet上运行。及时地调整和更新网站内容，用户可以在瞬息万变的信息社会中抓住更多的网络商机。网站维护是一项专业性较强的工作，涉及的内容也非常多，包括功能改进、页面修改、安全管理、网站推广等。

5.4.1 运营保障

网上商城管理系统开发的完成并不能保证其一劳永逸地运行，还需要精心地运营才会凸显成效。总体来说，商城建好之后还需要做以下几个方面的工作。

1. 系统的软硬件维护

网站的软硬件维护包括服务器、操作系统和Internet连接线路等，以确保系统的不间断正常运行。计算机硬件在使用中常会出现一些问题，这会影响网站的工作效率。另外，任何操作系统都不是绝对安全的，要及时为操作系统和服务器软件安装升级包或打补丁。服务器配置本身也是安全防护的重要环节。通常的网络操作系统本身提供了复杂的安全策略，要充分利用这些安全策略，降低系统受攻击的可能性和伤害程度。

2. 内容的维护和更新

一个好的网上商城需要定期或不定期地更新内容，才能不断地吸引更多的浏览者，增加访问量。系统的信息内容应该适时更新。如果会员每次访问系统看到的商品与上次访问时一样，那么他们对商城的印象肯定大打折扣。因此，注意适时更新内容是非常重要的。

3. 网上商城服务与会员回馈

可以考虑设专人或专门的岗位进行系统的服务和回馈处理，提供一些专门的会员与系统的交流渠道，以便会员将所购买商品的评论、系统建设的意见、运营管理的方法等以方便的形式回馈系统，帮助系统进一步完善提高。如果不能及时处理并跟进会员的反馈意见，系统不但丧失了发展的良机，还会造成不良的影响，甚至导致会员不再相信系统。

4. 系统推广与营销

为了系统的发展壮大，要让更多的人知道、了解并进一步地使用网上商城，系统的推广和营销不可或缺。网上推广的手段主要包括搜索引擎注册、注册加入行业网站、邮件宣传、论坛留言、新闻组、友情链接、互换广告条、B2B站点发布信息等。除了网上推广外，还有很多网上与网下结合的渠道，如将商城的网址和企业的商标一起使用，通过产品、信笺、名片、各类资料等途径发布网上商城的信息，提供商城的最新动态。

5. 不断完善系统，提供更好的服务

系统初建时一般投入较少，功能也不是很强。随着业务的发展，网上商城的功能也应不断完善以满足顾客的需要。使用集成度高的电子商务应用系统可以更好地实现网上业务的管理和开展，从而将电子商务带向更高的阶段，也将取得更大的收获。

5.4.2　维护要素

内容更新是网站维护过程中的一个瓶颈，要使网站能长期顺利地运转需要从以下几个方面考虑：

1）综合平衡网站的投入：在网站规划时期就要足够重视后续维护，保证网站后续维护所需的资金和人力。许多系统在建设时投入了大量的资金和人力，但系统发布后，维护力度不够，信息更新工作跟不上。这样的系统建成之时，便是走向死亡的开始。

2）合理安排信息发布的流程：网站信息的发布要从业务流程和组织方式角度在管理体制上保证信息渠道的通畅和信息发布流程的合理性。网站上各栏目的信息往往来源于多个业务部门，要进行统筹考虑，确立一套从信息收集、信息审查到信息发布的良性运转的管理制度。既要考虑信息的准确性和安全性，又要保证信息更新的及时性。

3）整体规划网站栏目设置：在建设过程中要对网站的各个栏目和子栏目进行细致的规划。根据信息内容的特征决定信息分类，根据信息内容的时效性确定栏目的位置，设计信息的流动与稳定处理策略，将经常更新的内容与相对稳定的内容平衡分布，制定相应的网页模板，以方便维护工作的进行。

4）规范信息处理存储方法：结构化信息数据，从而有效消除数据冗余。用数据库对网站信息进行全面管理，避免数据杂乱无章。采用动态网页方案，保证信息浏览环境和信息维护环境的方便性。

5）选择高效软件工具：选择适用的多媒体信息的处理工具和软件测试工具。软件工具不同，处理信息的方法就不同，效率也备受影响。例如，使用可视化软件开发平台编写代码，代码的产出率高且易理解；恰当的信息处理软件对信息的处理速度快且存储方便；自动化软件测试工具高效、省时和经济，吸引了人们的目光。

5.4.3　维护内容

网上商城的维护可根据系统的运营状态从两个角度进行：内容维护和技术维护，如图5-3所示。

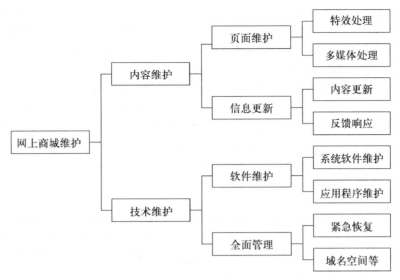

图5-3　网上商城的维护

内容维护主要包括页面维护和信息更新，其中页面维护又分特效处理、多媒体处理；信息更新包含内容更新和反馈响应。

特效处理是指制作和更新网站的Banner、漂浮窗口和弹出窗口。把相同大小的几张图片用JavaScript进行切换，达到变换效果就是JavaScript Banner；用Flash来表现图片或文字的效果就是Flash Banner。在网站上加载一些动态的漂浮图片以吸引浏览者眼球就是漂浮窗口；打开网站的时候弹出一个重要的信息或网页图片就是弹出窗口。这些特效丰富了网站的表现手法，增加了网站的动感，展示了绚丽多彩的商品世界。

多媒体处理对应用于网页上的一切媒体元素的处理，包括正文、图形、声音、图像和动画的处理。要保证网上商城的正常运作，就必须使得页面的布局、色彩、图片、文字、流媒体以及超链接的正确和有效。在充分考虑页面排版美观的情况下，将通过各种方式获取的媒体制作成适合商城网站使用的页面元素。

内容更新是对商城中的数据信息进行更新维护。商城中的数据信息主要包括会员信息、商品信息和订单信息。必须确保系统对会员信息、商品信息和订单信息可以进行正确的检索、添加、修改和删除操作。为了有效地吸引用户的访问，方便用户的信息获取，可以考虑在系统中设置一些栏目，将最近更新的内容（如新品上架等）放在用户易于浏览之处，提高系统的访问量。

反馈响应是对会员提交的关于商品或系统的评论、电子邮件、留言进行及时处理并深入与会员进行沟通，将用户的有效建议适时地应用于系统的改造和更新中。用户的关注是系统发展的原动力，商业上流行的"顾客就是上帝"也充分指出了用户相对于系统的重要性。用户的需求至上应落实在商城的实际运营中，才能使网上商城有更大的发展空间。

系统的技术维护主要包括软件维护和全面管理。软件维护分为系统软件维护和应用程序维护；全面管理囊括了商城运营的一切保障体系。

系统软件维护是进行包括数据库系统在内的系统软件的维护。也就是说，留意与系统软件相关的信息，关注黑客以及病毒的动向，在服务器上安装杀毒软件和防火墙，及时为操作系统和服务器软件安装升级包或打补丁。

应用程序维护是进行包括数据库信息在内的应用程序的维护。网上商城数据库的维护包括数据库导入/导出、数据库备份和数据库后台维护。数据库导入/导出是对网站数据库导出备份、导入更新服务；数据库备份是对网站数据库备份，以某一方式备份数据信息；数据库后台维护是维护数据库后台正常运行，以便管理员可以正常浏览。对其他应用程序的维护是指对运行中的网上商城的代码和文档的维护。应制定维护计划，及时发现和改正软件缺陷，修订开发维护文档；优化程序代码，提高系统工作效率；增加系统的功能，方便用户的使用和系统的管理；在一定情况下进行系统的改版，提高网站的活力。

全面管理包括网站紧急恢复、网站域名解析、空间维护、网站流量报告、域名续费甚至人员在内的所有支持网站运作的要素。例如，网站出现不可预测性错误时，及时把网站恢复到最近备份。如果网站空间变换，应及时对域名进行重解析。为了保证网站空间正常运行，需要掌握空间最新资料（如空间使用状态）；统计出地域、关键词、搜索引擎等统计报告作为系统更新的参考资料；及时提醒客户域名到期日期，防止到期后被别人抢注。

5.4.4 信息备份

网上商城的数据库备份主要是指对系统中所使用的SQL Server 2005 Express数据库进行自动备份。但SQL Server 2005 Express并不具有SQL代理功能，所以需要创建一个数据库维护计划来备份所有数据库。这里使用的是VB脚本和T-SQL来完成数据库备份自动化过程。假设将备份的数据库保存在D:\DataBackup目录下，当然目录也可以手动修改。

1. 创建T-SQL脚本

编写产生数据库备份的T-SQL脚本和生成数据库维护计划相似，考虑到备份文件生成的时间，将此脚本保存为一个.sql文件，存放在D:\DataBackup\scripts\backupDB.sql目录下，以后可以使用sqlcmd来调用。backupDB.sql的内容为：

```
DECLARE @dateString CHAR(12), @dayStr CHAR(2),
    @monthStr CHAR(2), @hourStr CHAR(2), @minStr CHAR(2)
--定义月变量
IF (SELECT LEN(CAST(MONTH(GETDATE()) AS CHAR(2))))=2
    SET @monthSTR=CAST(MONTH(GETDATE()) AS CHAR(2))
ELSE
    SET @monthStr= '0' + CAST(MONTH(GETDATE()) AS CHAR(2))
--定义天变量
IF (SELECT LEN(CAST(DAY(GETDATE()) AS CHAR(2))))=2
    SET @daySTR=CAST(DAY(GETDATE()) AS CHAR(2))
ELSE
    SET @daySTR='0' + CAST(DAY(GETDATE()) AS CHAR(2))
--定义小时变量
IF (SELECT LEN(DATEPART(hh, GETDATE())))=2
    SET @hourStr=CAST(DATEPART(hh, GETDATE()) AS CHAR(2))
ELSE
    SET @hourStr= '0' + CAST(DATEPART(hh, GETDATE()) AS CHAR(2))
--定义分变量
IF (SELECT LEN(DATEPART(mi, GETDATE())))=2
    SET @minStr=CAST(DATEPART(mi, GETDATE()) AS CHAR(2))
ELSE
    SET @minStr= '0' + CAST(DATEPART(mi, GETDATE()) AS CHAR(2))
--定义基于当前时间戳变量
SET @dateString=CAST(YEAR(GETDATE()) AS CHAR(4))
                + @monthStr + @dayStr + @hourStr + @minStr
--==============================================================
DECLARE @IDENT INT, @sql VARCHAR(1000), @DBNAME VARCHAR(200)
SELECT @IDENT=MIN(database_id) FROM SYS.DATABASES
        WHERE [database_id] > 0 AND NAME NOT IN ('TEMPDB')
WHILE @IDENT IS NOT NULL
BEGIN
/*   SELECT @DBNAME = NAME FROM SYS.DATABASES
        WHERE database_id = @IDENT */
```

```
/* 在此修改备份磁盘位置*/
    SELECT @SQL = 'BACKUP DATABASE
            [C:\INETPUB\WWWROOT\WEBMALL\APP_DATA\MALL.MDF]
            TO DISK = ''D:\DataBackup\yy_db_' + @dateString
            +'.BAK'' WITH INIT' EXEC (@SQL)
    SELECT @IDENT=
            MIN(database_id) FROM SYS.DATABASES WHERE
            [database_id] > 0 AND database_id
            >@IDENT AND NAME NOT IN ('TEMPDB')
END
```

2. 创建VBScript文件

创建一个空文件Log.txt，用于保存删除文件的日志记录，放在D:\DataBackup\scripts目录下。创建一个用于定期清理较早的数据库备份的VBScript脚本deleteBAK.vbs，该脚本记录日志中删除的备份文件。deleteBAK.vbs的内容为：

```
On Error Resume Next
Dim fso, folder, files, sFolder, sFolderTarget
Set fso = CreateObject("Scripting.FileSystemObject")
'保存数据库备份文件路径
sFolder = "D:\DataBackup\"
Set folder = fso.GetFolder(sFolder)
Set files = folder.Files
'用于写入文本文件，并生成删除数据库备份报告
Const ForAppending = 8
'在scripts下创建一个空txt文件：Log.txt
Set objFile = fso.OpenTextFile(sFolder & "\scripts\Log.txt", ForAppending)
objFile.Write "=============================================" & VBCRLF & VBCRLF
objFile.Write "                    数据库备份文件报告                " & VBCRLF
objFile.Write "                   日期： " &    FormatDateTime(Now(),1)   & "" & VBCRLF
objFile.Write "                   时间： " &    FormatDateTime(Now(),3)   & "" & VBCRLF & VBCRLF
objFile.Write "=============================================" & VBCRLF
'枚举备份文件目录文件
For Each itemFiles In files
    '获取要删除文件的文件名
    a=sFolder & itemFiles.Name
    '获取文件扩展名
    b = fso.GetExtensionName(a)
        '检查扩展名是否为BAK
        If uCase(b)="BAK" Then
            '检查数据库备份是否为3天以前
            If DateDiff("d",itemFiles.DateCreated,Now()) >= 3 Then
                '删除旧备份
                fso.DeleteFile a
                objFile.WriteLine "备份文件已删除： " & a
            End If
        End If
Next
objFile.WriteLine "=============================================" & VBCRLF & VBCRLF
objFile.Close
Set objFile = Nothing
Set fso = Nothing
Set folder = Nothing
Set files = Nothing
```

3. 创建调用T-SQL和VBScript文件的批处理

创建一个用来调用T-SQL和VBScript脚本文件的批处理文件，将其保存到D:\DataBackup\scripts\baseBackup.cmd目录下。

```
REM Run TSQL Script to backup databases
sqlcmd -S .\SQLEXPRESS -d C:\Inetpub\wwwroot\WebMall\
    App_Data\mall.mdf -E  -i "D:\DataBackup\scripts\backupDB.sql"
REM Run database backup cleanup script
D:\DataBackup\scripts\deleteBAK.vbs
```

4. 创建Windows任务计划

在Windows任务计划中创建一个每天运行baseBackup.cmd的批处理任务，可以在"控制面板"→"任务计划"或"所有程序"→"附件"→"系统工具"→"任务计划"中找到。

1）执行"任务计划"。

2）点击"添加任务计划"。

3）浏览到"D:\DataBackup\scripts"目录，选择"baseBackup.cmd"。

4）选择备份运行的时间。

注意　文件夹D:\DataBackup\scripts\中应有四个文件，分别为backupDB.sql、deleteBAK.vbs、Log.txt和baseBackup.cmd。备份的数据库存储在D:\DataBackup目录下。

5.5　饭卡管理系统维护

饭卡管理系统的维护是指系统交给用户使用后，由于系统自身需求、支持环境的变化或自身暴露的一些问题，需要对其进行完善，目的是保证饭卡管理系统能够长久有效地满足用户的需求。

5.5.1　软件维护

软件维护主要是指根据需求变化或硬件环境的变化对应用程序进行部分或全部的修改。按照软件维护的种类，可以把饭卡管理系统的维护活动分为四类。

1. 改正性维护

改正性维护是指诊断和改正饭卡管理系统在运行过程中发现的系统潜藏的软件错误。根据系统的特点，改正性维护主要体现在如表5-1所示的几个方面。

2. 完善性维护

完善性维护是为扩充软件的功能或改善软件的性能而进行的修改。饭卡管理系统投入运行一段时间后，用户根据业务发展的实际情况，提出一些新的功能和性能要求或要求对已有功能进行改进等。例如，修改计算饭卡余额的程序，改进一下计算方法以提高速度；改进现有程序的终端对话方式，让其更方便持卡者使用；增加联机帮助功能；缩短系统的应答时间，让其达到特定的要求等。这时，软件的完善性维护就被提出来了。

3. 适应性维护

饭卡管理系统的适应性维护是指软件为适应信息技术变化和管理需求变化而进行的修改。由于计算机硬件价格的不断下降，各类系统软件层出不穷，饭卡管理系统的运行环境可能需要更新换代，如操作系统或数据库系统的更换等。本系统涉及的适应性维护内容有很多。比如，随着用户环境的变化，原来的部分Java代码已经不能继续适应新的要求，这时必须对代码进行维护；修改某个指定的编码，增加字符个数，从3个字符变成4个字符。

4．预防性维护

饭卡管理系统的预防性维护是指为使软件适应各类变化不被淘汰而进行的修改。比如，将专用报表功能改成通用报表生成功能，以适应将来报表格式的变化。

表5-1 饭卡管理系统的改正性维护

出错信息	出错原因	处理方法
废卡处理时更新原始饭卡管理记录状态错	数据库错	重新导入数据
更新饭卡历史信息错	数据库错	重新导入数据
添加消费信息错	饭卡信息中没有消费数据	添加正确的消费数据
更新饭卡状态错	数据库错	重新导入数据
实付款错	实付款金额错	检查实付款金额是否是全数字
退卡标志错	数据库错	检查退卡标志项
持卡者号码错	持卡者号码在系统中找不到	与系统中的持卡者号码进行对照，如果是刷卡人员输入错误，提醒其纠正，手工将输入错误的号码调整正确。如果系统中没有建立该持卡者信息，应马上建立
持卡者信息中无姓名	持卡者姓名不可为空	告知计算中心，手工添加正确的持卡者姓名信息
废卡记录找不到原始饭卡记录	废卡记录无原始饭卡记录匹配	检查是否有因其他原因未导入数据库的饭卡信息
查询或消费－存款时，发生不认卡情况	学生卡信息暂时无效，刷卡器灵敏性发生小故障	可等待数秒后重新刷卡，如果还是不认卡，就表明学生卡信息丢失，此时有备份数据库，可以随时恢复
存款额大于999 99元	刷卡器只显示小于等于999 99元部分	更换刷卡器
消费时消费额大于存款额	存款金额过少	及时充钱
数据未转换	饭卡信息未导入数据库	重新导入数据

5.5.2 硬件维护

饭卡管理系统的硬件维护主要有两种类型的维护活动：一种是定期的设备保养，周期可以是一周或一个月不等，维护的主要内容是进行例行的设备检查与保养、易耗品的更换与安装等；另一种是突发性的故障维护，即当设备出现突发性故障时，由专职的维修人员或请厂方的技术人员来排除故障，这种维修活动所花时间不能过长，以免影响系统的正常运行。

5.5.3 数据维护

饭卡管理系统的数据维护工作主要由数据库管理员承担，是指对数据库的安全性和完整性以及并行性进行维护。数据库管理员还要负责维护该系统数据库中的数据，当数据库中的数据类型、长度等发生变化，或者需要添加某个数据项时，能够修改相关的数据库、数据字典，并通知有关人员。另外，数据库管理员还要定期制定数据字典文件及一些其他数据管理文件，以保留系统运行和修改的轨迹；当系统出现硬件故障并得到排除后要确保数据库的恢复。

5.5.4 维护的管理和步骤

在饭卡管理系统中，程序、文件、代码的局部修改都可能影响该系统的其他部分。因此，系统的维护工作应有计划、有步骤地统筹安排，按照维护任务的工作范围、严重程度等诸多因素确定优先顺序，制定出合理的维护计划，然后通过一定的批准手续实施对系统的修改和维护。该系统的每一项维护活动应执行以下步骤：

1）提出维护或修改要求。操作人员用书面形式向负责饭卡管理系统维护工作的主管人员提出对某项工作的修改要求。

2）领导审查并做出答复。饭卡管理系统的主管人员进行一定调查后，根据系统的情况和工作人员的情况，考虑这种修改是否必要、是否可行，做出是否修改、何时修改的答复。如果需要修改，则根据优先程度的不同列入系统维护计划。计划的内容应包括维护工作的范围、所需资源、确认的需求、维护费用、维护进度安排以及验收标准等。

3）领导分配任务，维护人员执行修改。饭卡管理系统的主管人员按照计划向有关的维护人员下达任务，说明修改的内容、要求和期限。维护人员在仔细了解原系统的设计和开发思路的情况下对系统进行修改。

4）验收维护成果并登记修改信息。饭卡管理系统的主管人员组织技术人员对修改部分进行测试和验收。验收通过后，将修改的部分嵌入系统，取代旧的部分。维护人员登记所做的修改，更新相关的文档，并将新系统作为新的版本通报用户和操作人员，指明新的功能和修改的地方。在进行系统维护过程中，还要注意维护的副作用。维护的副作用包括两个方面：一是修改程序代码有时会发生灾难性的错误，造成原来运行比较正常的系统变得不能正常运行，为了避免这类错误，要在修改工作完成后进行测试，直至确认和复查无错为止；二是修改数据库中数据的副作用，当一些数据库中的数据发生变化时，可能导致某些应用软件不再适应这些已经变化了的数据而产生错误，为了避免这类错误，不仅要有严格的数据描述文件（即数据字典系统）而且要严格记录这些修改并进行修改后的测试工作。

5.5.5　系统备份和恢复

饭卡管理系统交给用户使用的过程中，难免会出现事务故障、系统故障和磁盘故障。因此，要根据系统的具体环境和条件制定一个完善可行、确保系统安全的备份计划，要定时对系统进行备份。利用Visual Basic 6.0开发的备份程序，能将数据库备份到Access数据库中，并对Access数据库进行加密以防数据被非法访问。

1. 备份

备份是指数据库管理员定期或不定期地将数据库的部分或全部内容复制到磁带或磁盘上保存起来的过程。

对于饭卡管理系统，可以用下面的方法备份：在控制面板的ODBC数据源中，给SQL Server中的数据库添加一个数据源名称；然后在Access中新建一个数据库，命名为backup.mdb（备份的数据库名称）；在VB中定义两个过程：Attach_Table()和Create_Table()。Attach_Table的作用是将SQL Server数据库中所有需要备份的表链接到Access数据库中，在此过程中要排除系统表，因为那是SQL Server自创建的，表中无用户数据。Create_Table的作用是在backup.mdb中创建目的表，即在这个备份Access库中创建表，用来保存所有存在SQL数据库中的用户数据。另外，在链接过程中，要去掉SQLServer自带的拥有者名称。

2. 恢复

恢复数据库是指加载备份并应用事务日志重建数据库的过程。对于本系统，可以采用下面的方法恢复数据库：

1）通过前面创建的ODBC数据源打开要备份的SQL数据库。

2）使用Attach_Table()将该数据库中的所有用户表链接到backup.mdb中。

3）使用Create_Table()对每个表创建与之对应的备份表，取名可遵循相应的原则，即若原表叫table_name，则备份表叫b_table_name。

4）将table_name表中的所有记录复制到b_table_name中。

5）从备份库删除对SQL数据表的链接。

3. 程序代码

采用微软DAO（Data Access Object）数据模型，打开Access本地数据库，并连接一个外部ODBC数据表，然后复制该表结构。备份过程块的关键代码如下：

```
//创建新表的过程
For Each fld In tdfLinked.Fields
    Set newFil=temp Tab.CreateField(fld.Name,fld.Type,fld.Size)
    newFil.OrdinalPosition=fld.OrdinalPosition
    newFil.Required=fld.Required
    temp Tab.Fields.Append newFil
Next
```

采用微软ADO（ActiveX Data Object）数据模型，分别操纵SQL Server和Access数据对象，追加记录数据。关键代码如下：

```
//追加新表、复制记录、删除链接
For i=0 To tabN-1
    Set targetRst=New adodb.Recordset
    strSql="select 3 from"&tabName(i)
    targetRst.Open strSql,targetCn,adOpenStatic,adLockPes2simistic,adCmdText
    Set sourceSet=New adodb.Recordset
    strSql="select 3 from"&tabName(i)&strSQLApp
    sourceSet.Open strSql,sourceCn
    zdN=sourceSet.Fields.Count
    If sourceSet.EOF Then Go To hh
        sourceSet.MoveFirstai
        Do While Not sourceSet.EOF
            targetRst.AddNew
            For j=0 To zdN-1
             If Trim(sourceSet.Fields(j).Value)=""Then
                targetRst.Fields(j).Value=Null
             Else
                targetRst.Fields(j).Value=Trim(sourceSet.Fields(j).Value)
            End If//复制记录
    Next
            targetRst.Update
            sourceSet.MoveNext
    Loop
        recN=targetRst.RecordCount
        hh:sourceSet.Close
        Set sourceSet=Nothing
        targetRst.Close
        Set targetRst=Nothing
    Next
        targetCn.Close
        Set targetCn=Nothing
        sourceCn.Close
        Set sourceCn=Nothing
End Sub//删除链接
```

其中字符数组tabName(i)中存放需备份的各数据表名，strSQLApp字符串中存放对数据表的限制条件where子句的内容。

4. 安全设置

因为Access属小型数据库，所以备份以后要保证其不被非法访问，可以在VB程序中实现对备份数据库的安全性接口，限于篇幅，这里不再赘述。

5.6 面向对象维护

5.6.1 概述

软件可维护性就是软件维护人员理解、改正、改动或改进软件的难易程度。高可维护性的软件可降低软件的维护工作量和费用，从而降低软件成本，提高软件生产率。软件可维护性取决于软件的可理解性、可测试性、可修改性、可移植性、可重用性。其中，软件重用技术是可以从根本上提高软件可维护性的重要技术。面向对象技术是目前最为成功的软件重用技术。所以，采用面向对象技术进行软件维护，即面向对象软件维护，可以提高软件可维护性。

5.6.2 研究生培养管理系统维护

1. 系统维护需求

一般学位申请人的论文只有一位指导老师，新任导师在指导第一届学生时采用双导师制——有经验的指导老师和新任导师；学位论文有校外指导老师时也采用双导师制——校外导师和校内导师。

2. 系统维护过程

经过分析，可以看出这是一种完善性维护，该维护仅涉及研究生导师和学位申请人类的修改。在软件维护过程中，要保证分析、设计文档和代码的一致性，所以，下面分别给出修改后的分析类图（图5-4）、设计类图（图5-5）、数据库表（表5-2）和类的代码。

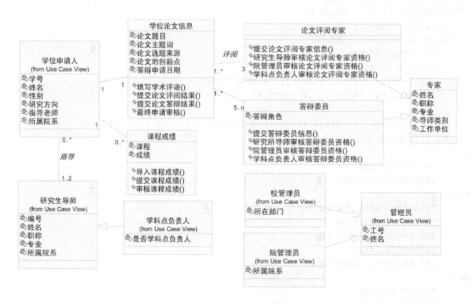

图5-4　修改后的分析类图

表5-2　修改后的数据库表DegreeApplicant

字段名称	数据类型	中文名称	取值
degreeApplicantNo	varchar(100)	学位申请人编号	按照学校规定取值
degreeApplicantName	varchar(100)	姓名	
sex	char(2)	性别	'男'、'女'
degreeClass	varchar(100)	学位类别	'硕士'、'博士'
department	varchar(100)	所在院系	

（续）

字段名称	数据类型	中文名称	取值
speciality	varchar(100)	所学专业	
research	varchar(100)	研究方向	
Tutor1No	varchar(100)	指导老师1编号	
Tutor2No	varchar(100)	指导老师2编号	
isDegree	char(2)	是否授予学位	'是'、'否'
nationality	varchar(100)	民族	
place	varchar(100)	籍贯	
studyMode	varchar(100)	学习方式	'脱产'、'在职'
recruitClass	varchar(100)	录取类别	'定向'、'委培'

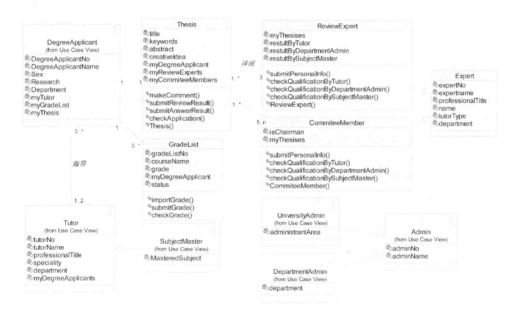

图5-5 修改后的设计类图

从分析类图5-4和设计类图5-5中可以看出，只需要将研究生导师Tutor类的多重性由1改为1..2，表示一个学位申请人可以有1个或2个指导老师。从修改后的数据库表5-2可以看出，指导老师编号修改为2个指导老师编号：指导老师1编号，指导老师2编号。

修改后的DegreeApplicant类代码如下：

```
using System;
using System.Collections.Generic;
using System.Text;
namespace Business
{
    public class DegreeApplicant
    {
        private String DegreeApplicantNo;
        private String DegreeApplicantName;
        private String Sex;
        private String Research;
        private String Department;
        public  Tutor []theTutor;
```

```
        public  GradeList []theGradeList;
        public  Thesis theThesis;

        /**
         * @roseuid 4AD69D660186
         */
        public DegreeApplicant()
        {

        }
    }
}
```

在DegreeApplicant类中，只需要将属性Tutor theTutor改为Tutor []theTutor即可，表示DegreeApplicant类对应2个Tutor类。

从软件维护过程中的文档和代码修改可以看出，面向对象的封装性提高了软件维护的方便性和效率。

5.7 评价标准

能够完整、准确地描述系统的维护需求，分析、设计的软件文档符合规范要求，代码编写规范、清晰，测试结果正确，并且有一定的特色，可以评为优秀。

对分析、设计的软件文档的描述不够完整，有的地方不够准确，但仍可以部分实现，测试结果正确，可以评为良好。

只能给出编码，不能完整清晰地描述分析、设计文档，可以评为中等。

只能部分编码实现，可以评为及格。

其他评为不及格。

参 考 文 献

[1] Andy Budd．精通CSS：高级Web标准解决方案[M]．陈建瓯，译．北京：人民邮电出版社，2006．

[2] Jakob Nielson，等．网站优化：通过提高Web可用性构建用户满意的网站[M]．张亮，译．北京：电子工业出版社，2009．

[3] James Rumbaugh，等．UML面向对象建模与设计[M]．车皓阳，等译．2版．北京：人民邮电出版社，2006．

[4] Kalen Delaney，等．Microsoft SQl Server 2005技术内幕：存储引擎[M]．聂伟，等译．北京：电子工业出版社，2007．

[5] Lydia Ash．Web测试指南[M]．李昂，等译．北京：机械工业出版社，2004．

[6] Marco Bellinaso．ASP.NET 2.0网站开发全程解析[M]．杨剑，译．2版．北京：清华大学出版社，2008．

[7] Paul C Jorgensen．软件测试[M]．张小松，译．2版．北京：机械工业出版社，2005．

[8] Randal Root，Mary Romero Sweeney．NET软件测试指南[M]．杨浩，译．北京：清华大学出版社，2007．

[9] Roger S Pressman．软件工程：实践者的研究方法[M]．梅宏，译．5版．北京：机械工业出版社，2002．

[10] Ron Patton．软件测试[M]．影印版，2版．北京：机械工业出版社，2006．

[11] Shari Lawrence Pfleeger．软件工程[M]．杨卫东，译．3版．北京：人民邮电出版社，2007．

[12] Stephen R. schach．面向对象软件工程[M]．黄林鹏，等译．北京：机械工业出版社，2009．

[13] 鲍居武．软件工程概论[M]．北京：北京师范大学出版社，1997．

[14] 毕硕本，卢桂香．软件工程案例教程[M]．北京：北京大学出版社，2007．

[15] 陈佳．信息系统开发方法教程[M]．2版．北京：清华大学出版社，2005．

[16] 陈明．软件工程课程实践[M]．北京：清华大学出版社，2009．

[17] 陈乔松，等．现代软件工程[M]．北京：北方交通大学出版社，2002．

[18] 邓良松，刘海岩．软件工程[M]．西安：西安电子科学技术大学出版社，2000．

[19] 董明．SQL Server 2005高级程序设计[M]．北京：人民邮电出版社，2008．

[20] 郭荷清．现代软件工程：原理、方法与管理[M]．广州：华南理工大学出版社，2004．

[21] 胡飞，武君胜．软件工程基础[M]．北京：高等教育出版社，2008．

[22] 江开耀，张俊兰．软件工程[M]．西安：西安电子科学技术大学出版社，2003．

[23] 蒋学峰，钟诚．软件工程[M]．重庆：重庆大学出版社，1997．

[24] 李芏，窦万峰．软件工程方法与实践[M]．北京：电子工业出版社，2004．

[25] 李超．CSS网站布局实录：基于Web标准的网站设计指南[M]．2版．北京：科学出版社，2007．

[26] 李代平．软件工程综合案例[M]．北京：清华大学出版社，2009．

[27] 李龙澍．实用软件工程[M]．北京：人民邮电出版社，2005．

[28] 李伟波．软件工程学习与实践[M]．武汉：武汉大学出版社，2006．

[29] 柳纯录，黄子河．软件测评师教程[M]．北京：清华大学出版社，2005．

[30] 卢潇，孙璐．软件工程[M]．北京：清华大学出版社，2005．

[31] 陆惠恩．软件工程实践教程[M]．北京：机械工业出版社，2006．

[32] 齐治昌，谭庆平．软件工程[M]．北京：高等教育出版社，2001．

[33] 前沿科技．精通CSS+DIV网页样式与布局[M]．北京：人民邮电出版社，2007．

[34] 邵维忠，杨芙清．面向对象的系统分析[M]．2版．北京：清华大学出版社，2006．

[35] 史济民，顾春华，郑红．软件工程:原理、方法与应用[M]．3版．北京：高等教育出版社，
      2009．

[36] 孙东梅．网站建设与网页设计详解[M]．北京：电子工业出版社，2008．

[37] 孙家广，杨芙清，等．中国软件工程学科教程[M]．北京：清华大学出版社，2005．

[38] 王庆育．软件工程自学辅导[M]．北京：清华大学出版社，2003．

[39] 王少锋．面向对象技术UML教程[M]．北京：清华大学出版社，2004．

[40] 王志英，蒋宗礼，等．高等学校计算机科学与技术专业实践教学体系与规范[M]．北京:清华
      大学出版社，2008．

[41] 吴洁明，袁山龙．软件工程应用实践教程[M]．北京：清华大学出版社，2003．

[42] 杨宽德．软件工程实践教程[M]．北京：科学出版社，2005．

[43] 杨文龙，古天龙．软件工程[M]．2版．北京：电子工业出版社，2004．

[44] 张敬，宋光军．软件工程教程[M]．北京：北京航空航天大学出版社，2003．

[45] 张海藩．软件工程导论[M]．5版．北京：清华大学出版社，2008．

[46] 张海藩．软件工程导论（第5版）学习辅导[M]．北京：清华大学出版社，2008．

[47] 张金霞．HTML网页设计参考手册[M]．北京：清华大学出版社，2006．

[48] 赵斌．软件测试技术经典教程[M]．北京：科学出版社，2007．

[49] 郑人杰．实用软件工程[M]．2版．北京：清华大学出版社，1997．

[50] 周之英．现代软件工程（上、中、下）[M]．北京：科学出版社，2000．

[51] 朱三元，钱乐秋．软件工程技术概论[M]．北京：科学出版社，2002．

[52] 朱伟雄，王德安．新一代数据中心建设理论与实践[M]．北京：人民邮电出版社，2009．

[53] 李国军．软件工程案例教程[M]．北京：清华大学出版社，2013．

[54] 窦万峰，等．软件工程实验教程[M]．2版．北京：机械工业出版社，2013．

[55] 仲萃豪．软件开发与软件架构[M]．北京：科学出版社，2013．

[56] 贾铁军，甘泉．软件工程与实践[M]．北京：清华大学出版社，2012．

推荐阅读

软件工程：实践者的研究方法（原书第8版）

作者：Roger S. Pressman 等
ISBN：978-7-111-54897-3 定价：99.00元

软件工程：架构驱动的软件开发

作者：Richard F. Schmidt
ISBN：978-7-111-53314-6 定价：69.00元

人件（原书第3版）

作者：Tom DeMarco 等
ISBN：978-7-111-47436-4 定价：69.00元

设计原本——计算机科学巨匠Frederick P. Brooks的反思（经典珍藏）

作者：Frederick P. Brooks
ISBN：978-7-111-41626-5 定价：79.00元

推荐阅读

深入理解计算机系统（原书第3版）

作者：[美] 兰德尔 E.布莱恩特 等 ISBN：978-7-111-54493-7 定价：139.00元

计算机体系结构精髓（原书第2版）

作者：（美）道格拉斯·科莫 等 ISBN：978-7-111-62658-9 定价：99.00元

计算机系统：系统架构与操作系统的高度集成

作者：（美）阿麦肯尚尔·拉姆阿堪德兰 等 ISBN：978-7-111-50636-2 定价：99.00元

现代操作系统（原书第4版）

作者：[荷]安德鲁 S.塔嫩鲍姆 等 ISBN：978-7-111-57369-2 定价：89.00元